Das Frontispiz (umseitig) zeigt typische Galaxien
(von oben nach unten)

Elliptisch: links NGC4406; rechts: NGC3115
Normale Spiralform: links: NGC3031; rechts: NGC5457
Balkenspirale: links: NGC2217; rechts: NGC1300
Irregulär: links: NGC3034; rechts: NGC3109

(Photographien der Hale-Observatorien)

Kosmologie und Gravitation

Eine Einführung

Von Prof. Dr. Michael Berry
H. H. Wills Physics Laboratory
University of Bristol

Aus dem Englischen übersetzt von
Anita Ehlers mit wissenschaftlicher Beratung
durch Prof. Dr. Jürgen Ehlers, München

 Springer Fachmedien Wiesbaden GmbH

CIP-Titelaufnahme der Deutschen Bibliothek

Berry, Michael:
Kosmologie und Gravitation : eine Einführung / von Michael
Berry. Aus d. Engl. übers. von Anita Ehlers mit wiss. Beratung
durch Jürgen Ehlers. – Stuttgart : Teubner, 1990
  (Teubner-Studienbücher : Physik)
  Einheitssacht.: Principles of cosmology and gravitation <dt.>

ISBN 978-3-519-03069-0   ISBN 978-3-663-10542-8 (eBook)
DOI 10.1007/978-3-663-10542-8

Titel der Originalausgabe: Principles of Cosmology and Gravitation, 2nd edition
Originally published in English under the Adam Hilger imprint by IOP Publishing Limited,
Techno House, Redcliffe Way, Bristol BS1 6NX

© 1990 Springer Fachmedien Wiesbaden
Ursprünglich erschienen bei B.G. Teubner Stuttgart 1990
Softcover reprint of the hardcover 1st edition 1990

Herstellung: Druckhaus Beltz, Hemsbach/Bergstraße
Umschlaggestaltung: M. Koch, Ostfildern 1

Vorwort zur deutschen Ausgabe

Die *Gravitation* spielt unter den fundamentalen Wechselwirkungen in mehrfacher Hinsicht eine Sonderrolle: An ihr sind alle Felder und Teilchensorten aktiv und passiv beteiligt, sie ist eng mit der Geometrie von Raum und Zeit verknüpft, sie beherrscht den Aufbau der Welt im Großen, sie widersetzt sich am hartnäckigsten den langjährigen und mannigfaltigen Bemühungen der Physiker um eine einheitliche Beschreibung aller Wechselwirkungen unter der Herrschaft des Wirkungsquantums und - last not least - in der Ausbildung der Physiker kommt sie trotz alledem (oder deshalb?) kaum vor. Dies hat zur Folge, daß auch die *Kosmologie*, eines der faszinierendsten Gebiete der Astrophysik, meist, außer in Spezialvorlesungen über allgemeine Relativitätstheorie, nur kurz und stark vereinfacht gestreift wird.

In dem hier in deutscher Übersetzung vorliegenden Buch stellt der durch vielseitige Arbeiten bekannte britische Physiker Michael Berry die allgemeine Relativitätstheorie und das kosmologische Standardmodell ohne Verwendung des Tensorkalküls so dar, daß sie Studenten in mittleren Semestern und Lesern mit Grundkenntnissen in Geometrie und Analysis zugänglich sind. Als Ersatz für die Einsteinsche Feldgleichung dienen - in Verbindung mit der Gaußschen Formel für die innere Krümmung einer Fläche - Symmetrie- und Einfachheitsbetrachtungen; damit werden unter anderem die Experimente zur Prüfung der Einsteinschen Gravitationstheorie, Eigenschaften Schwarzer Löcher, die Theorie der prästellaren Bildung leichter Kerne und Grundvorstellungen der Galaxienbildung behandelt. Das Buch vermittelt solchen Lesern, die sich nicht (oder noch nicht) auf den vollen mathematischen Formalismus der allgemeinen Relativitätstheorie einlassen wollen, eine solide Grundkenntnis dieses aktuellen Forschungsbereichs. Es vermag damit eine oft beklagte Lücke in der deutschsprachigen Lehrbuchliteratur auszufüllen und weckt hoffentlich in manchem Leser den Wunsch, sich eingehender mit diesem Gebiet zu befassen.

Garching, den 18. 12. 1989   *Jürgen Ehlers*

Vorwort zur Neuauflage von 1989

Die Entscheidung, dieses Buch wieder verfügbar zu machen, nachdem es viele Jahre lang vergriffen war, wurde durch ständige Nachfragen von Lehrenden und Lernenden veranlaßt. Ich habe die Gelegenheit benutzt, viele kleine Berichtigungen anzubringen, von denen die meisten freundlicherweise von Lesern vorgeschlagen wurden.

In den fünfzehn Jahren seit dem Erscheinen des Buchs sind mehrere neue Themen wichtig geworden. Die Verbindung von Kosmologie und Teilchenphysik wurde durch die Entwicklung inflationärer Theorien gestärkt, die eine Erklärung für die große Homogenität des frühen Weltalls liefern. Viel Beachtung wurde der großräumigen Struktur des heutigen Weltalls gewidmet, zum einen, weil gewaltige Leerräume entdeckt wurden, in denen sich keine Galaxien finden, zum anderen, weil die fraktale Mathematik eine Beschreibung der hierarchischen Galaxienhaufenanordnung erlaubte. Und die (meiner Ansicht nach unangebrachte) Begeisterung für das anthropische Prinzip spiegelt die Wiederbelebung des Gedankens, daß die Entwicklung des Weltalls als Ganzem und der Spezies, die Kosmologie betreibt, unweigerlich miteinander zu tun haben müssen.

Diese Entwicklungen sind wichtig, aber ich habe das Buch nicht ihretwegen umgeschrieben, weil ich ihnen nicht gerecht werden könnte. Ich hoffe, daß der ursprüngliche Stoff auch heute noch Studenten der Anfangssemester eine nützliche Einführung in die relativistische Gravitationstheorie und ihre Anwendung auf das expandierende Weltall bietet - in die Themenbereiche also, die weiterhin das Rückgrat der Kosmologie sind.

Bristol, 1988   *Michael Berry*

Vorwort zur ersten Auflage

Die moderne wissenschaftliche Kosmologie ist eines der erhabensten unserer geistigen Abenteuer. Sie ist auch ein Teil der Physik, die sie ungehemmt und uneingeschränkt im ganz Großen anwendet. Ja, viele Menschen "kommen zur Physik" durch populärwissenschaftliche Bücher oder Filme über Kosmologie. Wie bedauerlich ist es darum, daß so selten Vorlesungen über Kosmologie gehalten werden. Vielleicht liegt das am Fehlen eines geeigneten Lehrbuchs. Es gibt viele gelehrte Abhandlungen für Spezialisten und viele elementare Darstellungen für den Laien, aber für Studenten der ersten Studienjahre klafft eine Lücke.

Dieses Buch soll diese Lücke füllen und damit Universitätslehrer zu Vorlesungen über Kosmologie an Universitäten ermutigen. Das Ziel ist es, das Weltall so zu beschreiben, wie es die Beobachtung nahelegt, und einen theoretischen Rahmen zu bieten, der erlaubt, wichtige kosmologische Formeln herzuleiten und Rechnungen durchzuführen.

Jede ernsthafte Beschäftigung mit dem Thema muß den Stier der Einsteinschen allgemeinen Relativitätstheorie bei den Hörnern packen. Sie beschreibt am besten, wie sich Materie und Licht unter dem Einfluß der Schwerkraft verhalten, sie ist die Grundlage der heutigen "Standardkosmologie" und wird ständig für die Deutung von Beobachtungen herangezogen. Wir vermeiden hier eine genaue und ausführliche, auf Tensorrechnung beruhende Darstellung. Natürlich ist es nötig, den allgemeinen Ausdruck für Ereignisintervalle anzugeben, und das geht nicht ohne den metrischen Tensor der Raumzeit. Es ist jedoch im Fall der sehr symmetrischen Raumzeiten der elementaren allgemeinen Relativitätstheorie und Kosmologie möglich, den metrischen Tensor mit Hilfe der Gaußschen Formel für die Krümmung einer gewöhnlichen zweidimensionalen Fläche zu bestimmen, also ohne Bezug auf die allgemeinen Einsteinschen Feldgleichungen. Die Krümmung einer Fläche ist ein Begriff, der keine Ansprüche an die Leichtgläubigkeit eines Studenten stellt, und deswegen ist dies ein angemessener Weg, die geometrische Deutung der Schwerkraft einzuführen.

Vorausgesetzt werden Vertrautheit mit den Gedanken der speziellen Relativitätstheorie und Kenntnis der Infinitesimalrechnung, unter Einschluß der partiellen Differentiation. Dieses Buch ist deshalb für Studenten geeignet, die die für das Vordiplom nötigen Kenntnisse haben. Die Erfahrung hat gezeigt, daß der Stoff bequem in vierundzwanzig Vorlesungen zu erarbeiten ist. Das Buch bietet auch Übungsaufgaben unterschiedlicher Schwierigkeitsgrade und Lösungen.

Beim Schreiben dieses Buches habe ich aus vielen verschiedenen Quellen geschöpft, und es ist mir unmöglich, allen zu danken. Die Bücher, die mir besonders hilfreich waren, sind im Literaturverzeichnis als zum Weiterstudium empfohlene Lektüre aufgeführt. Ich danke ganz besonders Dr. P.G. Drazin, Dr. M.S. Longair und Professor J.F. Nye, die das Manuskript kritisch gelesen und eine Reihe von Fehlern berichtigt haben (und natürlich nicht für die verantwortlich sind, die übrig geblieben sein mögen).

Schließlich möchte ich meinen Studenten für ihre Aufgeschlossenheit und ihr Verständnis für die Aufnahme der Kosmologie in ihren Studiengang danken. Es hilft ihnen nicht bei der Suche nach einem Arbeitsplatz oder beim Bau von Einrichtungen militärisch-industrieller Art und vergrößert nicht das Bruttosozialprodukt. Aber es trägt, so hoffe ich, dazu bei, den alten Gedanken wiederzubeleben, daß die Physik vor allem "Naturphilosophie" sein sollte.

Bristol, 1974   *Michael Berry*

Inhalt

1 Einleitung

Es ist üblich, mit Definitionen zu beginnen; oft sind sie glatt und geschliffen und rauben einem Thema seine Reichhaltigkeit. Und doch können sie helfen, unseren Gedanken Form zu geben, solange wir sie nicht zu ernst nehmen. Nach *Meyers Taschenlexikon* ist die Kosmologie "die Lehre vom Weltall als Ganzem". Auch ist es üblich, ein Thema deutlich zu gliedern, selbst wenn das vielleicht den Reichtum der Wechselbeziehungen zwischen den Teilen verschleiert. Es hilft, drei Hauptgesichtspunkte der Kosmologie zu unterscheiden.

Erstens gibt es die *Kosmographie*: sie katalogisiert die Objekte des Weltalls und die kartographiert ihre Positionen und Bewegungen. Anders als Geographen sind wir auf einen Aussichtspunkt - die Erde - beschränkt, an dem wir sitzen und elektromagnetische Strahlung empfangen. All unsere Information über das Weltall steckt in der Richtungsverteilung dieser Strahlung (ein Stern hier, eine Galaxie dort) und ihrer spektralen Zusammensetzung (Licht, Röntgen-, Radiostrahlung etc.). Vergleichsweise wenig haben wir aus der Untersuchung kosmischer Strahlung, von Meteoriten (aus dem Raum auf die Erde gefallene Körper) und unseren ersten Stolperschritten im Weltraum gelernt.

Zweitens ist da die *theoretische Kosmologie*: Sie sucht nach einem Rahmen, der uns die mit Hilfe der Kosmographie erhaltene Information zu erfassen erlaubt. Schon hier versagt das Ordnungsprinzip, denn es ist nicht möglich, auch nur die einfachsten Beobachtungen ohne das Gerüst einer Theorie zu verstehen - so kann zum Beispiel "die Entfernung eines Objekts" mindestens fünf verschiedene Bedeutungen haben, je nachdem wie sie gemessen wird. Die theoretische Kosmologie arbeitet mit den physikalischen Gesetzen, die auf der Erde oder in ihrer Nähe beobachtet wurden, und macht die ungeheuerliche Annahme, daß sie überall im Weltall gelten. Aber die Physik reicht auch dann nicht aus, wenn sie überall gilt; um dem Gefängnis unseres einen Beobachtungspunkts zu entkommen, brauchen wir etwas mehr, nämlich ein "kosmologisches Prinzip". Dies ist seinem Wesen nach hauptsächlich philosophisch; es läßt sich nicht aus den Gesetzen der Physik ableiten. In einfachen Worten besagt das kosmologische Prinzip: "Die Erde ist, kosmologisch gesehen, nichts besonderes; deshalb beobachten wir im großen und ganzen das gleiche, was jeder anderer Beobachter im Weltraum feststellen würde." Wie wankelmütig wir sind! Im Mittelalter war es völlig natürlich, die Erde als den Mittelpunkt des Weltalls zu sehen, und doch machen wir, wenige Jahrhunderte später, den Anti-Anthropozentrismus zu einem Prinzip. Das kosmologische Prinzip hat ungeheure Macht: es erlaubt uns, aus all den komplizierten Lösungen der physikalischen Gleichungen jene auszuwählen, die gewisse einfache Symmetrien aufweisen.

Welche Art Physik braucht die Kosmologie? Ich sehe sie als einen ziemlich reichhaltigen Eintopf, der vor allem aus einer Gravitationstheorie besteht, weil im kosmischen Maßstab die Schwerkraft vorherrscht. Die beste uns bekannte Beschreibung der Gravitation ist die Einsteinsche "allgemeine Relativitätstheorie"; sie macht den Kern unserer Darstellung der Kosmologie aus. Als Würze enthält dieses Gericht etwas Elektromagnetismus, etwas Thermodynamik und auch einen Schuß Teilchenphysik. Die Güte einer Speise zeigt sich beim Essen, was in diesem Fall den Vergleich mit der Beobachtung bedeutet. Wie wir sehen werden, kann die auf der allgemeinen Relativitätstheorie beruhende theoretische Kosmologie die Beobachtungen erklären. Noch sind diese jedoch weder genau noch umfassend genug, um Hinweise darüber geben zu könne, welches von einer Reihe von "Weltmodellen" unserer wirklichen Welt entspricht.

Der dritte Aspekt der Kosmologie ist die *Kosmogonie*. Sie ist die Lehre von der *Entstehung* (oder vielleicht der unendlich fernen Vergangenheit) des Weltalls. Hier wird unser Dünkel grenzenlos, denn wir wenden die Gesetze der Physik auf fernste Zeiten und Orte an. Wir deuten die modernsten radioastronomischen Beobachtungen als genaue Information über die Bedingungen, die im Chaos eines "Urknalls" vor zehntausend Millionen Jahren herrschten. Wenn wir ferne Vergangenheit von ferner Zukunft unterscheiden wollen, müssen wir uns mit dem Wesen der Zeit selbst beschäftigen, besonders mit ihrer Umkehrbarkeit, und das führt uns zu - noch geheimnisvollen - Beziehungen zwischen Kosmologie und irdischer Experimentalphysik.

2 Kosmographie

2.1 Was das Weltall enthält

Im ganz Großen besteht das Weltall aus *Galaxienhaufen*. Mit den größten optischen Teleskopen lassen sich etwa 10^{11} Galaxien erkennen. Aus kosmologischer Sicht sind die Galaxien die "Atome" des Universums, deren Verteilung, Bewegung und Ursprung zu bestimmen und erklären ist. Galaxien sind jedoch komplizierte Gebilde, zusammengehalten durch eine Kraft, die Schwerkraft oder Gravitation. Jede Galaxie besteht aus bis zu 10^{11} Sternen und Gaswolken, die oft über einen scheibenförmigen Bereich mit einem zentralen Kern und Spiralarmen verteilt sind. Aber es sind auch viele andere Formen möglich (wie das Frontispiz zeigt), die in Büchern über Galaxien (siehe die Bibliographie) wunderschön abgebildet sind. Jeder der Sterne, aus denen eine Galaxie besteht, ist ein Kernkraftwerk, dessen Wirkungsweise die Astrophysik untersucht. Unsere Sonne ist ein typischer Stern, etwa halbwegs zum Rande der Galaxis hin gelegen. Wir sehen die Projektion der Ebene unserer Galaxie, Galaxis oder Milchstraßensystem genannt, am Himmel als schwach weißen Streifen, die sogenannte "Milchstraße". Die Erde ist einer der Planeten, die durch die Gravitation an die Sonne gebunden sind. Es ist nicht bekannt, wie viele Sterne ein Planetensystem haben, weil außerhalb unseres Sonnensystems keine Planeten beobachtet worden sind (obwohl in mehreren Fällen auf die Existenz geschlossen wird), und weil der Vorgang der Planetenentstehung noch unverstanden ist. Selbst wenn jedoch die Entstehung eines Planeten ein so unwahrscheinliches Ereignis wie den Zusammenstoß zweier Sterne voraussetzen sollte (was jetzt kaum noch angenommen wird), so ist allein aufgrund der ungeheuren Zahl der Sterne praktisch sicher, daß es im Universum viele Planeten gibt, die unserem nicht unähnlich sind. Deshalb können wir unseren Beobachtungsposten nicht für besonders ausgezeichnet halten; im Gegenteil ist er vermutlich recht typisch.

Wie steht es mit den Entfernungen? Gewöhnlich versucht man, sich die ungeheure Größe und Leere des Raums an gedachten maßstäblichen Modellen vorzustellen. Wenn zum Beispiel die Sonne eine Wassermelone wäre und mitten in London läge, wäre die Erde ein Apfelkern in hundert Meter Abstand und der nächste Stern eine Wassermelone in Australien. Unsere Vorstellungskraft versagt rasch bei solchen Modellen, deshalb geben wir in diesem

Tabelle 1

Mittlere Entfernung Erde-Mond	$= 3{,}84 \cdot 10^8$ m $= 1{,}28$ Lichtsekunden
Mittlere Entfernung Erde-Sonne	$= 1{,}496 \cdot 10^{11}$ m $= 8{,}3$ Lichtsekunden
	$9{,}46 \cdot 10^{15}$ m $= 1$ Lichtjahr $= 0{,}307$ pc
	$3{,}26$ Lichtjahre $= 1$ pc
Entfernung des nächsten Sterns	≈ 4 Lichtjahre $\approx 1{,}2$ pc
Durchmesser unserer Galaxis	$\approx 10^5$ Lichtjahre $\approx 3 \cdot 10^4$ pc
Entfernung der nächsten großen Galaxie	$\approx 2 \cdot 10^6$ Lichtjahre $\approx 6 \cdot 10^5$ pc
Entfernung der fernsten optisch wahrnehmbaren Galaxie	$\sim 3 \cdot 10^9$ Lichtjahre $\approx 10^9$ pc

vorläufigen Überblick über kosmische Distanzen die Entfernungen mit Hilfe der Zeiten an, die das Licht braucht, um sie zurückzulegen. Die Geschwindigkeit des Lichts im Vakuum ist

$$c = 2{,}998 \cdot 10^8 \text{ m s}^{-1}. \tag{2.1.1}$$

Licht umrundet die Erde in einer Sekunde siebenmal, so daß der Erdumfang etwa "ein Siebtel Lichtsekunde" beträgt. Tabelle 1 gibt kosmisch wichtige Entfernungen in Lichtzeiten an. (Die letzte Spalte gibt die Entfernung in einer anderen Einheit an, nämlich in *Parsec* (pc), die in Abschnitt 2.2.1 eingeführt wird.)

Womöglich gibt es im Weltall außer den sichtbaren Galaxien andere Materie, so zum Beispiel Galaxien, die nicht mehr strahlen, Schwarze Löcher aller Größen (Abschnitt 5.6) und intergalaktische Staub- und Gaswolken, aber dafür fehlen unbezweifelbare Beobachtungsdaten. Es sind jedoch eine ganze Reihe exotischer astronomischer Objekte entdeckt worden, von denen die quasi-stellaren Objekte oder Quasare am rätselhaftesten sind. Ihre Entfernungen und ihre Helligkeiten scheinen (im optischen wie im Radiobereich) denen von Galaxien zu entsprechen, aber sie sind sehr kompakt - ihre Durchmesser betragen höchstens wenige tausend Lichtjahre. Wir kennen ihren Aufbau nicht. Unter Vernachlässigung dieser Komplikationen ist die den Galaxien zuzuschreibende *Massendichte* ρ_{gal} auf

$$\blacktriangleright \qquad \rho_{gal} \approx 3 \cdot 10^{-28} \text{ kg m}^{-3} \tag{2.1.2}$$

geschätzt worden.

Das Weltall enthält auch *Strahlung*, anscheinend aller Frequenzen. Ein

Teil dieser Strahlung ist *gerichtet*: sie kommt von lokalisierbaren Objekten, die wir eben deshalb sehen. Das bringt uns zu der einfachsten kosmologischen Beobachtung: Der Nachthimmel ist dunkel. Was das bedeutet, hat Bondi hervorgehoben: Das Weltall kann kein statisches, unendlich altes, unendlich ausgedehntes System von Galaxien enthalten, denn dann würde jede Gerade, die von der Erde aus nach außen gezogen wird, auf der Oberfläche eines Sterns enden, und der Himmel müßte so hell glänzen wie die Sonne. Absorption durch interstellare Materie könnte das nicht verhindern, weil Materie und Strahlung schließlich in ein thermisches Gleichgewicht kommen würden, bei dem genau soviel Strahlung ausgesandt wie absorbiert wird. Es gibt jedoch eine Reihe von Auswegen aus dem, was gewöhnlich "Olberssches Paradoxon" genannt wurde. So könnte das Weltall unendlich ausgedehnt, aber nicht unendlich alt sein; dann hätte uns das Licht ferner Sterne noch nicht erreicht. Eine andere Lösung des Widerspruchs ist die "Ausdehnung des Weltalls", die wir in Abschnitt 2.3 behandeln werden. (Siehe auch Abschnitt 6.4.)

Das Weltall enthält auch *isotrope Hintergrundstrahlung*, also Strahlung, bei der keine Richtung ausgezeichnet ist. Die Energie der vorherrschenden Hintergrundstrahlung liegt im Mikrowellenbereich (Wellenlängen in der Größenordnung 1 mm) und stammt nicht von diskreten Quellen. Die Strahlung hat eine Schwarzkörperverteilung, was bedeutet, daß sie mit der Materie in einem thermischen Gleichgewicht ist oder war; die Schwarzkörpertemperatur beträgt 2,7 K. Das Massenäquivalent dieser Strahlung ist im Vergleich mit den Galaxien vernachlässigbar; ihre Dichte ist (wegen $E = mc^2$)

▶ $$\rho_{\text{rad}} \approx 10^{-3}\, \rho_{\text{gal}}. \qquad (2.1.3)$$

Noch eine Größenordnung schwächer sind Röntgen-, Gamma- und isotrope Radio-Hintergrundstrahlung. Sie kommt vermutlich von diskreten Quellen, die sehr zahlreich sind und zu entfernt, um aufgelöst werden zu können. Wenn also die Dynamik des Weltalls durch die Masse bestimmt wird (wie wir glauben), dann kann Strahlung jetzt vernachlässigt werden. Es gibt jedoch, wie wir in Kapitel 8 sehen werden, gute Gründe für die Annahme, daß das Weltall in der Vergangenheit von Strahlung beherrscht war, und daß die beobachtete Mikrowellenhintergrundstrahlung ein Fossil jener vergangenen Zeiten ist.

2.2　Die Hierarchie kosmischer Entfernungen und die Bestimmung galaktischer Dichten

Wieso kennen wir die eben genannten Dichten und Entfernungen? Das Weltall wird mittels einer Reihe von Verfahren erfaßt, von denen uns jede in einen größeren Entfernungsbereich führt - auf die nächste Stufe der "Hierarchie kosmischer Entfernungen". Jede Stufe ist weniger zuverlässig als die vorige, deshalb ist die Ungewißheit bei der Bestimmung sehr großer Entfernungen beträchtlich.

Bevor wir diese Methoden der Entfernungsbestimmung im Kosmos im Einzelnen behandeln, veranschaulichen wir die Verfahren am "Gleichnis von der Stadt". Ein Marsmensch landet mitten in der Nacht auf dem Flachdach eines Gebäudes in London. "Er" möchte einen Stadtplan erstellen, kann aber nicht weg vom Dach, auf dem er schwach die Umrisse von Gegenständen erkennt. Draußen sind nur Lichter zu sehen - Straßenlaternen, Verkehrsampeln, Leselampen von Nachteulen und so weiter. Die Entfernungen zwischen Gegenständen auf dem Dach kann der Marsmensch direkt durch Vergleich mit einem geeigneten Maßstab, etwa seiner Fußlänge, bestimmen. Die Entfernung von Lampen in unmittelbarer Umgebung kann er durch Triangulation berechnen, indem er als Grundlinie eine Linie zwischen zwei Punkten des Daches nimmt. Aber das Dach ist nur endlich groß, so daß er sich ein anderes Verfahren ausdenken muß, wenn er entferntere Lichtquellen einzeichnen will. Dazu benutzt er die Tatsache, daß ihre scheinbare Helligkeit mit der Entfernung abnimmt: Er macht die Annahme, daß Licht mit gleichen spektralen Kennzeichen (wie das Rot-Gelb-Grün von Verkehrslampen oder das Gelb von Natriumlampen) auch physikalisch identisch ist, und die Entfernung sich als das Reziproke des Quadrats ihrer Helligkeit ergibt. Wenn sich dann in der triangulierbaren "Nahzone" für die Eichung nutzbare "Standardkerzen" finden, läßt sich dieses Verfahren bis in solche Entfernungen anwenden, in denen das Licht so schwach ist, daß es kaum noch sichtbar ist. Weiter draußen sind die einzigen sichtbaren Objekte Anhäufungen von Lichtquellen - Wohnblöcke, Dörfer in den Außenbezirken - deren Entfernungen sich wieder aus Messungen der Helligkeit bestimmen lassen, falls das nächste dieser Objekte Lichtquellen wie Verkehrsampeln enthält, deren Entfernungen bekannt sind. So erstellt der Marsmensch einen Stadtplan, indem er mehrere Methoden anwendet, deren Anwendungsbereiche sich jeweils überlappen, und überwindet damit die Beschränkungen, die ihm sein eingeengter Gesichtspunkt auferlegt.

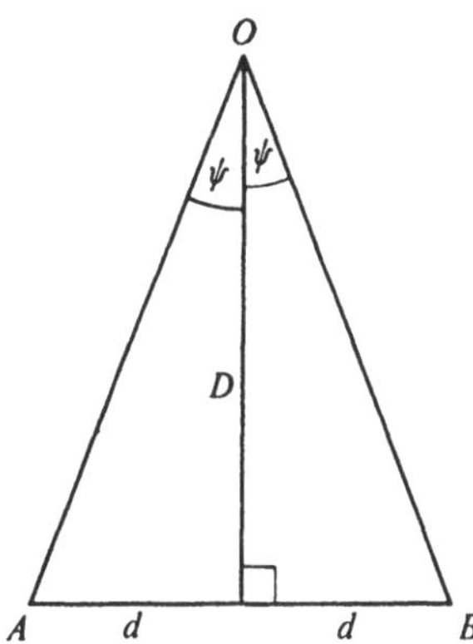

Abbildung 1. Entfernungsbestimmung mit Hilfe der Parallaxe

2.2.1 Parallaxe

Dies ist eine Triangulation, bei der eine Grundlinie AB benutzt wird, deren Länge $2d$ bekannt ist (Abbildung 1) und die so gerichtet ist, daß das Lot von O, dem Objekt, dessen Entfernung D gemessen werden soll, AB in ihrem Mittelpunkt trifft. Wenn wir uns von A nach B hin bewegen, ändert sich die Richtung von O; wir beobachten also eine scheinbare Verschiebung von O relativ zu entfernteren Objekten (deren Richtung sich kaum ändert). Wenn die Winkelverschiebung von O gleich 2ψ ist, folgt mit etwas elementarer Trigonometrie

$$D = d \cot \psi \approx d/\psi,$$

weil in der Praxis ψ ein sehr kleiner Winkel ist. Der Winkel ψ (nicht 2ψ) heißt die *Parallaxe* von O relativ zu AB.

Auf diese Weise lassen sich mit irdischen Grundlinien innerhalb des Sonnensystems Entfernungen messen; deren Längen werden durch direkte Messungen mit Maßbändern oder durch Triangulation mit Hilfe kürzerer Grundlinien oder durch Radarmessungen mit Laserstrahlen bestimmt. (Dabei wird die Zeit gemessen, die zwischen der Aussendung eines Impulses von A und seinem Empfang nach Spiegelung an B verstrichen ist.) Hipparch maß 129 v. Chr. mit Hilfe der Parallaxenmethode die Entfernung des Mondes, und Cassini und Richer bestimmten 1672 so die Entfernung zum Mars; sie verwendeten eine etwa 10^4 km lange Grundlinie zwischen Paris und Cayenne in Südamerika. Diese Messungen erlaubten es, mit Hilfe der Gravitationstheorie und der Perioden T und T der Bahnen von Erde und Mars die Entfernung r

von der Erde zur Sonne zu berechnen. Heutzutage können Entfernungen innerhalb des Sonnensystems mit Hilfe von Radarverfahren genauer gemessen werden.

Die mittlere Entfernung $r_\odot$ von Erde und Sonne heißt *astronomische Einheit* (A.E.); sie liefert den Maßstab für die Grundlinie, mit der wir aus dem Sonnensytem hinausgelangen können. Diese wichtige Grundlinie ist der Durchmesser der Erdbahn; mit ihrer Hilfe lassen sich Entfernungen zu Nachbarsternen berechnen, wenn ihre Parallaxe vor dem Hintergrund ferner Sterne mit vernachlässigbar kleiner Parallaxe im Abstand von sechs Monaten gemessen wird. Die grundlegende kosmische Entfernungseinheit wird durch die Parallaxe definiert: ein *Parsec* ("Parallaxen-Sekunde") ist die Entfernung eines Objekts, dessen Parallaxe ψ eine Bogensekunde beträgt. Es gilt damit

$$
\begin{aligned}
1 \text{ parsec} = 1 \text{ A.E.}/1" &= 3600 \cdot 180/\pi \text{ A.E.} \\
&= 206265 \text{ A.E.} \\
&= 3{,}086 \cdot 10^{16} \text{ m} \\
&= 3{,}26 \text{ Lichtjahre.}
\end{aligned}
$$

Bessel maß 1837 die erste Sternparallaxe, nämlich 0,3" für den Stern 61 Cygni. (Eine kurze Beschreibung der astronomischen Nomenklatur findet sich in Anhang A.) 61 Cygni ist also $1/0{,}3 \sim 3{,}3$ pc von uns entfernt. Die Parallaxe des nächsten Sterns beträgt 0,8". Wie klein eine Parallaxe sein kann, um noch meßbar zu sein, richtet sich nach dem Auflösungsvermögen der größten Teleskope, und das beschränkt uns auf Sterne, die näher sind als etwa 30 pc. Eine Kugel mit diesem Radius umfaßt viele tausend Sterne.

2.2.2 *Entfernungsbestimmung durch Geschwindigkeitsmessungen*

Die "Fixsterne" bewegen sich, und ihre Geschwindigkeiten V lassen sich in zwei Komponenten zerlegen: eine Radialgeschwindigkeit V_r entlang der Sichtlinie (Abbildung 2) und eine Transversalgeschwindigkeit $V_\perp$ senkrecht zur Sichtlinie. Der Betrag von V ist nur selten größer als 100 km s^{-1}. Wir können V_r mit Hilfe der Dopplerverschiebung $\Delta\lambda$ einer Spektrallinie der "Ruhewellenlänge" λ im Licht des Sternes messen. λ wird durch Vergleich mit Spektrallinien in irdischen Laboratorien bestimmt. Dann gilt im nicht-relativistischen Grenzfall

$$\blacktriangleright \qquad V_r = c\Delta\lambda/\lambda. \tag{2.2.1}$$

Ein positiver Wert von V_r (Fluchtbewegung) wird durch eine Verschiebung

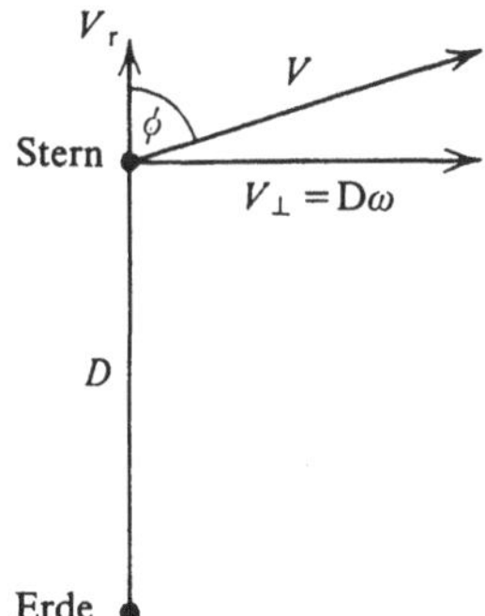

Abbildung 2. Entfernungsbestimmung mit Hilfe der Geschwindigkeit

der Linien zum roten Ende des Spektrums hin angezeigt und ein negativer Wert von V_r (Annäherung) durch eine Blauverschiebung. Es ist nicht möglich, $V_\perp$ direkt zu messen, aber bei näheren Sternen können wir die *Winkelgeschwindigkeit* ω beobachten, die von $V_\perp$ herrührt; es gilt

▶ $$D\omega = V_\perp, \qquad (2.2.2)$$

wobei D die unbekannte Entfernung des Sternes ist. ω heißt *Eigenbewegung* des Sterns. Im Lauf von Jahrtausenden haben diese Bewegungen zu Veränderungen der Form der Sternbilder geführt.

D läßt sich nicht einfach durch Messung von V_r und ω bestimmen, aber in zwei Grenzfällen haben wir zusätzliche Information. Im ersten benutzen wir Haufen oder Gruppen von Sternen, die alle näherungsweise die gleiche Geschwindigkeit V haben. Diese Parallelbewegung ist an der Konvergenz der Eigenbewegungen auf einen Himmelspunkt (in eine Richtung) hin zu erkennen. Der Winkel ϕ zwischen dieser Richtung und der Sehlinie zu dem Sternhaufen ist der Winkel zwischen V_r und V. Damit gilt

$$\tan \phi = V_\perp / V_r = D\omega / V_r.$$

Deshalb folgt

▶ $$D = V_r \tan \phi / \omega. \qquad (2.2.3)$$

In dieser Gleichung sind drei Größen meßbar. Diese *Methode der Sternstromparallaxen* bewährt sich am besten bei offenen Haufen; sie ist nur in wenigen Fällen angewendet worden, unter anderem bei den Hyaden (im Stier), dessen hundert Sterne von uns eine mittlere Entfernung von 40,8 pc haben.

Der zweite Grenzfall betrachtet Sterne, die keine gemeinsame Bewegung aufweisen, bei denen die Geschwindigkeit der Sterne vielmehr wie bei den Molekülen eines Gases zufällig zu sein scheint. Dann, nimmt man an, ist die

Zufallsbewegung "isotrop", und damit stimmen die Mittelwerte von $2V_r^2$ und
$V_\perp^2$ überein, denn sonst hätten wir in Bezug auf diese Sterngruppe eine
Sonderstellung, und das ist unwahrscheinlich. Also gilt

$$(2V_r^2)_m = (V_\perp^2)_m = D^2(\omega^2)_m$$

und

$$\blacktriangleright \qquad D = \sqrt{[(2V_r^2)_m/(\omega^2)_m]}, \qquad\qquad (2.2.4)$$

wobei über V_r und ω einer Auswahl von Sternen des Haufens gemittelt wird.
Diese *Methode der säkularen Parallaxen* bringt uns bis zu mehreren hundert
Parsec (immer noch deutlich innerhalb unserer Galaxis).

Wirkliche Haufen liegen im allgemeinen zwischen diesen Extremen; sie
weisen Zufallsbewegungen auf, während sich der Massenmittelpunkt des
Haufens relativ zu uns bewegt.

2.2.3 *Entfernungsbestimmung durch die Flußdichte*

Nehmen wir an, uns wäre die (z.B. in Watt gemessene) *Leuchtkraft L* eines
Sternes oder einer Galaxie bekannt; sie ist definiert als die gesamte ausge-
strahlte Leistung. Nehmen wir auch an, daß wir die *Flußdichte l* messen; sie
ist definiert als die Leistung, die den Beobachter senkrecht zur Sichtlinie pro
Flächeneinheit erreicht.Wenn im Raum keine Strahlung absorbiert wurde,
finden wir aufgrund der Energieerhaltung die Abhängigkeit der Flußdichte l
von der Leuchtkraft L und der Entfernung D:

$$L = l \cdot 4\pi D^2,$$

und deshalb

$$\blacktriangleright \qquad D = \sqrt{(L/4\pi l)}. \qquad\qquad (2.2.5)$$

Also läßt sich D berechnen, wenn l gemessen werden kann, falls L bekannt ist.
Leider ist das im allgemeinen nicht so. Es gibt jedoch gewisse Klassen von
Objekten, für die wir L kennen, wenn auch meistens nicht sehr genau; alle
höheren Stufen der kosmischen Entfernungshierarchie beruhen auf diesen
"Standardkerzen".

Um die Methode in ihrer einfachsten Form einzuführen, wiederholen wir
eine Überlegung, mit deren Hilfe Newton die Entfernung der nächsten Sterne
abschätzte. Er nahm an, daß alle Sterne so hell sind wie die Sonne, so daß also
die nächsten Sterne am hellsten sind. Sie sind etwa 10^{11} mal schwächer als die
Sonne. Deshalb ist

$$D_{\text{Stern}}/r_{\odot} = (l_{\odot}/l_{\text{Stern}})^{1/2} = (10^{11})^{1/2}$$

und

$$D_{\text{Stern}} \approx 3 \cdot 10^5 \text{ A.E.} \approx 1{,}5 \text{ pc} \approx 5 \text{ Lichtjahre.}$$

Durch einen reinen Zufall, weil nämlich die nächsten Sterne tatsächlich sonnenähnlich sind, stimmt das ungefähr (obwohl Newton sich um einen Faktor 100 verrechnete).

Um weiterzukommen, müssen wir erläutern, daß Astronomen statt der Flußdichte l die sogenannte *scheinbare Helligkeit m* benutzen, ein logarithmisches Maß. Sie ist so definiert, daß die scheinbaren Helligkeiten zweier Objekte, deren Flußdichten l_1 und l_2 sich um den Faktor 100 unterscheiden, um 5 differieren, also

$$\blacktriangleright \qquad l_1/l_2 = 100^{(m_2-m_1)/5}; \quad m_2 - m_1 = 2.5 \log_{10}(l_1/l_2). \qquad (2.2.6)$$

m ist also umso größer, je lichtschwächer ein Objekt ist. Wir müssen noch den Nullpunkt der Skala festlegen. Ursprünglich entsprach $m \sim 1$ den hellsten sichtbaren Sternen, während Sterne mit $m = 6$ gerade eben mit dem bloßen Auge sichtbar sind. Heute müssen wir genauer sein; der Nullpunkt ist deshalb definiert als

$$l_{(m=0)} \equiv 2{,}52 \cdot 10^{-8} \text{ W m}^{-2} \qquad (2.2.7)$$

(Nach dieser Definition ist l die *gesamte* empfangene, über alle Wellenlängen integrierte Strahlungsleistung.) Die scheinbare Helligkeit der Sonne ist $m_{\odot} = -26{,}85$.

Die *absolute Helligkeit* oder, wie man aus historischen Gründen auch sagt, die *Größe M* eines Objekts ist gleich der scheinbaren Helligkeit, die es in einer Entfernung von 10 pc haben würde. Wenn wir also D in pc messen, ergibt sich

$$l_m \cdot 4\pi D^2 = l_M \cdot 4\pi 10^2.$$

Deshalb ist

$$100^{(M-m)/5} = 10^2/D^2,$$

$$\blacktriangleright \qquad D = 10^{[1+(m-M)/5]}$$

$$\blacktriangleright \qquad m - M = 5 \log_{10}(D/10). \qquad (2.2.8)$$

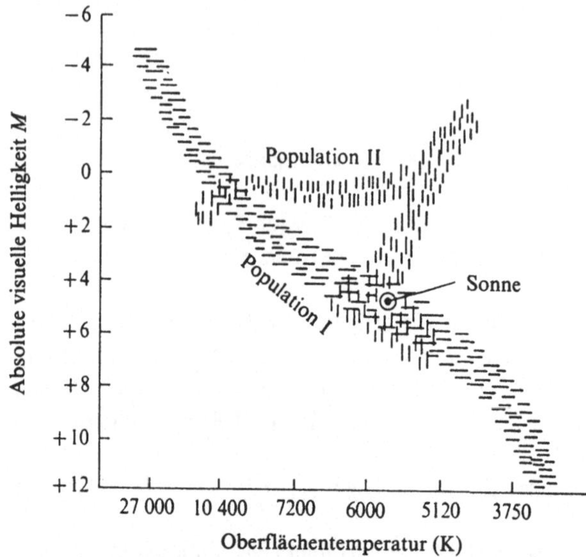

Abbildung 3. Hertzsprung-Russell-Diagramm (schematisch)

Die Sonne hat die absolute Helligkeit $M_\odot = 4{,}72$, was für einen Stern ziemlich typisch ist. Bei hellen Galaxien gilt $M_{gal} \sim -22$, so daß die Leuchtkräfte L und L_{gal} (die proportional zu den Flußdichten bei 10 pc sind) miteinander in der Beziehung

$$L_{gal}/L_\odot = 100^{(M_\odot - M_{gal})/5} = 100^{(4{,}72+22)/5} \sim 5 \cdot 10^{10}$$

stehen, was verträglich ist mit unserer früheren Behauptung, daß große Galaxien etwa 10^{11} Sterne enthalten. Die Differenz $m - M$ heißt *Entfernungsmodul* (bei der Sonne beträgt er -31,57).

M, m, L und l sind mittels der gesamten bei allen Wellenlängen empfangenen oder ausgesandten Energie definiert worden. Analoge Größen jedoch lassen sich auch mit Hilfe von Leistung pro Wellenlängeneinheit oder Frequenzintervall definieren.

Wir kennen M bei mehreren Klassen von Objekten recht gut; hier behandeln wir vier: Hauptreihensterne, Veränderliche vom Typ δ Cephei, Novae und hellste Galaxien in Galaxienhaufen.

Hauptreihensterne. Bei nahen Sternen, deren Entfernungen durch Parallaxen- oder Geschwindigkeitsmessungen bestimmt werden können, fanden Hertzsprung und Russell 1910, daß es viele Sterne gibt (diejenigen der "Hauptreihe"), bei denen L (oder M) und der Spektraltyp (grob gesagt die Farbe, die der Oberflächentemperatur T entspricht) in enger Beziehung stehen (Abbildung 3); die kühleren Sterne sind schwächer. Wenn wir also wissen, daß ein bestimmter Stern auf der Hauptreihe liegt, brauchen wir nur seine scheinbare Helligkeit m zu messen und seinen Spektraltyp zu bestimmen; dann können wir aus dem Hertzsprung-Russell-Diagramm die absolute Helligkeit M ablesen, und aus $m - M$, dem Entfernungsmodul, D ableiten. Dieses Verfahren bewährt sich am besten bei Haufen. Alle Sterne eines Haufens sind etwa gleich weit voneinander entfernt, so daß die Hauptreihe statistisch wie folgt festgelegt werden kann: Wenn auf einer Achse eines Koordinatensystems die *scheinbare* Helligkeit m und auf einer anderen der Spektraltyp aufgetragen werden, liegen die Punkte oft in der Nähe einer Kurve, die der ähnelt, die sich aus dem Hertzsprung-Russell-Diagramm ergibt; jeder Stern auf der Kurve ist also ein Hauptreihenstern. Es ergeben sich jedoch Schwierigkeiten, weil es (grob gesprochen) zwei Arten von Hauptreihensternen gibt: Sterne der Population I (wie die Sonne) in offenen Haufen wie den Hyaden, und Sterne der Population II in Kugelhaufen wie M13 im Herkules. Man muß sehr auf der Hut sein, um diese Populationen nicht zu verwechseln. Hauptreihensterne sind ziemlich schwach (zumindest alte Kugelhaufensterne), und das begrenzt den Bereich der Entfernungen, die bestimmt werden können. Die größten Teleskope können keine Sterne entdecken, die schwächer sind als etwa $m = 22{,}7$. Wenn ein solcher Stern dieselbe Farbe hat wie die Sonne ($M = 4{,}7$), ergibt sich ein Entfernungsmodul von 18, und die wirkliche Entfernung beträgt

$$D = 10^{1+18/5}\,\text{pc} = 10^{4{,}6}\,\text{pc} \approx 4\cdot10^4\,\text{pc}.$$

Das entspricht dem Durchmesser unseres Milchstraßensystems, so daß selbst dieser Riesenschritt auf eine neue und höhere Ebene uns noch nicht in Entfernungen gebracht hat, die kosmologisch interessant sind.

Veränderliche Sterne vom Typ δ Cephei. Viele Sterne verändern ihre Helligkeit regelmäßig, mit Perioden P von einigen Tagen. Ein Hauptvertreter ist δ Cephei, dessen "Lichtkurve" Abbildung 4 zeigt. Diese veränderlichen Sterne werden deshalb "Cepheiden" genannt (sie sollten nicht mit Pulsaren verwechselt werden, Radioquellen, deren Perioden viel kürzer sind). Leavitt beobachtete 1912, daß zwischen m und $\log P$ für die Cepheiden in der Kleinen Magellanschen Wolke (von der wir heute wissen, daß sie ein "Satellit" unserer eigenen Galaxis ist) näherungsweise eine lineare Beziehung besteht. Da diese Sterne alle etwa gleich weit von uns entfernt sind, schloß sie, daß m eindeutig

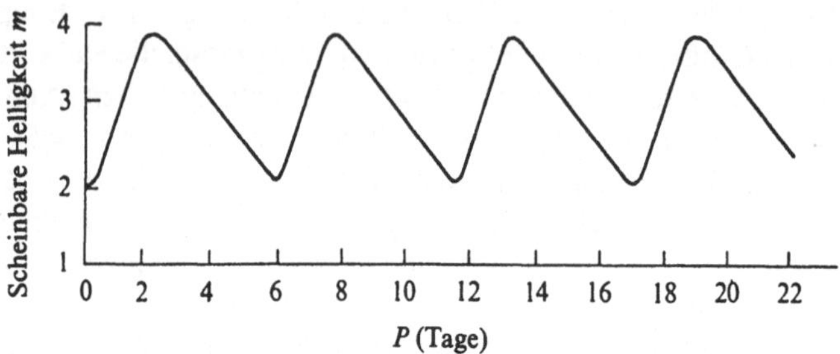

Abbildung 4. Lichtkurve veränderlicher Sterne vom Typ δ Cephei

mit M und deshalb M mit P zusammenhängt, also eine Beziehung zwischen der absoluten Helligkeit und der Periode besteht. Weil für alle Cepheiden mit derselben Periode M gleich ist, lassen sich diese Sterne als "Standardkerzen" für die Entfernungsbestimmung verwenden, wenn die Beziehung einmal geeicht ist; dazu muß auf einer niedrigeren Stufe der Entfernungsbestimmung das M für Cepheiden innerhalb der Galaxie bestimmt werden. Leider gibt es nur wenige galaktische Cepheiden in Haufen, deren Entfernungen bekannt sind, und das vermindert die Genauigkeit des Verfahrens. Abbildung 5 gibt einige neuere Daten.

Ein solcher veränderlicher Stern mit einer Periode von 10 Tagen ($\log P = 1$) hat eine absolute Helligkeit $M \approx -3$ (d.h. $L/L_\odot \sim 10^3$). In der Magellanschen Wolke hat ein physikalisch ähnliches Objekt (mit gleichem M) eine scheinbare Helligkeit m von etwa 16. Deshalb beträgt der Entfernungsmodul $m - M$ etwa 19, und die Entfernung beträgt

$$D = 10^{1+19/5}\ \text{pc} = 10^{24/5}\ \text{pc} \approx 6 \cdot 10^4\ \text{pc}.$$

Endlich sind wir außerhalb der Galaxis, aber nur knapp!

Nun sind Cepheiden von Natur aus ziemlich hell (bis zu $M \sim -6$, d.h. $L/L_\odot \sim 10^4$) und lassen sich außer in unserer eigenen in einer Reihe anderer Galaxien auflösen. Hubble fand 1923 Cepheiden in M31 (dem Andromedanebel) und maß ihre Periode. Ihr schwaches Leuchten bewies, daß "Spiralnebel" Galaxien außerhalb unserer eigenen sind und ihr ähneln - sie sind also "Welteninseln" - und beendete einen langen Streit, indem er unser heutiges Bild vom Weltall als einer Ansammlung von Galaxien begründete. Sein Wert für die Entfernung D betrug jedoch $2,8 \cdot 10^5$ pc, und das war um mehr als einen Faktor 2 zu klein, wie Baade 1952 zeigte, weil Hubble zwei verschiedene Arten veränderlicher Sterne verwechselt hatte. Hubbles falscher Wert hatte zu dem verblüffenden Schluß geführt, daß alle anderen Galaxien viel kleiner sind

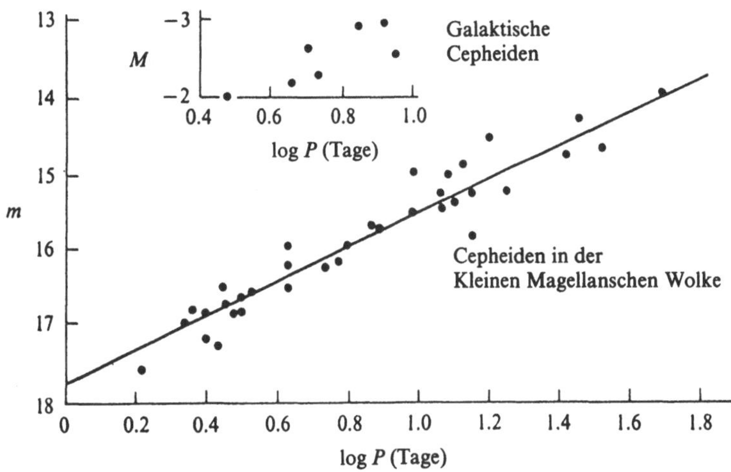

Abbildung 5. Cepheiden als Standardkerzen. (Mit freundlicher Genehmigung von Professor G.C. McVittie)

als unsere eigene, was uns als Beobachter einen Sonderstatus verliehen hätte; der neue Wert aber schreibt unserer Galaxis eine gewöhnliche Größe zu, die uns nicht in Verlegenheit bringt.

Cepheiden lassen sich bis zu etwa $4 \cdot 10^6$ pc beobachten. Das umfaßt die Galaxien unserer "Lokalen Gruppe" - des Galaxienhaufens, der das Milchstraßensystem enthält.

Novae. In jeder großen Galaxie, die so nahe ist, daß sie genau beobachtet werden kann, werden in jedem Jahr etwa vierzig Sterne beobachtet, die plötzlich aufflackern und bis zu sechs Größenklassen heller werden, als sie vorher waren. In einem Zeitraum von einigen Tagen verblassen sie. Dies sind Novae, oder "neue Sterne". Sie können auch in unserer eigenen Galaxis beobachtet werden, ihre Entfernungen lassen sich mit Verfahren bestimmen, die in der Hierarchie niedriger stehen. Ihre absoluten Helligkeiten M sind also bekannt. Natürlich ändern sie sich im Lauf der Zeit. Es hat sich gezeigt, daß die größte Helligkeit M_{max} ziemlich gut mit der Zeit t_2 korreliert ist, in der die Sterne wieder verblassen. (Sie wird üblicherweise als die Zeit definiert, in der der Stern zwei Größenordnungen schwächer wird, also von M_{max} zu $M_{max} +2$ übergeht.) Wie bei Cepheiden läßt sich also mit Hilfe von Novae aus Messungen von t_2 und der scheinbaren maximalen Helligkeit m_{max} der Wert von D

ableiten. Die Ergebnisse dieser Methode für Nachbargalaxien stimmen einigermaßen (innerhalb von 10%) mit Entfernungen überein, die aus der Beobachtung von Cepheiden abgeleitet wurden. Novae sind jedoch viel heller als Cepheiden und ermöglichen uns dadurch den Aufstieg auf eine höhere Sprosse. Wie weit kommen wir damit? Die hellsten Novae erreichen $M_{max} \sim -9{,}3$; wir können zur Zeit $m_{max} \sim 22{,}7$ entdecken, so daß die Grenzentfernung aufgrund dieses Verfahrens

$$D = 10^{1+[22,6-(-9,3)]/5} \text{ pc} = 10^{38/5} \text{ pc} = 4 \cdot 10^7 \text{ pc}$$

beträgt. Wir erreichen jetzt die nächsten Galaxien außerhalb unserer lokalen Gruppe; sie liegen im Virgohaufen, der etwa 2500 Galaxien enthält. Eine zusätzliche Überprüfung der Abschätzung von Entfernungen auf dieser Stufe der Entfernungsleiter erhalten wir, wenn wir Kugelhaufen von Sternen und HII-Gebiete (Wolken von ionisiertem Wasserstoff in der Umgebung heißer Sterne) als Standardkerzen benützen.

Hellste Galaxien in Haufen. Jenseits des Virgohaufens sind Einzelsterne nicht leicht aufzulösen, und die letzte Ebene der Entfernungshierarchie verwendet als Entfernungsanzeiger ganze Galaxien. Es scheint, daß die Verteilung der scheinbaren galaktischen Helligkeiten innerhalb eines Haufens eine ziemlich scharfe obere Grenze hat. Wir kennen die Entfernung des Virgohaufens und deshalb die absolute Helligkeit M der hellsten Galaxie; der Wert ist -21,7. Wenn wir annehmen, die hellste Galaxie in einem fernen Haufen habe dasselbe M, dann können wir D finden, indem wir einfach die scheinbare Helligkeit m messen. Das bringt uns zu

$$D = 10^{1+[22,6-(-21,7)]/5} \text{ pc} \approx 8 \cdot 10^9 \text{ pc},$$

was endlich einen großen Bruchteil kosmologisch interessanter Objekte umfaßt.

Aber das hat einen Haken: Es könnte sein, daß die Verteilung der galaktischen Helligkeiten nicht plötzlich abfällt, sondern einen kleinen "Schwanz" außerordentlich heller Galaxien hat. Wenn wir uns dann in größere Entfernungen hinauswagen und immer größere Haufen auswählen, ist es unvermeidlich, daß wir auf diese außerordentlichen Galaxien treffen, deren absolute Helligkeit größer ist als $M = -21{,}7$, und deshalb also alle ihre Entfernungen unterschätzen. Das ist der "Scott-Effekt", auf den 1957 hingewiesen wurde. Seine Existenz ist immer noch umstritten. Eine genauere Behandlung der kosmischen Entfernungshierarchie (mit Literaturhinweisen) findet sich in Weinbergs Buch *Gravitation und Cosmology* (siehe die Bibliographie).

Jetzt scheint es angebracht, die Aufmerksamkeit auf zwei begriffliche Probleme zu lenken, mit denen wir uns später ausführlich beschäftigen werden. Das erste Problem betrifft die einfachen Entfernungsformeln, die sich durch die Methoden der Parallaxen-, Geschwindigkeits- und Leuchtkraftbestimmung ergeben. In die Formeln gehen elementare trigonometrische Beziehungen zwischen den Winkeln und Entfernungen von Geradensystemen ein. Diese beruhen auf der gewöhnlichen *euklidischen Geometrie* und der Gleichsetzung von Lichtstrahlen mit Geraden. Wir wissen, daß das im Sonnensystem sehr genau zutrifft, weil die verschiedenen Methoden der Entfernungsbestimmung übereinstimmende Ergebnisse geben. Aber dürfen wir das auch auf galaktische oder intergalaktische Entfernungen ausdehnen? Es gibt schließlich verschiedene nichteuklidische Geometrien, etwa die auf der Oberfläche einer Kugel geltende. (In dieser Geometrie ergibt die Winkelsumme im Dreieck weniger als 180°, Kreise mit Radius r haben einen kleineren Umfang als $2\pi r$ und so weiter.) Es ist keine mathematische, sondern eine physikalische Aufgabe, herauszufinden, welche Geometrie in der wirklichen Welt gilt. Wie wir sehen werden, könnte "der Raum gekrümmt sein", und deshalb müssen wir sehr vorsichtig sein, wenn wir über Entfernungen reden. Innerhalb der "lokalen Gruppe" von Galaxien und sogar etwas darüber hinaus (d.h. bis zu einigen Megaparsec) sind alle Korrekturen für mögliche Nichteuklidizität vernachlässigbar.

Das zweite begriffliche Problem betrifft die Zeit. Die kosmische Entfernungshierarchie führt uns bis zu Milliarden Lichtjahren. Wir sehen also Licht, das in ferner Vergangenheit ausgestrahlt wurde. Wie ist das Weltall jetzt beschaffen? Diese Frage setzt voraus, daß ferne Ereignisse eindeutig gleichzeitig genannt werden können, und es ist aus der speziellen Relativitätstheorie bekannt, daß Ereignisse in einem Bezugssystem gleichzeitig sein können, ohne es in anderen zu sein: es gibt kein eindeutiges "Jetzt". Deshalb müssen wir bei unserer Beschreibung des Weltalls im Großen sehr vorsichtig sein, insbesondere, da wir meinen, es entwickele sich im Lauf der Zeit.

2.2.4 Die Massen von Galaxien

In den Weltmodellen, die wir aus der allgemeinen Relativitätstheorie herleiten werden, ist die Massendichte ρ eine besonders wichtige Größe. Gegenwärtig scheint die Masse vorwiegend in Form von Galaxien vorzukommen, und wir haben für ρ_{gal} einen Wert von $3\cdot10^{-28}$ kg m^{-3} angegeben. Wie sind wir zu dieser Zahl gekommen? Unter Benutzung der Entfernungshierarchie und durch Abzählen von Galaxien läßt sich die Anzahldichte (Galaxien pro Einheitsvolumen) bestimmen. Deshalb ist es wichtig, die durchschnittliche Masse einer einzelnen Galaxis zu finden. Dazu gibt es verschiedene Wege, die alle auf der (gar nicht selbstverständlichen) Annahme beruhen, daß Galaxien oder Galaxienhaufen *durch die Schwerkraft zusammengehaltene Systeme in einem dynamischen Gleichgewicht sind.* Die Teile eines solchen durch die Gravitation gebundenen Systems müssen sich relativ zueinander bewegen, sonst würde ihr Inhalt in den Massenmittelpunkt hineinfallen. In der Tat beobachtet man, daß Galaxien rotieren: Punkte, die gleich weit von der Achse einer Galaxie entfernt sind, die wir fast genau von der Seite beobachten, haben verschiedene Spektralverschiebungen, also unterschiedliche Dopplergeschwindigkeiten. Der Mittelwert dieser Geschwindigkeiten ergibt die mittlere Geschwindigkeit der gesamten Galaxie, während der halbe Unterschied gleich der Rotationsgeschwindigkeit $V(r)$ um den Mittelpunkt ist, die sich mit der radialen Entfernung r ändert.

Die Masse M_g einer Galaxie kann folgendermaßen abgeschätzt werden: diese Masse, die sich verhält, als ob sie im galaktischen Zentrum konzentriert wäre, bestimmt die Bewegung der äußersten Teile der Galaxie, deren Radius r_g heiße. (Genau genommen gilt dies nur für eine kugelsymmetrische Galaxie, aber wir schätzen hier nur grob ab.) In stabilen Galaxien beschreiben die Bahnen ihrer Sterne näherungsweise geschlossene Kurven. Wenn wir annehmen, daß sie Kreise sind, ergibt sich aus dem Newtonschen Gesetz für einen Stern der Masse m am Rand der Galaxie

$$\text{Masse} \cdot \text{innere Beschleunigung} = mV_g^2/r_g = \text{innere Kraft}$$
$$= mM_g G/r_g^2,$$

also

▶ $\qquad M_g = r_g V_g^2/G,$ $\hfill$ (2.2.9)

wobei G die Newtonsche Gravitationskonstante ist und V_g für $V(r_g)$ steht. Da r_g und V_g beide meßbar sind, kann M_g berechnet werden. Die Gleichung gilt auch (und genauer!) für die Bewegung der Erde um die Sonne, so daß (2.2.9) auch geschrieben werden kann als

▶ $\qquad M_g/M_\odot = r_g V_g^2/r_\odot V_\oplus^2,$ $\hfill$ (2.2.10)

wobei $r_\odot$ die Entfernung Erde-Sonne (etwa $5 \cdot 10^{-6}$ pc) und $V_\oplus$ die Bahngeschwindigkeit der Erde (etwa 30 km s^{-1}) sind. (Hier bezeichnet das Symbol M die Masse, nicht wie zuvor die Helligkeit.)

Wenden wir das nun auf unsere eigene Galaxis an: wir haben $r_g \sim 2 \cdot 10^4$ pc, und die Bahngeschwindigkeit der Sonne um das galaktische Zentrum beträgt etwa 200 km s^{-1} (das ergibt sich aus einer statistischen Analyse der Dopplerverschiebungen und Eigenbewegungen einer großen Anzahl von Sternen). Die Sonne liegt etwa halbwegs zum Rande hin, deshalb nehmen wir V_g als ungefähr $200/\sqrt{2}$ km s^{-1} an. (Darin steckt die Voraussetzung, die Galaxis sei ziemlich zur Mitte hin zentriert, worauf schon eine oberflächliche Betrachtung der Milchstraße hinweist.) Dann gilt

$$M_g/M_\odot = 2\cdot10^4\cdot(200)^2/5\cdot10^{-6}\cdot2\cdot(30)^2 = 9\cdot10^{10}.$$

Genauere Untersuchungen ergeben alle für M_g etwa 10^{11} $M_\odot$; dieser Wert scheint für große Galaxien typisch zu sein. Wir haben dieser Überlegung *dynamische* Betrachtungen zugrunde gelegt und beispielsweise nicht Sternzählungen; deshalb enthält unser Wert für M_g unsichtbare Masse in Form interstellaren Staubs, Schwarzer Löcher, toter Sterne usw. Es kann natürlich auch *zwischen* den Galaxien noch Masse geben (Staub, Wasserstoff, usw.) und dieses "Problem der fehlenden Masse" ist gegenwärtig eines, das auf viel Interesse stößt. Die Untersuchung der Dynamik von ganzen Galaxienhaufen ließ einmal vermuten, daß es zwischen Galaxien hundertmal soviel Masse geben könnte wie in ihnen, aber die Zweifel daran nehmen zu.

Zur Bestimmung der Gesamtdichte ρ_{gal} müssen wir die Anzahldichte n der Galaxien im Raum kennen. Wir finden sie wie folgt: Zunächst vereinfachen wir das Problem, indem wir annehmen, daß die Galaxien alle dieselbe Leuchtkraft L haben. Dann müssen alle Galaxien, deren Flußdichte einen bestimmten Wert l übertrifft, in einer Kugel mit dem Radius D_l liegen, wobei

$$\blacktriangleright \qquad D_l = (L/4\pi l)^{\frac{1}{2}}. \tag{2.2.11}$$

Die Gesamtzahl $N(>l)$ solcher Galaxien läßt sich beobachten und wird durch

$$N(>l) = n \cdot \text{Volumen einer Kugel mit Radius } D_l = (4/3)\pi n D_l^{\,3}$$

oder

$$N(>l) = (4/3)\pi n \,(L/4\pi l)^{3/2} = (4/3)\pi n\cdot10^{[3+3(m-M)/5]}, \tag{2.2.12}$$

wobei n in pc^{-3} gemessen wird. Für einigermaßen nahe Galaxien läßt sich die Abhängigkeit von $l^{-3/2}$ recht gut bestätigen, so daß n bestimmt werden kann. Der Wert ist etwa eine "Durchschnittsgalaxie" für 75 Kubikmegaparsec, also ungefähr

$$\rho_{gal} \sim 10^{11} M_\odot \text{ pc}^{-3}/75 \cdot 10^{18} \sim 10^{-28} \text{ kg m}^{-3},$$

während der heutige "Bestwert" auf einer ausführlichen Analyse beruht, die berücksichtigt, daß die Galaxien nicht alle dieselbe Leuchtkraft und Masse haben, und dreimal so groß ist. (Es sollte hier erwähnt werden, daß das $l^{-3/2}$-Gesetz nicht allgemein gilt: es versagt bei fernen Radioquellen, und zwar in einer Weise, die viel Licht auf die Geschichte des Weltalls wirft, wie wir in Kapitel 6 sehen werden. Bei schwachen *Sternen* gilt das Gesetz überhaupt nicht, und das gibt einen weiteren Hinweis darauf, daß die Galaxis endlich ist.)

2.3   Die Rotverschiebung und die Ausdehnung des Weltalls

Zwischen 1910 und 1930 reichte die kosmische Entfernungshierarchie bis über 10^4 pc hinaus, und es wurde klar, daß das Weltall aus einer gewaltigen Anzahl anderer Galaxien besteht, die unserer ähnlich sind. Natürlich wurde gleichzeitig die Bewegung dieser Galaxien erforscht und in ihren Spektren nach Dopplerverschiebungen gesucht, um Bewegungen entlang der Sichtlinie erkennen zu können. Sei λ_e die Wellenlänge einer Spektrallinie im Ruhesystem ihrer Quelle und λ_0 die Wellenlänge, die ein Beobachter mißt, der sich mit einer Geschwindigkeit v relativ zur Quelle bewegt. Dann ist die *relative Wellenänderung* z definiert als

$$\blacktriangleright \qquad z \equiv (\lambda_0 - \lambda_e)/\lambda_e. \qquad\qquad (2.3.1)$$

($z > 0$ bedeutet eine Rotverschiebung, $z < 0$ eine Blauverschiebung.) Wenn wir z als eine Dopplerverschiebung interpretieren und die vertraute Formel benutzen, folgt - zumindest für kleine z -, daß

$$\blacktriangleright \qquad v = cz \qquad\qquad\qquad\qquad (2.3.2)$$

ist. ($v > 0$ bedeutet Entfernung von uns, $v < 0$ bedeutet Annäherung an uns.)

Man hatte erwartet, daß z sich von einer Galaxie zur anderen regellos ändern und genau so oft negativ wie positiv sein würde. Innerhalb der Lokalen Gruppe trifft dies in der Tat ungefähr zu. Außerhalb der Lokalen Gruppe jedoch ist z immer positiv, was darauf hinweist, daß *all diese anderen Galaxien sich von uns entfernen.* Diese Rotverschiebungen wurden ursprünglich 1915 von Slipher entdeckt und von Hubble sehr sorgfältig mit scheinbaren Helligkeiten korreliert. 1929 veröffentlichte er das berühmte Ergebnis, daß eine Galaxie sich von uns mit einer Geschwindigkeit entfernt, die proportional ist zu ihrer Entfernung:

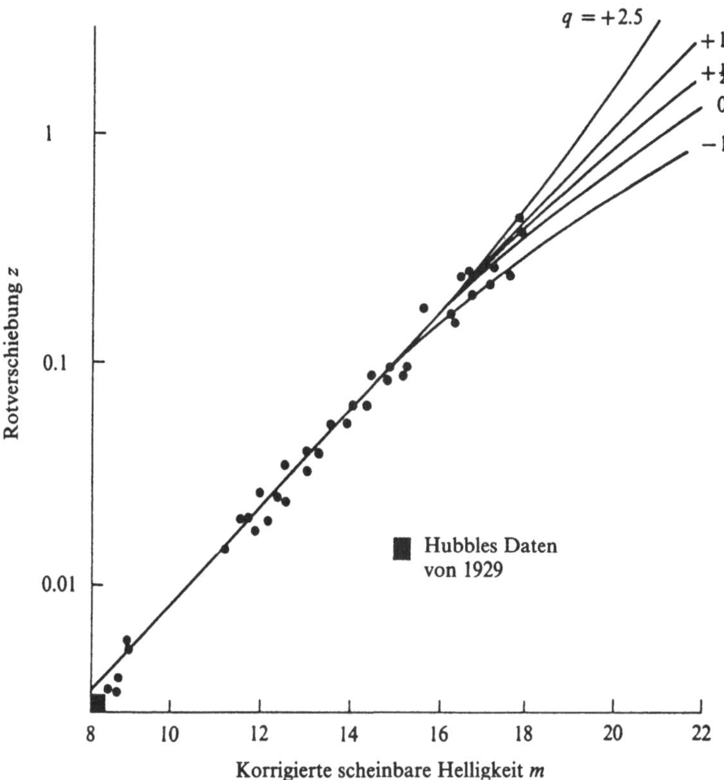

Abbildung 6. Das Hubble-Diagramm zeigt die Ausdehnung des Kosmos

$$v = HD,$$
$$H = (55 \pm 7)\ \text{km s}^{-1}\ \text{Mpc}^{-1} = (1 \pm 0.1)/(1{,}8 \cdot 10^{10})\ \text{Jahre}^{-1}. \quad (2.3.3)$$

Die Formel für v heißt das *Hubble-Gesetz*, und H ist die Hubble-Konstante.
Der angegebene Wert ist weithin akzeptiert, wenn auch manche Astronomen
größere Werte für möglich halten. Die große Unsicherheit bei H rührt von der
Unzuverlässigkeit der höheren Stufen der kosmischen Entfernungshierarchie
her und nicht von der Streuung der Daten für z gegenüber m für die hellsten
Galaxien in Haufen, wie Abbildung 6 zeigt. H ist bei allen kosmologischen
Theorien ein entscheidender Parameter, und deshalb wird gegenwärtig viel
Mühe darauf verwandt, ihn mit einer Vielfalt von Methoden genauer zu
messen.

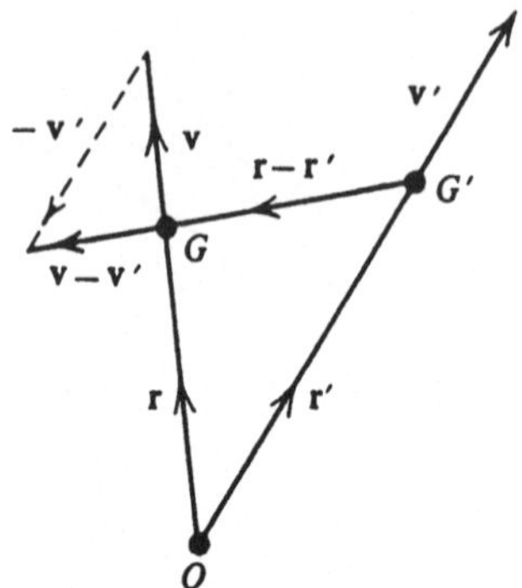

Abbildung 7. Die Ausdehnung, wie sie von O bzw. von G' aus gesehen wird.

Was bedeutet es, wenn alle Galaxien sich von uns entfernen? In Vektorform besagt das Hubble-Gesetz, daß für die Geschwindigkeit $\mathbf{v}$ einer Galaxie G an einem Ort $\mathbf{r}$, von unserer Galaxis als Ursprung gemessen (Abbildung 7),

$$\mathbf{v} = H\mathbf{r}$$

ist. Wir betrachten jetzt G aus der Sicht einer dritten Galaxie G', relativ zu uns bei $\mathbf{r}'$, die sich deshalb von uns mit einer Geschwindigkeit $\mathbf{v}' = H\mathbf{r}'$ entfernt. Die Geschwindigkeit von G relativ zu G' ist

$$\mathbf{v} - \mathbf{v}' = H\mathbf{r} - H\mathbf{r}' = H(\mathbf{r} - \mathbf{r}'),$$

so daß auch G' sieht, wie G und deshalb auch alle anderen Galaxien sich entfernen. Wir haben natürlich euklidische Geometrie benutzt und mögliche Veränderungen von H im Lauf der Zeit ignoriert, aber das allgemeine Resultat gilt trotzdem: für jede Galaxie sieht es so aus, als ob sich alle anderen von ihr entfernen. Nun sind Galaxien in großen Entfernungen (größer als etwa 40 Mpc) gleichmäßig über den Himmel verteilt, deshalb schließen wir, daß das Weltall als Ganzes homogen und isotrop ist und daß es sich vor allem *ausdehnt*. Diese dreidimensionale Expansion des Universums wird oft durch den zweidimensionalen Vergleich mit auf einem Ballon befestigten Perlen veranschaulicht. Wenn der Ballon aufgeblasen wird, dehnen sich die Perlen (Galaxien) nicht aus, aber der Abstand zwischen je zwei Perlen nimmt zu, und jede Perle sieht alle anderen von sich wegstreben.

Die Formel $v = cz$ gilt nur für kleine z; für größere z muß die Doppler-Formel der allgemeinen Relativitätstheorie verwendet werden; diese wird in

Abschnitt 6.2 hergeleitet. Eine ähnliche Abänderung (Abschnitt 6.3) gilt für die Beziehung zwischen z und m. Wir werden sehen, daß Messungen der Abweichung von der Linearität für große z verschiedene Weltmodelle zu unterscheiden erlauben. Gegenwärtig ist die Beziehung zwischen z und m etwa bis auf $z \sim 0{,}1$ bekannt. Die Rotverschiebungen von Quasaren reichen bis zu $z \sim 3$, aber diese Objekte eignen sich nicht zur Überprüfung des Hubble-Gesetzes, weil sich ihre absoluten Leuchtkräfte in einer Weise, die wir noch nicht verstehen, stark unterscheiden.

Unsere Überzeugung, daß das Weltall sich ausdehnt, beruht hauptsächlich auf der Interpretation der Rotverschiebung als einem Doppler-Effekt. Welche anderen Möglichkeiten gibt es? Wir betrachten nur zwei. Erstens gibt es die *Gravitationsrotverschiebung*. Sie folgt aus der allgemeinen Relativitätstheorie (oder auch vielen anderen Gravitationstheorien), läßt sich jedoch einfach verstehen: um einem Schwerefeld zu entkommen, muß ein Photon Energie aufwenden. Nach der Flucht hat es diese Energie verloren und ist deshalb roter. Betrachten wir ein Photon, das mit der Frequenz ν_e von der Oberfläche einer Galaxie mit Radius r_g und Masse M_g in die Unendlichkeit geschickt wird. Wenn die im Unendlichen beobachtete Frequenz ν_0 ist, haben wir

$$\text{Energieverlust} = h(\nu_e - \nu_0) = \text{verrichtete Arbeit}$$

$$= \frac{GM_g}{r_g} \cdot (\text{"Masse" des Photons})$$

$$= \frac{GM_g}{r_g} \frac{h\nu_0}{c^2}.$$

Aber $\nu = c/\lambda$, so daß für die durch (2.3.1) definierte Rotverschiebung

$$z \equiv \frac{\lambda_0 - \lambda_e}{\lambda_e} = \frac{\nu_e - \nu_0}{\nu_0} = \frac{GM_g}{r_g c^2}. \tag{2.3.4}$$

gilt. Wir sehen später, wie diese Beziehung durch genaue Experimente in der Nähe von Erde und Sonne bestätigt wurde. Wenn wir jedoch die Zahlen für eine gewöhnliche Galaxie einsetzen, erhalten wir $z \sim 10^{-7}$. Das ist im Vergleich mit beobachteten galaktischen Verschiebungen vernachlässigbar, und jedenfalls könnte das Modell nicht die Entfernungsabhängigkeit im Hubble-Gesetz erklären. Deshalb können wir zuversichtlich behaupten, daß die Rotverschiebungen nicht von der Schwerkraft herrühren.

Die zweite mögliche Erklärung ist die *Ermüdung des Lichts*: Licht, das weite Entfernungen zurücklegt, könnte Energie verlieren und dadurch im Spektrum nach rot verschoben sein. Der Energieverlust könnte nicht durch inelastische Streuung der Photonen an den Teilchen eines intergalaktischen Mediums bewirkt werden, weil (*a*) solche Streuung zu einer Verteilung des Energieverlusts führen würde und nicht zu der einen beobachteten Rotverschiebung, und (*b*) inelastische Streuung die Photonen ablenken würde, wodurch die Bilder ferner Galaxien verschwimmen müßten, und das wird nicht beobachtet. Deshalb wird die Ermüdung des Lichts manchmal als eine neue Eigenschaft elektromagnetischer Strahlung gefordert. Damit ließe sich sicherlich die Rotverschiebung erklären, ohne daß die Galaxien sich bewegten, aber gegen Erklärungen dieser Art lassen sich wichtige philosophische Einwände erheben. Sie sind *ad hoc*, das bedeutet, sie werden eingeführt, um ein bestimmtes Beobachtungsergebnis zu erklären, und bleiben ohne Zusammenhang mit dem übrigen physikalischen Wissen. Solche Hypothesen sind unbefriedigend, weil sie sich nicht durch Beobachtung widerlegen lassen: sie sind nicht *falsifizierbar*. Es ist immer möglich, ein Experiment zu "erklären", indem man einen neuen Effekt postuliert, aber die Schwierigkeit (und die Herausforderung) der Wissenschaft stellt sich in der Vereinigung großer Wissensgebiete. Genau das tut die Erklärung der Verschiebung der Spektrallinien als Doppler-Effekt: Frequenzänderungen, die sich aus der Relativbewegung von Quelle und Beobachter ergeben, sind im Labor für alle Arten von Wellenbewegungen hervorragend bestätigt worden. Es ist natürlich letztlich eine experimentelle Aufgabe, die Frage zu entscheiden, ob die Rotverschiebungen Dopplereffekte sind oder nicht, und dazu muß jede Art von Objekt für sich überprüft werden. Gegenwärtig ist die "Doppler-Deutung" für Galaxien wesentlich besser bestätigt als für Quasare. Von jetzt an werden wir jedoch alle Rotverschiebungen als Anzeichen eines sich ausdehnenden Weltalls deuten.

Die aufregendste Folge aus dem Hubble-Gesetz ist es, daß die Galaxien in der Vergangenheit viel näher zusammen waren als heute. Vor einer Zeit in der Größenordnung von $H^{-1} \sim 2 \cdot 10^{10}$ Jahren könnte die Materiedichte der Welt sehr groß gewesen sein. Dies ist die Aussage der *"Urknall"-Theorie* der Entstehung der Welt. Es gibt drei voneinander unabhängige Beobachtungstatsachen, die zu ihren Gunsten sprechen. Die *astrophysikalische Theorie* kann heute die Existenz der Hauptreihensterne und den Verlauf der Sternentwicklung in unserer eigenen und anderen Galaxien mit Hilfe der Kernphysik und des Strahlungstransports in einem Schwerefeld ziemlich gut erklären. Alle Hinweise deuten auf Sternalter von bis zu 10^{10} Jahren hin. *Radioaktive Isotope* wurden, so wird heute angenommen, in bestimmten Häufigkeiten durch

Nukleosynthese erzeugt und sind danach bis zu ihrer heutigen Häufigkeit zerfallen, woraus sich Hinweise auf die Zeit ergeben, die seit ihrer Erzeugung vergangen ist, denn die Zerfallsraten sind bekannt. Das so hergeleitete "Alter der Elemente" beträgt etwa 10^{10} Jahre. Da es weniger als $2 \cdot 10^{10}$ Jahre sind, vertragen sich beide Werte mit einer Entstehung der Welt in einem "Urknall". Die *Mikrowellenhintergrundstrahlung* gibt Hinweise auf eine dichte, von Strahlung beherrschte Frühphase der Welt, wie wir in Kapitel 8 sehen werden.

Es gibt jedoch eine wichtige Alternative zu diesem evolutionären Weltmodell, nämlich die *Theorie vom stationären Universum* ("Steady-State"-Theorie). Sie beruht auf einer Ausweitung des kosmologischen Prinzips auf die Zeit, beschränkt es also nicht nur auf den Raum. Das neue "perfekte kosmologische Prinzip" besagt, daß das Weltall im Großen nicht nur für jeden Beobachter gleich aussieht, sondern daß es auch immer gleich ausgesehen hat und immer gleich aussehen wird. Damit die Dichte konstant bleibt, obwohl sich das Universum ausdehnt, erfordert das die "ständige Erschaffung" von Materie aus dem Nichts, und zwar in dem Verhältnis von etwa einem Wasserstoffatom pro 6 km³ pro Jahr, was zu wenig ist, um beobachtbar zu sein. Metaphysisch hat die Theorie ihre Reize: Um den Preis der Aufgabe der Energieerhaltung vermeidet sie die Frage: Was passierte vor dem Urknall? Außerdem macht das Steady-State-Modell in relativistischer Form sehr genaue Vorhersagen für die Art und Weise, in der das Hubble-Gesetz für große z seine Gültigkeit verliert und welches Gesetz für galaktische Sternzählungen in Abhängigkeit der scheinbaren Größe m gelten müßte. Das Modell ist also empirisch *widerlegbar*. Tatsächlich scheinen die Beobachtungen ihm zu widersprechen; außerdem gibt es keine einsichtige Erklärung der Mikrowellenhintergrundstrahlung. Wir untersuchen das stationäre Modell in Abschnitt 7.3 genauer.

Wenn wir annehmen, daß wir die euklidische Geometrie und die nichteuklidische Kinematik verwenden können, ist eine weitere Folge aus dem Hubble-Gesetz, daß sich die Galaxien in einer Entfernung von

$$D_{max} = c/H \sim 2 \cdot 10^{10} \text{ Lichtjahre} \sim 6 \cdot 10^9 \text{ pc}$$

mit Lichtgeschwindigkeit voneinander entfernen. Licht von entfernteren Galaxien kann uns niemals erreichen, und deshalb zeigt D_{max} die Grenzen des beobachtbaren Universums an; es entspricht einer Art *Horizont*. Wir werden Horizonte in Abschnitt 6.2 genauer untersuchen, wenn wir etwas allgemeine Relativitätstheorie gelernt haben; dort werden wir erfahren, daß die Antwort auf die Frage, ob ferne Galaxien "im Prinzip sichtbar" sind, wesentlich davon abhängt, ob eine andere als die euklidische Geometrie in Betracht gezogen wird.

3 Physikalische Grundlagen der allgemeinen Relativitätstheorie

3.1 Die Notwendigkeit relativistischer Begriffe und einer Gravitationstheorie

Wenn von einer fernen Galaxie Licht ausgeschickt wird, ist das ein *Ereignis*; wenn wir das Licht empfangen, ist das ein anderes Ereignis. Wenn wir im Rahmen der Physik Ereignisse untersuchen, also Beziehungen zwischen ihnen finden und erklären wollen, brauchen wir ein *Bezugssystem*, in dem wir sie mit Hilfe eines *Koordinatensystems* lokalisieren können. Jedes Ereignis wird durch vier Zahlen beschrieben, die gewöhnlich als drei Ortskoordinaten $\mathbf{r}$ und eine Zeitkoordinate t gewählt werden. Das einfachste Bezugssysstem für die Beschreibung kosmologischer Ereignisse wie den Empfang des Lichts einer Galaxie ist ein System, das relativ zu unserer eigenen Galaxis oder zum Massenmittelpunkt der Lokalen Gruppe von Galaxien ruht. (Das Bezugssystem unserer irdischen Observatorien reicht für die meisten Zwecke als Näherung aus, weil seine Geschwindigkeit relativ zu lokalen Galaxien etwa $200\ \mathrm{km\ s^{-1}}$ beträgt, und das ist wegen der allgemeinen Fluchtbewegung bei solchen Galaxien vernachlässigbar, die mehr als 10 Mpc entfernt sind.)

Das einfachste Bezugssystem zur Beschreibung eines Ereignisses wie der Aussendung des Lichts einer fernen Galaxie G ist jedoch nicht unser lokales Bezugssystem, sondern das lokale System von G. In diesem System habe das Ereignis der Lichtaussendung die Koordinaten $\mathbf{r}_G, t_G$. Welche Koordinaten $\mathbf{r}, t$ hat dieses Ereignis in unserem eigenen System? Dies ist eine Frage der *Relativitätstheorie*: Wie können wir die Koordinaten eines Ereignisses in einem Bezugssystem in die Koordinaten bezüglich eines anderen *transformieren*? Im Rahmen der *Newtonschen Mechanik* erfordert die Transformation eines Systems in ein anderes nur die Kenntnis der Ortskoordinaten $\mathbf{r}$ und $\mathbf{r}_G$ und der Relativgeschwindigkeit und -beschleunigung. Die Zeitkoordinaten werden nicht transformiert, weil angenommen wird, daß $t = t_G$. Mit Newtons Worten: "Die absolute, wahre und mathematische Zeit verfließt an sich und vermöge ihrer Natur gleichförmig und ohne Beziehung auf irgend einen äußeren Gegenstand." Im Spezialfall zweier Inertialsysteme (siehe Abschnitt

3.3) muß in der Newtonschen Mechanik die Galileitransformation benutzt werden (sie wird unten durch (3.4.1) definiert). Aber wir wissen heute, daß die Newtonsche Mechanik nur eine Näherung ist. Sie gilt für Geschwindigkeiten, die klein sind im Vergleich mit der Lichtgeschwindigkeit c; zwischen zwei Inertialsystemen, die sich mit beliebiger Relativgeschwindigkeit (kleiner als c) bewegen, besagt Einsteins *spezielle Relativitätstheorie*, daß die Beziehung zwischen zwei Koordinatensystemen durch die Lorentztransformation (siehe unten (3.4.2)) dargestellt wird. Dazu muß der Begriff der absoluten Zeit aufgegeben werden, und das führt zu den bekannten "Paradoxien" - Wirkungen, die die verschiedenen Geschwindigkeiten von relativ zueinander bewegten Uhren betreffen und mittlerweile experimentell gut bestätigt sind. Eine ausgezeichnete Darstellung der speziellen Relativitätstheorie findet sich im ersten Teil von Rindlers *Essential Relativity* (siehe die Bibliographie).

Wir betrachten jetzt wieder unser lokales Bezugssystem und dasjenige von G. Wenn die Entfernung von G mit der Hubbledistanz H^{-1} vergleichbar ist, läßt sich ihre Fluchtgeschwindigkeit mit c vergleichen; die Transformationen der Newtonschen Mechanik sind also nicht anwendbar. Leider kann jedoch auch die Lorentz-Transformation sie nicht ersetzen, weil unsere Galaxis und G unter dem Einfluß der Schwerkraft relativ zueinander *beschleunigt* sein können, und dann gilt, wie wir sehen werden, die spezielle Relativitätstheorie nicht.

Wir brauchen deshalb selbst dann eine Erweiterung der Newtonschen Mechanik über die spezielle Relativitätstheorie hinaus, wenn wir Ereignisse im kosmischen Maßstab *beschreiben* wollen; wir brauchen also eine *allgemeine Relativitätstheorie*, um die Übermittlung von Lichtsignalen und die Beziehung zwischen den Koordinaten von Bezugssystemen untersuchen zu können, die relativ zueinander beliebig beschleunigt sind.

Natürlich genügt dazu keine reine Beschreibung des Weltalls - selbst wenn sie geeignet relativistisch ist. Wir brauchen eine physikalische Theorie, die die Konfiguration und Bewegung des Systems der Galaxien *erklärt*, das heißt, wir brauchen zu einer vollständigen *Mechanik* nicht nur eine Kinematik, sondern auch eine Dynamik. Zunächst können wir alle Quanteneffekte ignorieren, weil sie nur für kleine Massen und im mikroskopischen Bereich wichtig sind. Die Mechanik ist die Untersuchung der Bewegungen eines Systems, wie sie sich aus der Wechselwirkung zwischen seinen Teilen und unter äußeren Einflüssen ergibt. In der Newtonschen Mechanik werden "Wechselwirkungen" und "Einflüsse" durch *Kräfte* beschrieben. Welche Kräfte wirken auf eine Galaxie? Sicherlich keine, die ihren Ursprung außerhalb des Systems der anderen Galaxien haben, da das Weltall nach unserem Wissensstand keine größeren Bestandteile hat als Galaxien. Wie also wirken Galaxien aufeinander? Durch die *Gravitation*; alle anderen Kräfte sind vernachlässigbar.

Dies ist nicht ganz so selbstverständlich, wie es aussieht, weil nach jeder vernünftigen Überlegung die Schwerkraft die schwächste physikalische Kraft ist. Um sie zum Beispiel mit *elektrostatischen Kräften* zu vergleichen, können wir das Verhältnis der Schwerkraft zur elektrostatischen Kraft zwischen einem Elektron und einem Proton berechnen; es ist dasselbe wie das Verhältnis der Energien, die nötig sind, die Bindungen zu brechen, mit denen Gravitation und Elektrostatik die beiden Teilchen zusammenhalten. Das Ergebnis der Rechnung ist $4 \cdot 10^{-40}$; deshalb ist die Gravitation in der Atomphysik vernachlässigbar. Für zwei Protonen innerhalb eines Atomkerns ist das Verhältnis 10^{-36}, so daß die Gravitation auch in der Kernphysik vernachlässigt werden kann. Wie ist es mit *Kernkräften*? Ihre Stärke läßt sich aus der Arbeit abschätzen, die nötig ist, um ein Kernteilchen aus einem Kern herauszuziehen. Wenn wir mit Zahlen rechnen, die für die Bindungsenergie von α-Teilchen gelten, finden wir, daß die Kernkraft zwischen zwei Protonen in einem Kern etwa zehnmal stärker ist als die elektromagnetische Kraft und deshalb 10^{37} mal stärker als die Schwerkraft. Im ganz Kleinen - innerhalb von Atomen und Kernen - ist die Schwerkraft also immer vernachlässigbar. Dies gilt auch in der nächsten Größenordnung, bei Wechselwirkungen *zwischen* Atomen, die dafür sorgen, daß Materie zusammenklumpt. Die zum Trennen zweier Atome oder Moleküle nötige Arbeit (also die Stärke der "Atombindung" in einem festen Körper) beträgt ungefähr kT_m, wobei T_m die Schmelztemperatur ist und k die Boltzmann-Konstante. Für Schwefel gilt

$$kT_m \sim 5 \cdot 10^{-21} \text{ J}.$$

Im Gegensatz dazu betrüge die Arbeit, die nötig wäre, zwei Schwefelatome 2 Å weit zu trennen, wenn zwischen ihnen nur die Schwerkraft wirkte,

$$G \cdot (\text{Masse eines Schwefelatoms})^2 / 2\text{Å} \sim 10^{-51} \text{ J},$$

wobei G die Gravitationskonstante ist. (Bevor die Abstandsverhältnisse in Atomen bekannt waren, meinte man, Materie könne durch die Schwerkraft zusammengehalten werden. Wie unsere Rechnung zeigt, ist das völlig ausgeschlossen.)

So schwach die Schwerkraft auch ist, so hat sie doch zwei Eigenschaften, die sie im astronomischen Maßstab alle anderen Kräfte übertreffen läßt. Erstens hat sie eine *große Reichweite*, weil sie nur mit $1/r^2$ abfällt. Im Gegensatz dazu fallen Kernkräfte etwa mit $\exp(-\alpha r)/r^2$ ab und sind bei

Kernteilchen vernachlässigbar, die durch mehr als 10^{-14} m getrennt sind; entsprechen fallen die zwischen Atomen wirkenden Kräfte etwa wie $1/r^7$ ab und sind vernachlässigbar, wenn zwei Atome mehr als 10^{-9} m getrennt sind. Wenn deshalb ein System aus Teilchen besteht, die in einem Vakuum weit voneinander entfernt sind, lassen sich diese "lokalen" Kräfte im Vergleich mit der Schwerkraft und den elektrostatischen Kräften vernachlässigen. Die zweite Eigenschaft der Schwerkraft ist, daß sie nicht *"abgeschirmt"* ist: Es gibt nur positive Massen. Elektrische Ladungen können negativ und positiv sein, die Materie insgesamt ist neutral. Die ungeheure elektrostatische Abstoßung, mit der unsere Protonen die Protonen im Mond abstoßen, wird durch die fast genau gleiche und entgegengesetzte Anziehung durch die Elektronen des Mondes kompensiert - "abgeschirmt". Gelegentlich wurde die Hypothese aufgestellt, daß geballte Materie nicht ganz neutral sei. Vielleicht ist die Elektronenladung ein klein wenig verschieden von der Protonenladung, und vielleicht ist die Gesamtzahl positiver und negativer Ladungen nicht ganz gleich. Eine solche Überschußladung des Weltalls würde eine "kosmische Abstoßung" verursachen, die die beobachtete Ausdehnung erklären könnte. Dazu müßte jedoch die Abstoßung über die Gravitation dominieren, und das trifft mit Sicherheit lokal, also im Sonnensystem, nicht zu; das Ladungsungleichgewicht müßte also sehr inhomogen verteilt sein. Für diese Verletzung der Ladungsneutralität gibt es überhaupt keine experimentellen Hinweise. Wenn wir sie auch nicht ausschließen können, bleibt sie eine *ad hoc*-Hypothese, die nur eine Tatsache erklärt - die Expansion -, ohne mit unserem übrigen Wissen zusammenzuhängen.

Die Schwerkraft hat also eine große Reichweite, ist nicht abgeschirmt, zieht immer an und herrscht über kosmische Entfernungen. Jede Kosmologie muß sich deshalb auf eine einwandfreie Gravitationstheorie gründen. Wir zeigen in den nächsten Abschnitten, wie Newtons Theorie trotz ihrer einwandfreien Genauigkeit zum Beispiel bei der Beschreibung des Sonnensystems und in der Astronautik doch unbefriedigend ist; wir folgen dabei den Überlegungen, die Einstein dazu führten, sie durch eine neue Theorie zu ersetzen. Diese Theorie stellt gleichzeitig die allgemeine Relativitätstheorie zwischen beliebigen Bezugssystemen dar, die uns schon in der Kosmologie fehlte.

3.2   Schwierigkeiten mit der Newtonschen Mechanik: Gravitation

Die Gravitation ist in der Newtonschen Mechanik eine sehr seltsame Kraft. Denken wir an das zweite Newtonsche Gesetz:

▶ $\qquad m\mathbf{a} = \mathbf{F}.$ $\hfill$ (3.2.1)

Es besagt, daß die Beschleunigung $\mathbf{a}$ eines Körpers durch die gesamte auf ihn wirkende Kraft $\mathbf{F}$ bestimmt ist. $\mathbf{F}$ kommt durch die Wirkung anderer Materie auf den Körper zustande und kann Schwerkraft, Reibung, elektrische oder intermolekulare Kraft (z.B. Berührkraft) usw. sein. Die Konstante m ist die Masse des Körpers; sie ist ein Maß für seine Trägheit, also für seinen Widerstand gegenüber Beschleunigung. Je größer m, desto kleiner ist $\mathbf{a}$, wenn $\mathbf{F}$ gegeben ist. Im allgemeinen hängt $\mathbf{F}$ von Eigenschaften des Körpers ab, die unabhängig sind von seiner Masse (Ladung, Größe, magnetischem Moment etc.) und auch von Eigenschaften anderer auf ihn wirkender Materie. In diesem einen Fall der Schwerkraft jedoch geht m auch in die Kraft ein. Sei $\mathbf{F}$ eine auf m wirkende Schwerkraft, die von N Massen $m_1, m_2, ..., m_N$ ausgeübt wird, die sich an den Orten $\mathbf{r}_1, \mathbf{r}_2, ..., \mathbf{r}_N$ befinden (Abbildung 8).

$\mathbf{r}(t)$ beschreibe die Bewegung von m. Dann erhalten wir aus dem Gravitationsgesetz

▶ $\qquad \mathbf{F} = -\sum_{i=1}^{N} \frac{Gmm_i(\mathbf{r}-\mathbf{r}_i)}{|\mathbf{r}-\mathbf{r}_i|^3}.$ $\hfill$ (3.2.2)

Die Masse m, die den Widerstand eines Körpers gegenüber Kräften beschreibt - seine *Trägheit* -, ist also auch die Masse, die die Größe der auf diese Masse wirkenden Schwerkraft beschreibt - d.h. die *passive schwere Masse*.

Diese Doppelrolle der Masse hat erstaunliche Konsequenzen: Wenn wir (3.2.2) in (3.2.1) einsetzen, fällt m heraus. Wir erhalten

▶ $\qquad \mathbf{a} = -G\sum_{i=1}^{N} \frac{m_i(\mathbf{r}-\mathbf{r}_i)}{|\mathbf{r}-\mathbf{r}_i|^3}.$ $\hfill$ (3.2.3)

Die Beschleunigung eines Teilchens in einem Gravitationsfeld ist also unabhängig von seiner Masse. Anders gesagt: Wenn nur Gravitationskräfte wirken, bewegen sich alle Körper auf identischen Bahnen, falls sie auf gleiche Weise losgelassen werden. Das war Galilei bekannt; er glaubte, daß sehr verschiedene Körper, die gleichzeitig von einem Gebäude fallen gelassen werden, zur selben Zeit die Erde erreichen, wenn sie so schwer sind, daß der Luftwider-

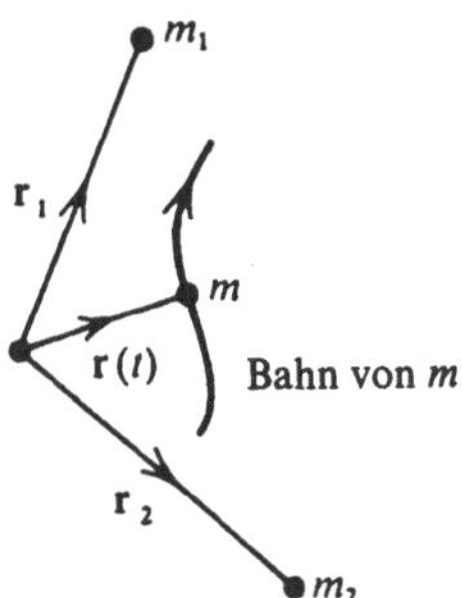

Abbildung 8. Eine Teilchenbahn

stand vernachlässigt werden kann (d.h., wenn die Gravitation die einzige Kraft ist, die berücksichtigt werden muß). Um das genauer zu überprüfen, verlangsamte er die Bewegung mittels einer schiefen Ebene und fand, daß Kugeln verschiedener Masse in gleichen Zeiträumen hinunterrollten.

Wir definieren jetzt die verschiedenen Arten von Massen genauer. Die träge Masse m_I kommt in $F = m_I a$ vor. Die schwere Masse m_G tritt in zweifacher Weise im Gravitationsgesetz (3.2.2) auf: *passiv* (m_G^P), indem sie die Kraft bestimmt, die andere Körper *auf* diesen Körper ausüben, und *aktiv* (m_G^a), indem sie die Kraft bestimmt, *mit der* dieser Körper andere Körper anzieht. Galileis Experiment legt

$$\blacktriangleright \qquad m_I = m_G^P \qquad\qquad\qquad (3.2.4)$$

nahe. Zur Überprüfung der Genauigkeit, mit der dieses gilt (daß also verschiedene Körper mit derselben Beschleunigung fallen), ist eine ganze Reihe von immer präziseren Experimenten durchgeführt worden. Newton stellte Pendel gleicher Länge, aber verschiedener Zusammensetzung her und fand, daß ihre Perioden gleich waren. Eötvös zeigte 1889, daß m_I/m_G^P für Holz und Platin bis auf einen Fehler von 10^{-9} gleich eins ist; Roll, Krotkov und Dicke zeigten 1964, daß die Beschleunigungen, mit der Aluminium und Gold zur Sonne hin fallen, bis auf 1 zu 10^{11} übereinstimmen. Man hat auch gezeigt, daß Neutronen auf der Erde mit derselben Beschleunigung $\mathbf{g}$ fallen wie gewöhnliche Materie, und daß die auf Elektronen in Kupfer wirkende Schwerkraft dieselbe ist wie die, die auf freie Elektronen wirkt. Wir sind also dazu berechtigt, die Gleichheit von m_G^P und m_I als ein Naturgesetz zu betrachten.

Im Gegensatz dazu ist die Gleichheit von aktiver und passiver schwerer Masse kein unabhängiges Naturgesetz, sondern folgt aus dem dritten Newtonschen Gesetz. Betrachten wir zwei Körper 1 und 2 an den Orten $\mathbf{r}_1$ und $\mathbf{r}_2$

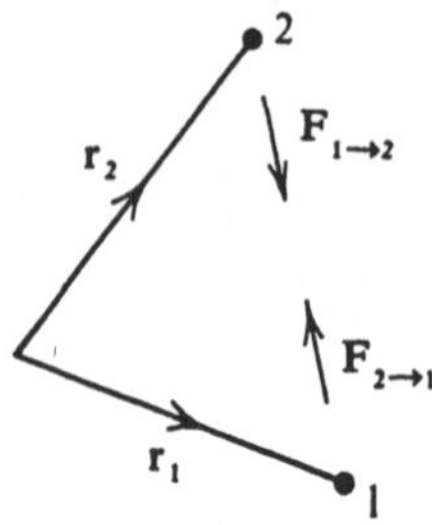

Abbildung 9: Kraft und Gegenkraft

(Abbildung 9), die die schwere Masse $m_{G1}{}^a$, $m_{G1}{}^P$, $m_{G2}{}^a$, $m_{G2}{}^P$ haben. Die Kraft $\mathbf{F}_{2\to1}$, die 2 auf 1 ausübt, ist

$$\mathbf{F}_{2\to1} = -Gm_{G1}^{P}\, m_{G2}^{a}\, \frac{(\mathbf{r}_1-\mathbf{r}_2)}{|\mathbf{r}_1-\mathbf{r}_2|^3},$$

während

$$\mathbf{F}_{1\to2} = -Gm_{G2}^{P}\, m_{G1}^{a}\, \frac{(\mathbf{r}_2-\mathbf{r}_1)}{|\mathbf{r}_1-\mathbf{r}_2|^3}$$

die Kraft ist, mit der 1 auf 2 wirkt. Diese Kräfte wirken offensichtlich in entgegengesetzten Richtungen, wie das dritte Gesetz fordert, aber sie müssen den gleichen Wert haben. Das führt zu

$$m_{G1}^{P},\, m_{G2}^{a} = m_{G2}^{P}\, m_{G1}^{a},$$

also

$$\blacktriangleright \qquad m_{G1}^{P}/m_{G2}^{P} = m_{G1}^{a}/m_{G2}^{a}. \qquad\qquad (3.2.5)$$

Aktive und passive schwere Massen sind also zueinander proportional und können ohne Einschränkung der Allgemeinheit gleich gesetzt werden.

Für reine Gravitationskräfte heben sich also m_1 und $m_G{}^P$ in Newtons zweitem Gesetz auf. Aber die aktive Masse $m_G{}^a$ spielt weiter eine Rolle, weil die Stärke des Schwerefelds, in dem alle "Probekörper" gleich fallen, immer noch von dem Wert von $m_G{}^a$ für alle "Quellkörper" abhängen, aus denen das Feld entspringt. Bei anderen Kräften als der Schwerkraft kommen weder $m_G{}^a$ noch $m_G{}^P$ vor; die durch sie bewirkte Bewegung hängt nur von m_1 ab. Die erste schwierige Frage der Newtonschen Mechanik ist also: Warum ist die Schwerkraft eine so ungewöhnliche Kraft? Wie können wir eine Gravitationstheorie gewinnen, aus der folgt, daß alle Massen in einem Gravitationsfeld gleich

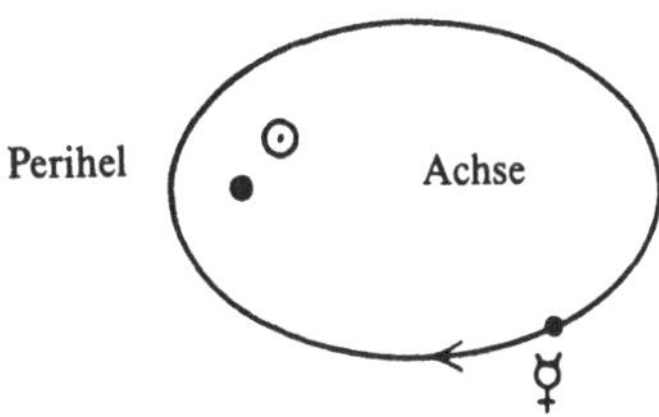

Abbildung 10. Elliptische Newtonsche Bahn

beschleunigt werden, und der dies nicht (in Form von (3.2.4)) als ein eigenes Naturgesetz hinzugefügt werden muß?

Die zweite Schwierigkeit mit der Newtonschen Mechanik ist, daß ihre Vorhersagen mit gewissen Beobachtungen der Bahn des Planeten Merkur nicht in Einklang zu bringen sind. Ohne Zweifel ist - das sei sofort bemerkt - die Newtonsche Mechanik nach jedem Maßstab eine erstaunlich erfolgreiche Theorie. Planetenbahnen, Finsternisse usw. können mit erstaunlicher Genauigkeit vorhergesagt (und nachträglich berechnet) werden. Auf der Grundlage der Newtonschen Theorie wurden Raumschiffe für ihre Reise zum Mond und zurück programmiert und wichen nur wenige Sekunden und Kilometer von der berechneten Bahn ab. Major William Anders sagte 1968 mit Recht anläßlich seines Flugs zum Mond: "Ich denke, am meisten steuert Isaac Newton". Aber auch astronomische Beobachtungen sind erstaunlich genau. Um 1850 herum wurde klar, daß die "Präzession des Merkurperihels" nicht in der vorhergesagten Art verlief. Das bedeutet folgendes: Wenn es außer dem Merkur keine Planeten gäbe, wäre seine Newtonsche Bahn eine Ellipse, deren Achsen und damit auch Perihel (der sonnennächste Punkt) festlägen (Abbildung 10). Merkur ist jedoch nicht der einzige Planet, und die Hauptwirkung der anderen Planeten besteht darin, daß sie die Bahnachse langsam drehen, in einem Jahrhundert etwa um 1,5°. Diese sogenannte *Präzession* führt dazu, daß die Bahn eine Rosette beschreibt (Abbildung 11). Der genaue Wert der "Präzession in hundert Jahren" ist nach den Rechnungen der Newtonschen Mechanik

$$\Delta\phi_N^{100} = (5557.62 \pm 0.20)''(\☿).$$

(Dieser Wert enthält nicht nur die Störungseffekte, sondern auch die Auswirkung der Drehung, unseres relativ zur Erde ruhenden Koordinatensystems.) Der beobachtete Wert ist

$$\Delta\phi_{obs}^{100} = (5600.73 \pm 0.40)''(\☿).$$

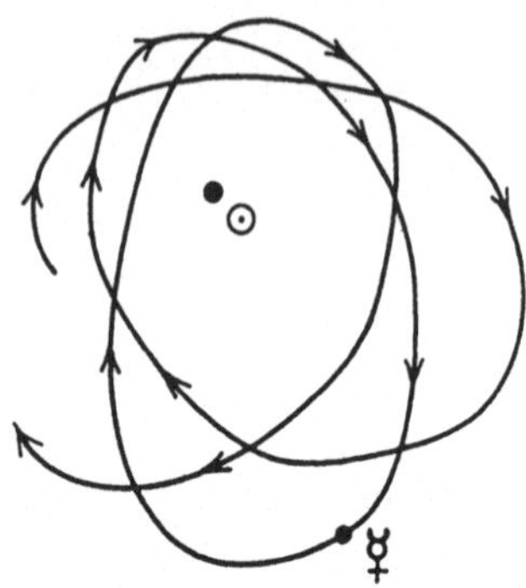

Abbildung 11. Perihelpräzession (stark übertrieben)

Die Newtonsche Theorie weicht also um den Betrag

$$\blacktriangleright \qquad \Delta\phi^{100} \equiv \Delta\phi^{100}_{\text{obs}} - \Delta\phi^{100}_{\text{N}} = (43.11 \pm 0.45)''(\female). \qquad (3.2.6)$$

von der Beobachtung ab.

Diese Diskrepanz ist äußerst gering, denn sie beträgt pro Jahrhundert weniger als eine Bogenminute. Eine Minute ist mit dem kleinsten Winkel vergleichbar, den das menschliche Auge auflösen kann, und läßt sich als der Winkel veranschaulichen, mit dem 1 mm in 4 m Abstand gesehen wird. Seine Entdeckung ist ein Triumph für die Genauigkeit der Newtonschen Berechnungen und der astronomischen Beobachtungen. Die ersten vermuteten Erklärungen postulierten einen neuen Planeten innerhalb der Bahn des Merkur oder auch eine massereiche dünne Gaswolke auf einer sonnennahen Bahn. Man war ganz sicher, daß der Planet gefunden werden würde, und taufte ihn Vulkan. Diese Zuversicht beruhte auf der erfolgreichen Suche nach dem Planeten Neptun, den man 1846 am äußersten Rand des damals bekannten Sonnensystems entdeckt hatte. Neptuns Existenz war aus einer Untersuchung von Unregelmäßigkeiten in der Bewegung des Uranus gefolgert worde. Aber Vulkan wurde nicht gefunden, und es gab auch keine überzeugenden Hinweise auf eine massereiche Gaswolke, obwohl man ausgiebig danach suchte. Die Astronomen des neunzehnten Jahrhunderts fühlten sich zu dem Schluß gezwungen, daß Newtons Gravitationsgesetz nicht genau gelten könne. Und das war eine sehr unbefriedigende *ad hoc*-Hypothese.

Zusammengefaßt kann also Newtons Gravitationstheorie (*a*) nicht die Gleichheit von träger und passiver schwerer Masse und (*b*) nicht die anormale Jahrhundertpräzession der Merkurbahn erklären.

3.3　Schwierigkeiten mit der Newtonschen Mechanik: Inertialsysteme und absoluter Raum

Es ist leicht zu sehen, daß Newtons zweites Gesetz, Gleichung (3.2.1), nicht in allen Bezugssystemen gelten kann. Denn die rechte Seite, $\mathbf{F}$, beschreibt die Wirkung, die alle anderen Körper in der Welt auf den betrachteten Körper (den "Probekörper") ausüben, und diese ist *invariant*, also unabhängig von dem Koordinatensystem, das wir uns zu seiner Beschreibung ausgesucht haben. Andererseits enthält die linke Seite, *ma*, die Beschleunigung des Probekörpers relativ zu einem bestimmten Koorrdinatensystem und ändert sich damit von einem System zum anderen. Wenn wir also ein System finden, in dem $\mathbf{F} = m\mathbf{a}$ gilt, können wir einfach ein anderes Bezugssystem wählen, das sich mit einer Beschleunigung $\mathbf{A}$ relativ zum ersten bewegt; in diesem neuen Bezugssystem erfährt der Körper eine Beschleunigung $\mathbf{a}' = \mathbf{a} - \mathbf{A}$. In dem neuen System gilt deshalb nicht mehr $\mathbf{F} = m\mathbf{a}'$, sondern $\mathbf{F} = m(\mathbf{a}' + \mathbf{A})$, und das ist nicht das Newtonsche Gesetz.

Um das deutlicher zu machen, stellen wir uns vor, wir wären in einem Raumschiff so weit von aller Materie entfernt, daß keine Kräfte wirken. (Vielleicht sind wir zwischen Galaxien oder in einem erdachten Weltall, in dem es nur uns selbst und Probekörper gibt, deren Masse vernachlässigbar klein ist.) Plötzlich rast ein Meteor vorbei (Abbildung 12), und wir bestimmen seinen Kurs mit Hilfe von Laser-Radar; er fliegt, so stellt sich heraus, mit konstanter Geschwindigkeit auf einer geraden Linie. Auf ihn wirken keine Kräfte, so daß diese nicht beschleunigte Bewegung nach Newtons erstem Gesetz (oder dem zweiten mit $\mathbf{F} = 0$) genau die erwartete ist. Nehmen wir nun an, unser Raumschiff würde sich drehen oder beschleunigen. Dann schiene sich der Meteor zu beschleunigen, während er vorbeifliegt, obwohl auf ihn keine Kräfte wirken. Wir hätten Bezugssysteme benutzt, in denen die Newtonschen Gesetze nicht gelten.

Die speziellen Bezugssysteme, in denen die Newtonsche Mechanik anwendbar ist, heißen *Inertialsysteme*. (Sie sind also Systeme, in denen das erste Gesetz - das Trägheitsgesetz - gilt). In der Nähe eines jeden Ereignisses (Raumzeitpunkts) gibt es unendlich viele Inertialsysteme, die sich relativ zueinander mit konstanter Geschwindigkeit bewegen, weil die Beschleunigung eines Probekörpers bezüglich eines Systems f dieselbe ist wie die Beschleunigung mit bezug auf ein zweites System f', das sich relativ zu f mit konstanter Geschwindigkeit bewegt. Wenn also das Newtonsche Gesetz in f gilt, gilt es auch in f'. Der Gedanke, daß physikalische Gesetze (z.B. die Newtonschen) in verschiedenen Inertialsystemen gleich sind, hat außerordentlich weitreichen-

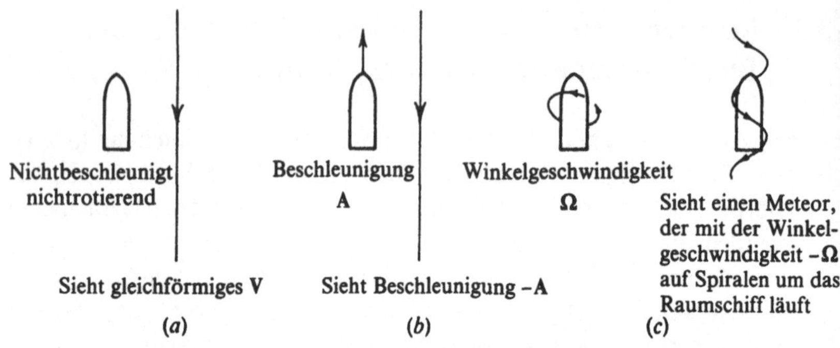

Abbildung 12. Bewegung gesehen von (*a*) Unbeschleunigten,
(*b*) linear beschleunigten und (*c*) rotierenden Bezugssystemen

de Bedeutung; Galilei hatte ihn vollkommen begriffen, wie sich aus dem folgenden Zitat aus seinem "Dialog über die beiden hauptsächlichen Weltsysteme" ablesen läßt:

Salviatus. Schließt Euch in Gesellschaft eines Freundes in einen möglichst großen Raum unter dem Deck eines großen Schiffes ein. Verschafft Euch dort Mücken, Schmetterlinge und ähnliches fliegendes Getier; sorgt auch für ein Gefäß mit Wasser und kleinen Fischen darin; hängt ferner oben einen kleinen Eimer auf, welcher tropfenweise Wasser in ein zweites enghalsiges darunter gestelltes Gefäß träufeln läßt. Beobachtet nun sorgfältig, solange das Schiff stille steht, wie die fliegenden Tierchen mit der nämlichen Geschwindigkeit nach allen Seiten des Zimmers fliegen. Man wird sehen, wie die Fische ohne irgend welchen Unterschied nach allen Richtungen schwimmen; die fallenden Tropfen werden alle in das untergestellte Gefäß fließen. Wenn Ihr Euerem Gefährten einen Gegenstand zuwerft, so braucht Ihr nicht kräftiger nach der einen als nach der anderen Richtung zu werfen, vorausgesetzt, daß es sich um gleiche Entfernungen handelt. Wenn Ihr, wie man sagt, mit gleichen Füßen einen Sprung macht, werdet Ihr nach jeder Richtung hin gleichweit gelangen. Achtet darauf, Euch aller dieser Dinge sorgfältig zu vergewissern, wiewohl kein Zweifel obwaltet, daß bei ruhendem Schiffe alles sich so verhält. Nun laßt das Schiff mit jeder beliebigen Geschwindigkeit sich bewegen: Ihr werdet - wenn nur die Bewegung gleichförmig ist und nicht hier- und dorthin schwankend - bei allen genannten Erscheinungen nicht die geringste Veränderung eintreten sehen. Aus keiner derselben werdet Ihr entnehmen können, ob das Schiff fährt oder stille steht. Beim Springen werdet Ihr auf den Dielen die nämlichen Strecken zurücklegen wie vorher, und wiewohl das Schiff aufs schnellste sich bewegt, könnt Ihr keine größeren Sprünge nach dem Hinterteile als nach dem Vorderteile zu machen; und doch gleitet der unter Euch befindliche Boden während der Zeit, wo Ihr Euch in der Luft befindet, in entgegengesetzter Richtung zu Euerem Sprunge vorwärts. Wenn Ihr Euerem Gefährten einen Gegenstand zuwerft, so braucht Ihr nicht mit größerer Kraft zu werfen, damit er ankomme, ob nun der Freund sich im Vorderteile und Ihr Euch im Hinterteile befindet oder ob Ihr umgekehrt steht. Die Tropfen werden wie zuvor in das untere Gefäß fallen, obgleich das Schiff, während der Tropfen in der Luft ist, viele Spannen zurücklegt. Die Fische im Wasser werden sich nicht mehr anstrengen müssen, um nach dem vorangehenden Teile des Gefäßes zu schwimmen als nach dem hinterher folgenden; sie werden sich vielmehr mit gleicher Leichtigkeit nach dem Futter begeben, auf welchen Punkt des Gefäßrandes man es auch legen mag. Endlich werden auch die Mücken und Schmetterlinge ihren Flug ganz ohne Unterschied nach allen Richtungen fortsetzen. Niemals wird es vorkommen, daß sie gegen die dem Hinterteil zugekehrte Wand gedrängt werden, gewissermaßen müde von der Anstrengung dem schnellfahrenden Schiffe nachfolgen zu müssen, und doch sind sie während ihres langen Aufenthalts in der Luft von ihm getrennt. Verbrennt man ein Korn Weihrauch, so wird sich ein wenig Rauch bilden, man wird ihn in die Höhe steigen, wie eine kleine Wolke dort schweben und unterschiedslos sich nicht mehr nach der einen als nach der anderen Seite sich bewegen sehen.

Sagredus. Obgleich es mir zur See niemals in den Sinn gekommen ist, die genannten Beobachtungen eigens zu diesem Zwecke anzustellen, so bin ich doch mehr als gewiß, daß sie zu dem angeführten Ergebnis führen. So z.B. weiß ich noch, daß ich mich in meiner Kajüte hundertmal gefragt habe, ob das Schiff fahre oder stille stehe; und manchmal habe ich, in Gedanken vertieft, geglaubt, es gehe in der einen Richtung, während es sich nach der entgegengesetzten bewegte...

Wir möchten jedoch weitergehende Fragen stellen: Warum zeichnet die Natur ein solches "bevorzugtes" Bezugssystem aus? Was bestimmt, ob ein bestimmtes System ein Inertialsystem ist? Inertialsysteme sind nicht beschleunigt und drehen sich nicht, aber in bezug auf was? Newton dachte, er hätte die Antwort, wenn er sagte: relativ zum *absoluten Raum*, der "seiner Natur nach, ohne Beziehung auf einen äußeren Gegenstand, stets gleich und unbeweglich" bleibt. Seiner Meinung nach sind Beschleunigung und Drehung relativ zum absoluten Raum durch einfache Experimente aufzuspüren. So sehe ich zum Beispiel, wenn ich mich beschleunigt nach vorn bewege, wie sich das Zimmer nach hinten beschleunigt. Es gibt jedoch keine rückwärts wirkende Kraft auf das Zimmer, so daß seine scheinbare Beschleunigung nicht aus Newtons zweitem Gesetz folgt, sondern aus meiner Beschleunigung relativ zum absoluten Raum. Ein anderes Beispiel: ich sehe einen sich drehenden Gummiball. Ist seine Drehung absolut oder ist es eine relative Drehung, die ich wahrnehme, weil ich, ohne es zu wissen, um ihn herum kreise? Die Frage ist leicht zu beantworten: Ich schaue nach, ob sich der Ball am Äquator wölbt; wenn er es tut, dreht er sich relativ zum absoluten Raum (wie die Erde), wenn nicht, nicht.

Und doch gibt es wesentliche Einwände gegen diese Auffassung vom absoluten Raum. Wie sollen wir, erstens, erkennen, *welches* Bezugssystem relativ zum absoluten Raum in Ruhe ist? Newton konnte das nicht beantworten. Der zweite Einwand ist subtiler, aber wesentlicher: Newtons absoluter Raum ist eine physikalische Größe, er wirkt auf Materie (er ist "Sitz der Trägheit", Widerstand gegen Beschleunigung, wenn keine Kräfte wirken). Aber Materie wirkt nicht auf ihn (er ist "ohne Beziehung zu allem Äußeren") und, um Einstein zu zitieren: "Es widerstrebt dem wissenschaftlichen Verstande, ein Ding zu setzen, was zwar wirkt, auf welches aber nicht gewirkt werden kann."

Der dritte Einwand ergibt sich aus der Beobachtung: die starre Erde (Bezugssystem 1) ist für viele Zwecke eine gute Näherung für ein Inertialsystem, weil wir die Newtonschen Gesetze im Labor bestätigen können (Abbildung 13). Aber die Erde dreht sich, und wir kommen einem Inertialsystem näher, wenn wir ein anderes System (Bezugssystem 2) wählen, in dem die Sonne relativ zur mittleren Bewegung der nahen Sterne in Ruhe ist; deshalb können wir Newtonsche Mechanik verwenden, um die Bewegungen im Sonnensystem mit großer Genauigkeit zu beschreiben. Aber die Sonne dreht sich um das Zentrum der Galaxis, und ein System, in dem der Mittelpunkt der Galaxis relativ zur mittleren Bewegung der anderen Galaxien ruht, ist deshalb ein besseres Inertialsystem (System 3); im Bezugssystem 3 läßt sich die Dynamik unserer Galaxis im Rahmen der Newtonschen Mechanik verstehen. Bezugs-

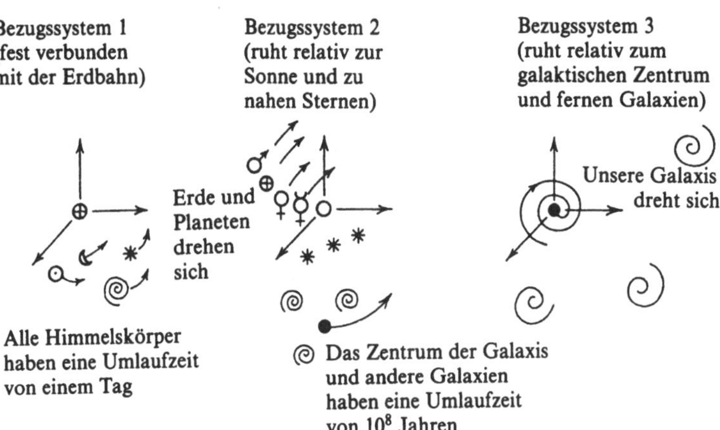

Abbildung 13. Sukzessive Näherungen an Newtons Inertialsystem

system 1 rotiert relativ zum System 2 mit der Winkelgeschwindigkeit

$$2\pi/\text{Tag} = 360°/\text{Tag} \,,$$

während sich System 2 relativ zu System 3 mit der Winkelgeschwindigkeit

$$\omega_{23} = 2\pi\cdot 10^{-8}/\text{Jahr} \sim 3\cdot 10^{-11}\omega_{12}$$

dreht. Es scheint, daß wir eine rasch konvergierende Reihe von Näherungen an ein ideales Newtonsches Inertialsystem gefunden haben. Dieses System ist *relativ zur mittleren Bewegung der Materie in Ruhe*. Da das Weltall sich ausdehnt, läßt sich dieses "beste System" äquivalent dadurch beschreiben, daß die Expansion von ihm aus isotrop erscheint. Der dritte Einwand gegen Newtons absoluten Raum ist damit, daß sich all diese Beobachtungshinweise nicht erklären lassen. Der Raum scheint daher überhaupt nicht absolut zu sein, sondern irgendwie an die Materieverteilung im Großen gebunden.

3.4   Das Ungenügen der speziellen Relativitätstheorie

Im neunzehnten Jahrhundert fand die sorgfältige Entzifferung elektrischer und magnetischer Phänomene ihren Höhepunkt in Maxwells Theorie des Elektromagnetismus. Sie sagte die Existenz *elektromagnetischer Wellen* vorher, die sich (*im Vakuum*) mit einer Geschwindigkeit von

$$c = 1/\sqrt{(\epsilon_0 \mu_0)}$$

bewegen, wobei ϵ_0 und μ_0 voneinander unabhängige elektrische und magnetische Größen sind. Wenn die Werte eingesetzt werden, ergibt sich c als die bekannte Lichtgeschwindigkeit, die sich so als ein elektromagnetisches Phänomen erweist. Diese Verbindung von Optik und Elektromagnetismus war eine der großen Vereinheitlichungen der theoretischen Physik. Auf welches System bezieht sich die Geschwindigkeit c? Auf den Äther, war die Antwort des neunzehnten Jahrhunderts. Der Äther war das Medium, "in dem" elektromagnetische Wellen sich fortpflanzen, so wie Luft das Medium für Schallwellen ist. Es war natürlich, den Äther mit Newtons absolutem Raum gleichzusetzen; das bedeutete die Vereinheitlichung von Elektromagnetismus und Mechanik. Deshalb wurden Experimente ausgeführt, die das Ziel hatten, die Geschwindigkeit der Erde durch den Äther zu bestimmen. Stellen wir uns vor, der Äther flösse an der Erde vorbei wie ein Fluß an einer kleinen Insel; dann müßte die Geschwindigkeit des Lichts "stromaufwärts" und "stromabwärts" verschieden sein. Das Experiment von Michelson und Morley zeigte 1887, daß innerhalb des kleinen Versuchsfehlers kein solcher Unterschied besteht. Vielleicht schleppt die Erde den Äther mit sich, so daß Experimente auf der Erde keine Richtungsabhängigkeit der Lichtgeschwindigkeit entdecken können. Das läßt sich jedoch durch Experimente über die Aberration von Sternenlicht ausschließen.

Die Frage, warum eine Bewegung relativ zum Äther nicht entdeckt werden konnte, wurde 1905 von Einstein beantwortet. Er ging von Galileis Relativitätsprinzip aus, das behauptet, in allen Inertialsystemen müßten dieselben physikalischen Gesetze gelten. Aber er übernahm nicht die "natürlichen" Galileischen Koordinatentransformationen. Diese beziehen sich auf zwei Systeme f und f', wobei sich der Ursprung von f' relativ zu f mit einer Geschwindigkeit v entlang der positiven x-Achse von f bewegt; zur Zeit $t = t' = 0$ stimmen f und f überein. Für ein Ereignis, das in f die Koordinaten x, y, z, t hat, ergeben sich die Koordinaten x', y', z', t' in f' durch

$$\left.\begin{array}{l} x' = x - vt \\ y' = y \\ z' = z \\ t' = t \end{array}\right\} \text{Galileitransformation.} \qquad (3.4.1)$$

Statt diese als gültig anzunehmen, setzte Einstein kühn voraus, was experimentell beobachtet worden war: Die Lichtgeschwindigkeit im Vakuum (c) ist in allen Inertialsystemen gleich. Aus diesem Postulat und dem Prinzip Galileis, daß physikalische Gesetze in allen Bezugssystemen gleich lauten müssen, deren Relativbewegung gleichförmig ist, kam er zu denselben Transformationen, die zuvor Lorentz aus der Maxwellschen Theorie abgeleitet hatte:

$$\left.\begin{array}{l} x' = (x - vt)/\sqrt{(1 - v^2/c^2)} \\ y' = y \\ z' = z \\ t' = (t - vx/c^2)/\sqrt{(1 - v^2/c^2)} \end{array}\right\} \text{Lorentztransformation.} \qquad (3.4.2)$$

Aus diesen Beziehungen folgt die gesamte *spezielle Relativitätstheorie*, eine Theorie, die sich tagtäglich in Experimenten mit Teilchenbeschleunigern bestätigt.

Die spezielle Relativitätstheorie vereinigt die Mechanik mit dem Elektromagnetismus, zeigt aber, daß der absolute Raum, wenn es ihn überhaupt gibt, nicht mit dem Äther gleichgesetzt werden kann. Sie löst jedoch nicht die in den Abschnitten 3.2 und 3.3 beschriebenen Probleme. Wir wissen, wie wir Inertialsysteme ineinander transformieren können, aber nicht, was bestimmt, ob ein bestimmtes System ein Inertialsystem ist, oder warum das System, das relativ zur mittleren Materie des Weltalls ruht, ein Inertialsystem ist. Es ist möglich, der speziellen Relativitätstheorie die Schwerkraft als eine weitere Kraft aufzupropfen, aber dann bleibt das Problem der Gleichheit von m_1 und $m_G{}^P$ und auch das meiste der anomalen Präzession des Merkur (siehe Ende von Abschnitt 5.3) unerklärt.

Nichtsdestoweniger wissen wir, daß jede erfolgreiche "allgemeine Relativitätstheorie", die diese Probleme löst, mit der speziellen Relativitätstheorie verträglich sein muß, das heißt, sie muß sich in gewissen Grenzfällen auf sie reduzieren. Im besonderen bedeutet es, daß wir in der allgemeinen Relativitätstheorie nicht neben den drei Raumkoordinaten die Newtonsche absolute

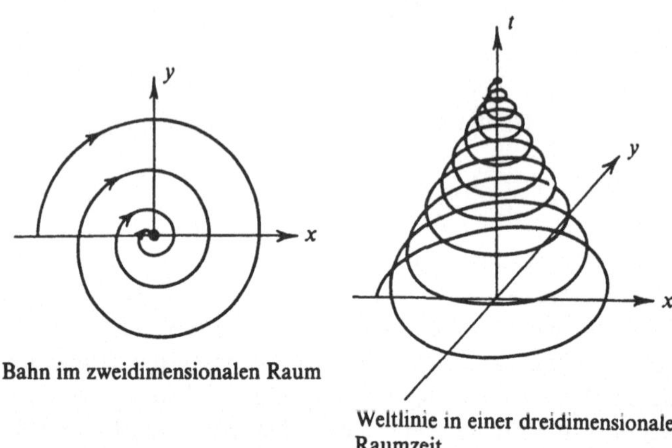

Abbildung 14. Der Unterschied zwischen Raum und Raumzeit

Zeit verwenden dürfen, sondern wie in der speziellen Relativitätstheorie Ereignisse in der *Raumzeit* beschreiben sollten. Die *Geschichte* eines Körpers, der sich im Raum auf einer Bahn bewegt, wird durch eine Gerade in der Raumzeit beschrieben. Dies ist die *Weltlinie* des Körpers (Abbildung 14). Im allgemeinen ist der Raum dreidimensional, so daß die *Raumzeit vierdimensional ist*. Das ist nicht nur eine triviale Änderung der Nomenklatur, denn wir können ein Ereignis durch irgend vier Zahlen beschreiben, die keine Ähnlichkeit zu Orts- und Zeitkoordinaten zu haben brauchen (vergleiche den ersten Absatz von Abschnitt 4.1), und wir wissen aus der speziellen Relativitätstheorie, daß die Zeitintervalle zwischen Ereignissen nicht invariant sind, sondern sich in relativ zueinander bewegten Systemen unterscheiden. So sehen wir, daß ein weiterer Bestandteil einer allgemeinen Relativitätstheorie die *Geometrie* ist, die uns ermöglichen muß, in der vierdimensionalen Raumzeit Kurven zu untersuchen. Das behandeln wir in Kapitel 4. Der Begriff der Raumzeit wurde 1908 von Minkowski in die Relativitätstheorie eingeführt; er sagte:

Die Anschauungen über Raum und Zeit, die ich Ihnen entwickeln möchte, sind auf experimentell-physikalischem Boden erwachsen. Darin liegt ihre Stärke. Ihre Tendenz ist eine radikale. Von Stund an sollen Raum für sich und Zeit für sich völlig zu Schatten herabsinken, und nur noch eine Art Union der beiden soll Selbständigkeit bewahren.

3.5 Das Machsche Prinzip und Gravitationswellen

Von Anfang an begegnete man Newtons absolutem Raum mit Zweifeln. Die Philosophen Leibniz und Berkeley behaupteten, daß einzig *Relativbewegungen* bedeutsam sein könnten. Stellen wir uns ein Weltall vor, das nur zwei Körper enthält: Rotieren sie um ihren Massenmittelpunkt oder nicht? Newton hätte behauptet, die Frage ließe sich entscheiden, indem man die Körper mit einer Federwaage verbindet. Wenn das System eine absolute Drehbewegung vollführte, müßte sich die Feder dehnen, um die nach innen gerichtete Kraft zu liefern, die nötig ist, damit die beiden Körper eine Kreisbewegung vollführen, und diese Auslenkung würde beobachtbar sein. Leibniz und Berkeley hätten das bestritten und behauptet, die Feder würde sich niemals dehnen. Ihrer Meinung nach beruhten Newtons Vorstellungen auf seinen Beobachtungen der wirklichen Welt, in der Sterne und Galaxien einen Hintergrund darstellen, *relativ* zu dem Systeme beschleunigt sind, die keine Inertialsysteme sind.

Es war nur ein kleiner Schritt zu der 1872 von Mach aufgestellten Behauptung, daß es nicht die absolute Beschleunigung sei, sondern Beschleunigung relativ zur fernen Materie des Weltalls, die die Trägheitseigenschaften der Materie bestimmt. Deshalb überrascht es nicht, daß Newtonsche Inertialsysteme sich als Systeme herausstellen, die relativ zur mittleren Bewegung ferner Galaxien nicht beschleunigt sind. Es gibt ein einfaches Experiment, das diese Überlegung sehr überzeugend macht: schauen Sie in einer sternklaren Nacht nach oben. Die Sterne sind in Ruhe. Lassen Sie die Arme locker hängen und drehen Sie sich jetzt, so schnell Sie können. Es passiert zweierlei sehr Bemerkenswertes: Die Sterne drehen sich, und die Arme heben sich und zeigen nach außen. Nach Mach ist es unmöglich, daß diese beiden Ereignisse nichts miteinander zu tun haben sollten. Es muß möglich sein, in dem rotierenden Bezugssystem eine Physik zu entwickeln, nach der die rotierenden Sterne auf die Arme eine "Trägheitskraft" ausüben; anders gesagt, muß es einen Zusammenhang zwischen Kosmologie und Laboratoriumsphysik geben.

Mach hatte jedoch keine Vorstellung davon, *wie* die Sterne und Galaxien einen physikalischen Einfluß auf Materie in unserer Nähe ausüben, und in dieser Hinsicht ist das "Machsche Prinzip" nur halb ausgegoren. Wir können es mit der folgenden einfachen Überlegung zu drei Vierteln ausgären lassen; sie ist jedoch, das sei betont, keine eigentlich allgemein-relativistische Behandlung der Frage. Nehmen wir an, auf einen Körper wirke eine Kraft **F**; in der Newtonschen Beschreibung erfährt er dadurch eine Beschleunigung $\mathbf{a} = \mathbf{F}/m$ relativ zu einem Inertialsystem f. Jetzt betrachten wir den Körper aus dem Blickpunkt eines mitgeführten Systems f', das beschleunigt ist und deshalb kein Inertialsystem sein kann. In f' erfährt der Körper die Beschleunigung $\mathbf{a'} = 0$, und nach dem Machschen Prinzip muß es möglich sein, sie genauso als Wirkung von Kräften zu erklären, wie die Beschleunigung in f. Welche Kräfte wirken in f' auf den Körper? Offensichtlich wirkt weiterhin $\mathbf{F}$, aber jetzt muß es eine zusätzliche Kraft $\mathbf{F'}$ geben, die zu $\mathbf{F}$ gleich und entgegengesetzt ist, so daß

$$m\mathbf{a'} = 0 = \text{Gesamtkraft} = \mathbf{F} + \mathbf{F'}.$$

Welche Kraft $\mathbf{F'}$ ist das? Sie muß von der *Beschleunigung des übrigen Weltalls* herrühren und auf den Körper wirken, weil diese Beschleunigung in f' vorhanden ist und in f fehlt. Für den Wert von $\mathbf{F'}$ gilt

$$\blacktriangleright \qquad \mathbf{F'} = -\mathbf{F} = -m\mathbf{a}, \qquad\qquad (3.5.1)$$

und wir müssen erklären, wie eine solche Kraft entstehen kann.

Wir betrachten zuerst den Beitrag, den eine Masse M (etwa eine Galaxie) zu $\mathbf{F'}$ liefert, und addieren dann unter Benutzung kosmologischer Daten die Beiträge aller Massen des beobachtbaren Weltalls. Welche Kraft übt M auf m aus, wenn M sich relativ zu m mit $\mathbf{a}$ beschleunigt? Zuerst haben wir die gewöhnliche Schwerkraft, deren Betrag GMm/r^2 ist, wobei r den Abstand von M und m bezeichnet. Die reziprok-quadratische Abhängigkeit von r bedeutet, daß nahe Massen M am wichtigsten sind; in der Tat wissen wir, daß die Schwerkraft der Erde auf uns größere Wirkungen hat als die aller anderen Körper. Der Gesamtbeitrag der statischen Kräfte des übrigen Weltalls ist im wesentlichen null, weil im Mittel der Sog einer fernen Galaxie immer durch den Sog einer anderen in der entgegengesetzten Richtung aufgehoben wird. Jedenfalls hängt das Gravitationsgesetz nicht von der Beschleunigung ab und kann deshalb nicht $\mathbf{F'}$ darstellen. Wenn wir fordern, daß die Gravitationstheorie mindestens mit der speziellen Relativitätstheorie verträglich sein soll, muß sie in ihrer theoretischen Struktur dem Elektromagnetismus ähneln. Nun ist das Gravitationsgesetz zwar dem Coulombschen Gesetz der Kräfte zwischen Ladungen analog, aber es gibt zwischen zwei Ladungen q_1 und q_2, die relativ zueinander beschleunigt sind, eine andere Kraft mit dem Betrag

$$F_{\text{acc}} = q_1 q_2 a / c^2 4\pi\epsilon_0\, r.$$

Diese Kraft verursacht die Bewegung von Elektronen in unseren Radioantennen als Reaktion auf die Beschleunigung von Elektronen in dem Sender. Das Analogon zu $\mathbf{F}_{\text{acc}}$ in Bezug auf die Schwerkraft ist offensichtlich die Kraft

F', nach der wir suchen, und sie hat den Betrag

▶ $\qquad F' = GmMa/c^2r.$ (3.5.2)

Die Abhängigkeit mit $1/r$ ist besonders befriedigend, weil sie bedeutet, daß die ferne Materie mehr zu **F'** beiträgt als zur statischen Schwerkraft. Das Vorkommen von c^2 ergibt sich aus Dimensionsbetrachtungen, wenn man sich klarmacht, daß c die einzige Naturkonstante ist, die, abgesehen von G, überhaupt in **F'** auftreten kann. Im elektromagnetischen Fall entsprechen die $1/r$-Felder der Strahlung; Sciama hat (3.5.2) in Analogie dazu das "*Gesetz der Trägheitsinduktion*" genannt.

Wir müssen jetzt die Beschleunigungskräfte **F'** addieren, die von all den Massen M des Weltalls herrühren; wenn wir der Einfachheit halber nur Größenordnungen betrachten, haben wir

$$F' = \sum_{\text{all } M} \frac{GmMa}{c^2 r} = \frac{Gma\rho_{\text{gal}}}{c^2} \iiint_{\substack{\text{beobachtbares} \\ \text{Weltall}}} \mathrm{d}\mathbf{r}\, \frac{1}{r}$$

$$= \frac{4\pi Gma\rho_{\text{gal}}}{c^2} \int_0^{c/H} \mathrm{d}r\, r^2 \frac{1}{r}$$

(die obere Grenze c/H ist eine grobe Abschätzung des "Horizonts" bei dem nach dem Hubble-Gesetz die Galaxien nicht mehr beobachtbar sind, weil sie mit Lichtgeschwindigkeit auseinanderstreben). Damit gilt

$$F' = ma \cdot \left\{ \frac{2\pi G\rho_{\text{gal}}}{H^2} \right\}. \qquad (3.5.3)$$

Wir wissen schon aus (3.5.1), daß $F' = ma$, so daß die Größe in den geschweiften Klammern sich als eins erweisen sollte, wenn in unserem groben Modell für das Machsche Prinzip ein Körnchen Wahrheit stecken sollte. Setzen wir also die Zahlen für ρ_{gal} (Gleichung (2.1.2)) und H (Gleichung (2.3.3)) ein, wir erhalten nicht eins, sondern

$$\{ \qquad \} \approx \tfrac{1}{25}.$$

In Anbetracht der gewaltigen Größenordnung der beteiligten Zahlen ist das ein ziemlich eindrucksvolles Ergebnis. Die Hauptquelle der Unsicherheit liegt in dem Wert für ρ_{gal}; wenn er 25mal so groß wäre, würde die Unstimmigkeit verschwinden. Wir haben jedoch in Abschnitt 2.2.4 gesehen, daß es zwischen den Galaxien sehr viel mehr Masse geben könnte als in ihnen, so daß der Wert von 1/25 eine Unstimmigkeit in der richtigen Richtung ist. (Die Unstimmigkeit läßt sich halbieren, wenn wir die Massen der fernen Galaxien um den relativistischen Faktor $(1 - v^2/c^2)^{-1/2}$ vergrößern, der aus ihrem raschen Auseinanderstreben resultiert.)

Jedenfalls können wir annehmen, daß Machs Prinzip irgendwie mit der allgemeinen Relativitätstheorie zu tun hat: das lokale Verhalten der Materie muß einzig auf der Wirkung von Einflüssen des übrigen Weltalls beruhen, und kein Teil der Bewegung kann ein Ergebnis der Wirkung des "absoluten Raums" sein.

Die Analogie zwischen Gravitation und Elektromagnetismus, die zu dem Gesetz der Trägheitsinduktion (3.5.2) führte, legt nahe, daß es *Gravitationswellen* geben sollte, die von der Beschleunigung von Massen herrührende Wirkungen mit der Geschwindigkeit c übermitteln, genau wie elektromagnetische Wellen die Wirkungen bewegter Ladungen übertragen. Da kosmische Objekte sich ständig wechselweitig beschleunigen, ist zu erwarten, daß das Weltall von Gravitationsstrahlung durchdrungen ist. Eine angemessene mathematische Behandlung dieser Strahlung beruht auf der allgemeinen Relativitätstheorie, ist aber eine viel zu raffinierte Anwendung der Theorie, als daß sie mit den vereinfachten Methoden durchgeführt werden könnte, die wir weiter unten in diesem Buch entwickeln. Deshalb gehen wir mit unserer Behandlung von (3.5.2) aus.

Wie werden Gravitationswellen erzeugt? Wie stark sind sie? Wie könnten wir sie entdecken? Wir beantworten diese Frage mit Hilfe eines Beispiels: die Quelle der Gravitationswellen sei die Rotationsbeschleunigung der Komponenten eines Doppelsternsystems. Damit die Strahlung so stark ist wie möglich, geben wir den Sternen eine Entfernung von 1 pc von uns (etwa die Entfernung der nächsten Sterne) und lassen sie Neutronensterne mit einem Radius $R = 6$ km sein. Ihre Masse sei gleich der Sonnenmasse, und sie seien einander so nahe, daß ihre Oberflächen sich berühren. Dann ist ihre wechselseitige Beschleunigung

$$a = GM_\odot /(2R)^2 \approx 9 \cdot 10^{11}\,\mathrm{m\,s^{-2}} \approx 10^{11}\,g.$$

Die Kraft F' auf eine Probemasse m in Erdnähe ist dann durch (3.5.2) gegeben, und die Beschleunigung A dieser Masse ist

$$A = G(2M_\odot)a/c^2 r \approx 0.09\ \mathrm{m\,s^{-2}} \approx 10^{-2}\,g.$$

Das ist ziemlich groß (und $2\cdot 10^{11}$ so groß wie die Beschleunigung, die von der statischen Kraft des Gravitationsgesetzes herrührt). Trotzdem wäre es schwer, A direkt zu entdecken (zum Beispiel bewirkt A eine Veränderung der Schwingungsdauer einer Pendeluhr). Das liegt daran, daß A nicht gleich bleibt, sondern schwingt, wobei die Wellenperiode die halbe Rotationsperiode

T des Doppelsternsystems ist (wenn die Sterne identisch sind). Die Periode ist also

$$T/2 = 2\pi\sqrt{(R^3/GM_\odot)} \approx 10^{-4}\,\text{s} \approx 10^{-4}\,\text{s}\,,$$

so daß wir etwa 10 kHz Gravitationsstrahlung haben. Wenn wir eine Resonanz beobachten wollten, müßten wir ein Pendel mit derselben Frequenz haben, dessen Länge jedoch nur etwa 20 Å beträgt.

Die Gravitationswellen verändern sich auch im Raum (mit der Wellenlänge $cT/2$); Probemassen, die eine halbe Wellenlänge Entfernung haben, bewegen sich gegenphasig, und das bietet die Möglichkeit, die Relativgeschwindigkeit V und die Verschiebung X zu messen. Die Größe einer "Halbwelle" ist

$$cT/4 \approx 10\,\text{km}.$$

Wenn die Welle harmonisch ist, beträgt die größte Schwingungsgeschwindigkeit V

$$V = A/\text{Winkelfrequenz} = A(T/2)/2\pi \approx 3 \cdot 10^{-6}\,\text{m s}^{-1}.$$

Das ergibt eine Dopplerverschiebung von $v/c = 10^{-14}$, was bei Ausnutzung des Mößbauer-Effekts an der Grenze der Beobachtbarkeit ist. Die Amplitude X der Schwingung ist

$$X = A(T/2)^2/(2\pi)^2 \approx \tfrac{1}{2}\,\text{Å},$$

was wieder gerade eben beobachtbar ist.

Man hat eine Reihe verschiedener Möglichkeiten der Erzeugung von Gravitationswellen theoretisch untersucht (z.B. Materie, die in ein Schwarzes Loch hinein beschleunigt wird (siehe Abschnitt 5.6) oder die Explosion einer Supernova), und eine Vielfalt von raffinierten Detektoren entworfen und gebaut. Bis jetzt jedoch wurden Gravitationswellen noch nicht mit Sicherheit beobachtet (mehrere Male wurde ihre Beobachtung behauptet, aber nicht allgemein akzeptiert). Wenn es in den nächsten Jahrzehnten gelingt, durch verbesserte Hochtechnologie und Experimentiertechnik mit Detektoren zu arbeiten, die einige Größenordnungen empfindlicher sind als die heute zur Verfügung stehenden, sehen wir dem Beginn der *Gravitationswellenastronomie* entgegen. Sie könnte unser Verständnis für den Bau der Welt wesentlich verbessern, denn sie würde eine tiefgreifende Erweiterung unserer Wahrnehmungen kosmischer Ereignisse bedeuten: Radiowellen und Röntgenstrahlung (als Formen elektromagnetischer Strahlung) erlauben uns, das Weltall genauer zu *sehen*; kosmische Strahlen (als Teilchen aus dem Raum) ermöglichen es uns (bildlich gesprochen), das Weltall zu *schmecken*; die Gravitationsstrahlung (die wirklich die Materie der Erde erschüttert), ermöglicht es uns, den Puls der Welt zu *fühlen*.

3.6   Das Einsteinsche Äquivalenzprinzip

Wir betrachten einen Bereich der Raumzeit, in dem in einem Bezugssystem f ein konstantes Gravitationsfeld **g** wirkt (die auf ein Teilchen der Masse m wirkende Schwerkraft ist also m**g**). Ein solcher Bereich ist die Umgebung eines jeden Punktes auf der Erdoberfläche. Wenn dann die Schwerkraft die einzige wirkende Kraft wäre, würden alle Körper des Bereichs mit derselben Beschleunigung **a** = **g** fallen (da m**a** = m**g**). Deshalb können wir die Wirkungen der Schwerkraft ausschalten, wenn wir vom ursprünglichen System f zu einem System f' übergehen, das relativ zu f die Beschleunigung **g** hat; wenn nicht eine Kraft $\mathbf{F_{ng}}$, die keine Schwerkraft ist, auf ihn wirkt, scheint sich in f' jeder Körper ohne Beschleunigung zu bewegen. Das läßt sich formal einfach zeigen: im System f ergibt sich aus Newtons Gesetz

$$m\mathbf{a} = m\mathbf{g} + \mathbf{F_{ng}}.$$

In f' ist die Beschleunigung **a**' = **a** - **g**, wenn dieselben Kräfte wirken. Deshalb gilt

$$m(\mathbf{a}' + \mathbf{g}) = m\mathbf{g} + \mathbf{F_{ng}},$$

also

$$\blacktriangleright \qquad m\mathbf{a}' = \mathbf{F_{ng}}. \qquad\qquad (3.6.1)$$

In dieser Bewegungsgleichung treten keine Gravitationskräfte auf. Nun befindet sich das System f' im Schwerefeld im *freien Fall*. Aus der Gleichheit von schwerer und träger Masse folgt deshalb:

> In einem kleinen Labor, das in einem Schwerefeld frei fällt, sind die mechanischen Phänomene dieselben wie jene, die in Abwesenheit eines Schwerefeldes in einem Newtonschen Inertialsystem beobachtet werden.

Einstein verallgemeinerte diesen Schluß 1907, indem er "mechanische Phänomene" durch "Gesetze der Physik" ersetzte; die sich dann ergebende Aussage ist das *Äquivalenzprinzip*.

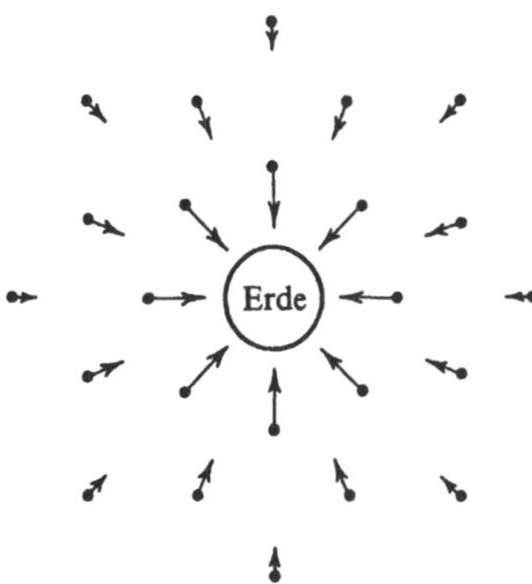

Abbildung 15. Inhomogenes Gravitationsfeld

Warum muß das Labor "klein" sein? Weil die wirklichen Gravitationsfelder nur im Kleinen nahezu konstant sind: g weist zum Erdmittelpunkt hin, und deshalb ändert sich seine Richtung von einem Punkt der Erde zum anderen. Sein Betrag ändert sich zudem mit der Höhe über dem Erdboden (Abbildung 15). Nun gehört zu einem Bezugssystem eine starre Anordnung von Koordinatenachsen; es kann deshalb nur mit einer einzigen Beschleunigung fallen. Deshalb fällt in einem "großen" Labor nur der Massenmittelpunkt frei. Das könnte im Prinzip folgendermaßen entdeckt werden: Man betrachte ein Labor, das von außerhalb der Erde aus der Ruhe fallen gelassen wird und zwei Teilchen enthält, die gleichweit von der Erde entfernt sind. Das Labor und die Teilchen fallen zum Erdmittelpunkt hin. Die Teilchen bewegen sich entlang von Radien (Abbildung 16), so daß ein Beobachter im Labor sieht, wie sie einander näherkommen, während sich das Labor, wie ihm unbekannt ist, der Erde nähert. Es ist jedoch leicht zu zeigen, daß die Relativgeschwindigkeit, mit der die Teilchen einander näherkommen, durch

$$u = (d/R^2)\ \sqrt{(2GMh)},$$

gegeben ist, also

▶ $$u = (d/R)\ \sqrt{(2gh)}, \tag{3.6.2}$$

wobei d ihr Abstand ist, R ihre Entfernung vom Erdmittelpunkt und h die Fallhöhe. Das ist sehr klein; wenn die Teilchen zunächst einen Abstand von 10 m haben und 10 km weit auf die Erdoberfläche fallen, ergibt die Formel $u \sim 10^{-3}\ \text{m s}^{-1}$, was sich, obwohl es klein ist, beobachten läßt. In jedem Fall ist

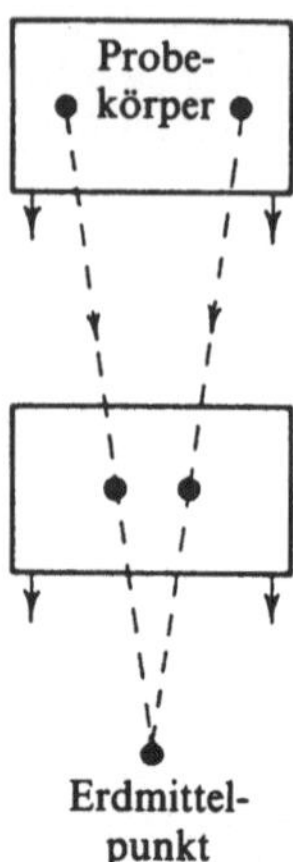

Abbildung 16. Ein Einstein-Labor muß klein sein

u proportional zu d, deshalb ist es umso schwerer, die Annäherung der Teilchen und das Vorhandensein des äußeren gravitierenden Körpers zu beobachten, je kleiner d (d.h. je kleiner das Labor) ist.

Diese freifallenden Bezugssysteme in der Umgebung eines Ereignisses, sogenannte *lokale Inertialsysteme*, sind für die Relativitätstheorie sehr wichtig. Sie sind keine Inertialsysteme im strengen Newtonschen Sinn, weil die Bewegungsgleichung (3.6.1) nur dann dem zweiten Newtonschen Gesetz entspricht, wenn die Schwerkraft mg ignoriert wird. Aber die Existenz dieser Kraft kann sowieso nicht bewiesen werden (jedenfalls nicht durch Experimente innerhalb des Sytems), so daß Einsteins Begriff eines Inertialsystems dem näher kommt, was Newton meinte. In der Nähe eines jeden Ereignisses gibt es unendlich viele lokale Inertialsysteme, die sich alle mit konstanter Geschwindigkeit relativ zueinander bewegen. Die spezielle Relativitätstheorie gilt innerhalb dieser Systeme streng, und die Lorentztransformation sagt uns, wie sich die Koordinaten eines Ereignisses von einem dieser Systeme in die eines anderes transformieren. Lokale Inertialsysteme sind gleichzeitig beschränkter und allgemeiner als Newtonsche Inertialsysteme: beschränkter, weil wirkliche Gravitationsfelder wegen ihrer Inhomogenität nur lokal anwendbar sind, statt unendlich weit zu reichen, und allgemeiner, weil *jedes* freifallende Labor (zum Beispiel *Skylab*) ein lokales Inertialsystem ist - es kann relativ zu den Galaxien oder zum "absoluten Raum" beschleunigt sein.

Wir können also die *lokalen* Wirkungen eines Schwerefeldes "wegtransformieren", wenn wir ein freifallenden Labor benutzen, aber es gibt kein

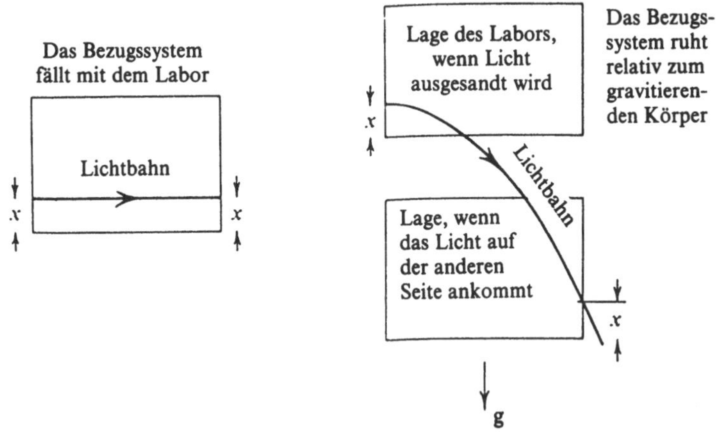

Abbildung 17. Das Äquivalenzprinzip sagt voraus, daß Licht "fällt"

einzelnes Labor, das den gesamten Raum um ein gravitierendes Objekt herum umfassen und sich so bewegen kann, daß die Wirkung aufhoben wird. Das ist klar, weil die "Gezeiteneffekte" der Schwerkraft, die aus dem Unterschied zwischen den Werten von g an verschiedenen Punkten herrührt, wirklich sind. Es gibt nur eine Ausnahme: Wenn es keine gravitierenden Körper gäbe, gäbe es auch keinen "freien Fall", und die lokalen Inertialsystem würden tatsächlich unendlich weit reichen; die spezielle Relativitätstheorie würde überall gelten. In Wirklichkeit müssen wir die Raumzeit mit lauter lokalen Inertialsystemen überdecken. In Kapitel 4 sehen wir, wie wir sie mit Hilfe der allgemeinen Relativitätstheorie aneinanderstückeln können.

Das Äquivalenzprinzip führt auf einfache Weise zu zwei überprüfbaren Aussagen über die Lichtausbreitung. Die erste ist, daß *Licht in einem Schwerefeld abgelenkt* wird. Betrachten wir ein freifallendes Labor, zum Beispiel ein Raumfahrzeug oder einen Fahrstuhl, dessen Haltekabel durchtrennt wurden. Ein Lichtstrahl werde von einer Seite des Labors in eine Richtung senkrecht zur Richtung des lokalen Schwerefelds ausgeschickt (Abbildung 17). Das Prinzip besagt, daß das Licht sich für einen Beobachter im Inneren des Labors entsprechend den Gesetzen der allgemeinen Relativitätstheorie ausbreitet, also geradlinig mit der Geschwindigkeit c. Aber das Labor wird nach unten beschleunigt, so daß das Licht, von außen gesehen, ebenfalls nach unten beschleunigt wird, also auf einer gekrümmten Bahn verläuft. In der Nähe der Erdbahn, bei lokal konstantem und parallelen g, ist der "Fall" des Lichts viel zu klein, um meßbar zu sein; ein horizontal ausgeschickter Strahl ist in einer

Entfernung von 1 km nur etwa 1 Å gefallen. Es ist jedoch möglich, die Ablenkung von Licht im Schwerefeld der Sonne zu beobachten, aber dazu müssen viele Inertialsysteme zusammengestückelt werden. Wir verschieben diese Berechnungen auf Abschnitt 5.4, können jedoch schon jetzt sagen, daß Experimente die von der allgemeinen Relativitätstheorie behauptete Lichtablenkung bestätigen. Sie ist doppelt so groß wie auf der Grundlage der Newtonschen Mechanik vorhergesagt wird, wenn Licht als ein Teilchenstrom mit der Anfangsgeschwindigkeit c behandelt wird.

Die zweite überprüfbare Aussage ist die *Gravitationsverschiebung der Spektrallinien*. Sie wurde schon in Abschnitt 2.3 eingeführt, als wir den Energieverlust eines Photons berechneten, das aus einem Schwerefeld "herausklettert". In diese Ableitung haben wir verkleidet das Äquivalenzprinzip gesteckt, als wir die "träge Masse" $h\nu_0/c^2$ als passive schwere Masse in die Newtonsche Formel für die Arbeit einsetzten. Jetzt leiten wir die Formel für die Spektralverschiebung anders ab und wenden das Prinzip direkt an. Ein Labor werde aus der Höhe h_0 aus der Ruhe frei fallen gelassen, während Licht der Frequenz ν_e vom Boden des Laboratoriums nach oben ausgeschickt wird. Nach dem Äquivalenzprinzip kommt es nach einer Zeit $t = h_0/c$ an der Decke an und hat für einen Beobachter an der Decke nur noch die Frequenz ν_e. Aber ein Beobachter außerhalb des fallenden Labors bewegt sich nun relativ zum Labor mit der Geschwindigkeit $u = gt = gh_0/c$ nach oben (vom Licht weg). Deshalb sieht dieser äußere Beobachter das Licht rotverschoben, und zwar um einen Betrag, der durch die gewöhnliche klassische Formel

$$z = u/c = gh_0/c^2$$

gegeben ist. Die Größe gh_0 ist die Veränderung des Newtonschen Gravitationspotentials, die das Licht erfährt; diese Formel ist im wesentlichen dieselbe wie (2.3.4), die die analoge Größe GM_e/r_e enthält, nämlich die Potentialänderung, die Licht erfährt, das von r_e in die Unendlichkeit entweicht. Für Licht, das fällt und nicht steigt, ergibt (3.6.3) ein negatives z, also eine Blauverschiebung. Die hier durchgeführte Überlegung ist interessant, weil sie zeigt, daß eine Gravitationsverschiebung sich als Dopplerverschiebung erweist, wenn zur Untersuchung der Bewegung des Lichts ein freifallendes lokales Inertialsystem gewählt wird. Das ist ein praktisches Beispiel dafür, wie ein Schwerefeld lokal "wegtransformiert" werden kann.

Die Gravitationsverschiebung läßt sich in irdischen Laboratorien messen. Pound und Rebka ließen 1960 die beim radioaktiven Zerfall von ^{57}Fe entstehende Gammastrahlung von 14,4 keV in einem luftleeren Turm 22,6 m fallen und maßen die Frequenzänderung. Die vorhergesagte Blauverschiebung ist $z = -2{,}47 \cdot 10^{-15}$; sie maßen $z = (-2{,}57 \pm 0{,}26) \cdot 10^{-15}$ und bestätigten damit das Äquivalenzprinzip. Diese unglaubliche Präzision wurde durch den Mößbauer-Effekt ermöglicht; ein Atomkern in einem Kristall gibt fast rückstoßfrei Strahlung ab, deren Spektrallinie deshalb eine sehr genau bestimmte Frequenz hat.

Es gibt eine andere Erklärung für diese Spektralverschiebungen. Ein strahlendes Atom kann als eine Uhr angesehen werden, wobei jedes "Ticken" die Aussendung eines Wellenberges darstellt. Da Licht von einer Uhr im Gravitationsfeld von einer "Uhr im Unendlichen" als rotverschoben empfangen wird, ist für diese Uhr das Ticken der ersten langsamer als ihr eigenes, wenn die Uhren identisch gebaut sind. Der von der Gravitation herrührende Zeitverzögerungsfaktor ist für eine Uhr, die von einer Masse M die Entfernung r hat,

$$\blacktriangleright \qquad \Delta t(r)/\Delta t(\infty) = 1 - GM/rc^2, \tag{3.6.4}$$

wobei $\Delta t(r)$ und $\Delta t(\infty)$ die Zeitspannen zwischen Ereignissen sind, die durch das Ticken der Uhren bei r und unendlich gemessen werden.

4 Die gekrümmte Raumzeit und die physikalische Mathematik der allgemeinen Relativitätstheorie

4.1 Teilchenbewegungen und Ereignisintervalle

Jetzt müssen wir damit beginnen, die allgemeine Relativitätstheorie selbst in den Griff zu bekommen. Wir möchten die Schwierigkeiten vermeiden, die sich, wie schon geschildert, aus dem Newtonschen Formalismus ergeben, und doch die Bewegung eines Körpers unter der Wirkung der Schwerkraft vorhersagen können. Wir suchen deshalb in der *Raumzeit* nach der *Weltlinie* des Körpers, also der Menge der aufeinander folgenden *Ereignisse* seiner Geschichte. Jedes Ereignis ist ein Punkt in der Raumzeit und wird durch vier *Koordinaten* x^i beschrieben, wobei $i = 0, 1, 2, 3$. Gewöhnlich wird x^0 als eine Zeitkoordinate t gewählt und x^1, x^2 und x^3 als drei Koordinaten, die die Position $\mathbf{r}$ $(= x, y, z; r, \theta, \phi$ usw.) im Raum angeben. Wir stellen uns dabei ein aus starren Maßstäben, "Standardstäben", gebildetes Gitter vor, dessen Schnittstellen Orte markieren. An jeder Schnittstelle befindet sich eine "Standarduhr", die sich mit allen anderen mit Hilfe von Lichtsignalen synchronisieren läßt - wir brauchen hier nicht in Einzelheiten zu gehen. Für jedes Ereignis läßt sich an der nächsten Schnittstelle $\mathbf{r}$ und an der dortigen Uhr t ablesen. Ereignisse lassen sich jedoch auch viel allgemeiner definieren. So kann man zum Beispiel eine Explosion in der Atmosphäre beschreiben, indem man auf vier sich irgendwie bewegenden Flugzeugen in dem Augenblick die Zeit abliest, in dem die Explosion gesehen oder gehört wird; die Uhren brauchen nicht synchronisiert zu sein und können sogar verschieden schnell laufen, aber sie müssen in Gang gehalten werden. Die so erhaltenen vier Werte definieren das Ereignis der Explosion eindeutig und bilden ein einwandfreies System von Koordinaten x^i. Diese Freiheit in der Wahl eines Koordinatensystems ist besonders nützlich, weil starre Körper, wie z.B. Maßstäbe, im Rahmen der Relativitätstheorie nicht leicht zu definieren sind. (Die Schwierigkeit liegt darin, daß die Schallgeschwindigkeit in einem solchen Körper unendlich und deshalb größer als die Lichtgeschwindigkeit wäre.) Wir sprechen jedoch oft von "Koordinatengittern", wobei wir uns auf das Ergebnis verlassen, daß eine äquivalente "Koordinatisierung" der Raumzeit allein mit Hilfe von Lichtstrahlen durchgeführt werden kann. (Siehe dazu die in der Bibliographie angegebenen Lehrbücher für Fortgeschrittene).

Einstein behauptete, daß physikalische Ereignisse (ausgenommen quantenmechanische Effekte, die im kosmischen Maßstab vernachlässigt werden können) unabhängig sind von unseren Beobachtungen; deshalb muß es möglich sein, physikalische Gesetze durch Gleichungen zu beschreiben, die immer dieselbe Form haben, unabhängig davon, welche Koordinaten x^i wir wählen, um die Ereignisse zu definieren, deren Gesetze wir erklären wollen. Solche Gleichungen heißen *kovariant*, und Einsteins Prinzip ist das *Prinzip der allgemeinen Kovarianz*. Die Newtonschen Gesetze und die Gleichungen der speziellen Relativitätstheorie sind im allgemeinen nicht kovariant, weil sie nur in Inertialsystemen gelten: die Koordinatengitter dürfen sich nicht drehen oder beschleunigen. Diese Theorien weisen eine beschränkte Kovarianz auf: ihre Gesetze lassen sich so schreiben, daß Orte, Geschwindigkeiten und Beschleunigungen durch *Vektoren* dargestellt werden können, so daß innerhalb der erlaubten Inertialsysteme alle *räumlichen* Koordinaten, also zum Beispiel auch kartesische, Polar- oder Zylinderkoordinaten zugelassen sind. Wir untersuchen hier jedoch nicht räumliche, sondern raumzeitliche Kovarianz. Es gelang Einstein, allgemein kovariante Gravitationsgleichungen aufzustellen; sie sind mathematisch sehr kompliziert. Zum Glück ist diese Allgemeinheit bei den meisten kosmologischen Gleichungen nicht nötig, da bei den gewöhnlich verwendeten Koordinatensystemen x^i räumliche und zeitliche Koordinaten klar getrennt sind.

Wie können wir die Weltlinie eines Körpers beschreiben? In der Newtonschen Mechanik ist es angebracht, die (absolute) Zeitkoordinate t als Parameter zu benutzen und den Ortsvektor $\mathbf{r}$ als Funktion von t anzusehen. Wir schreiben dann also $\mathbf{r}(t)$. In der Relativitätstheorie jedoch ist dieses Verfahren unsymmetrisch, weil t kein absoluter Parameter mehr ist, sondern nur eine weitere Koordinate, nämlich x^0. Wir hätten gern einen absoluten Parameter τ, der entlang der Weltlinie eines Teilchens von der Vergangenheit zur Zukunft hin allmählich zunimmt. Dann würden die vier Funktionen $x^i(\tau)$ eine "kovariante" Beschreibung der Geschichte des Teilchens liefern. Der natürliche Parameter τ ist die *Eigenzeit*; das ist die Zeit, die von einer mit dem Körper bewegten Standarduhr angezeigt wird (deren "Ticken" könnte zum Beispiel durch aufeinander folgende Berge der Lichtwellen realisiert sein, die während eines bestimmten Übergangs zwischen Energieniveaus der Atome des Körpers aus-

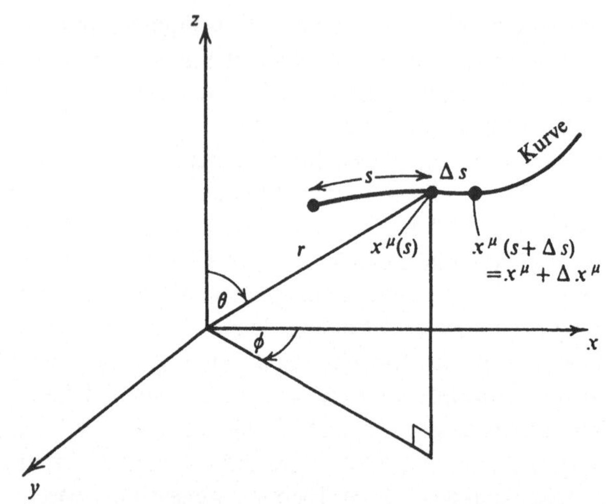

Abbildung 18. Die Bogenlänge s parametrisiert eine Raumkurve

gesandt werden). Offenbar ist τ ein *invarianter* Parameter (er wurde ohne Bezug auf ein Koordinatensystem eingeführt).

Um diesen Gebrauch des Parameters τ bei der Definition von Weltlinien in der Raumzeit zu verdeutlichen, untersuchen wir den vertrauten, einfacheren Fall der Bestimmung von Kurven im gewöhnlichen dreidimensionalen euklidischen Raum. Ein Punkt wird dort durch drei Koordinaten x^μ beschrieben, mit $\mu = 1, 2, 3$ (Abbildung 18). Kurven werden mit Hilfe der *Bogenlänge* s festgelegt, also durch die drei Funktionen $x^\mu(s)$. Auf jeder Kurve wird die Bogenlänge Δs zwischen benachbarten Punkten x^μ und $x^\mu + \Delta x^\mu$ durch den Satz des Pythagoras gegeben. In kartesischen Koordinaten x, y, z ergibt das

$$\blacktriangleright \qquad \Delta s^2 = \Delta x^2 + \Delta y^2 + \Delta z^2. \qquad\qquad (4.1.1)$$

Eine andere Darstellung desselben Δs in Polarkoordinaten r, θ, ϕ ist

$$\blacktriangleright \qquad \Delta s^2 = \Delta r^2 + r^2(\Delta\theta^2 + \sin^2\theta\,\Delta\phi^2). \qquad\qquad (4.1.2)$$

Die analoge Formel in der Raumzeit gibt $\Delta\tau^2$ als eine Funktion der Koordinatendifferenzen Δx^i zwischen zwei benachbarten Ereignissen. Wenn wir irgendein freifallendes Bezugssystem (ein lokales Inertialsystem) haben, bei dem die Ereignisse in der Nähe des Nullpunktes geschehen, können wir kartesische Koordinaten $x^i = t, x, y, z = t$, r verwenden. Dann wird $\Delta\tau^2$ durch

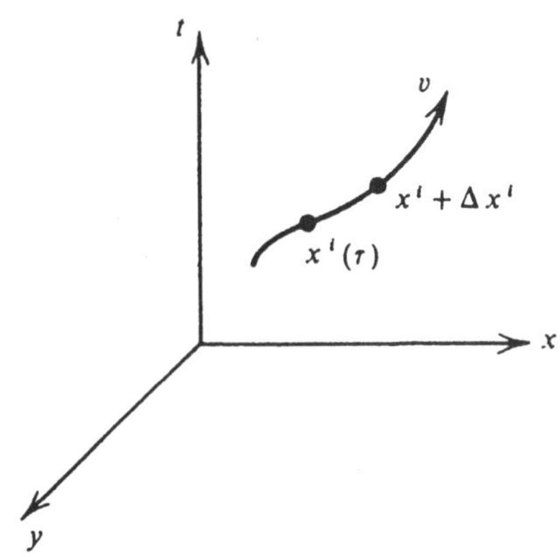

Abbildung 19. Zwei Ereignisse auf der Weltlinie eines Körpers

die speziell relativistische Formel

▶ $$\Delta\tau^2 = \Delta t^2 - (\Delta x^2 + \Delta y^2 + \Delta z^2)/c^2 = \Delta t^2 - |\Delta\mathbf{r}|^2/c^2 \qquad (4.1.3)$$

gegeben. Wenn wir annehmen, daß in dem freifallenden System die spezielle Relativitätstheorie gilt, haben wir das Äquivalenzprinzip benutzt. DieGleichung (4.1.3) ist sehr wesentlich; sie kann als Grundlage der speziellen Relativitätstheorie genommen werden, und aus ihr können zum Beispiel die Lorentz-Transformationen abgeleitet werden. Wir veranschaulichen das mit der Herleitung *der Formel für die Zeitdilatation.* Betrachten wir zwei Ereignisse auf der Weltlinie eines Körpers, der sich mit der Geschwindigkeit v relativ zu einem Koordinatensystem bewegt (Abbildung 19); die Differenz Δt der Zeitkoordinaten und der zurückgelegten Entfernungen $|\Delta\mathbf{r}|$ stehen in der Beziehung $|\Delta\mathbf{r}| = v\Delta t$, so daß die Eigenzeit (also die Zeit, die eine vom Körper mitgeführte Uhr anzeigt) ist $\Delta\tau^2 = \Delta t^2 - v^2\Delta t^2/c^2$ ist, also

▶ $$\Delta t = \Delta\tau / \sqrt{(1 - v^2/c^2)} \qquad (4.1.4)$$

gilt. Die Differenzen der Zeitkoordinaten Δt, gemessen in einem Bezugssystem, das sich relativ zum Körper bewegt, sind größer als die Differenzen $\Delta\tau$, gemessen mit Uhren, die relativ zum Körper immer in Ruhe sind. Kurz: *Bewegte Uhren laufen langsamer.*

Es gibt einen sehr wichtigen Unterschied zwischen der Formel für $\Delta\tau^2$ in der speziellen Relativitätstheorie und der Formel für Δs^2, die sich aus dem Satz des Pythagoras ergibt: Zwei benachbarte Punkte im euklidischen dreidimensionalen Raum haben immer positiven Abstand, und deshalb ist Δs^2 positiv. In der Raumzeit dagegen lassen sich leicht zwei benachbarte Ereignisse finden, deren "Eigenzeit" $\Delta\tau$ imaginär ist, für die also $\Delta\tau^2$ negativ ist. Aus (4.1.3) lesen wir ab, daß jedes Ereignispaar mit

$$|\Delta\mathbf{r}| > c\,\Delta t$$

so beschaffen ist. Ein Materieteilchen, das solche Ereignisse verbindet, müßte sich mit einer größeren Geschwindigkeit als c bewegen, und das ist unmöglich. Deshalb können diese Ereignisse nicht auf der Weltlinie eines Teilchens liegen, und $\Delta\tau$ läßt sich nicht als Eigenzeit deuten. Die positive Größe $c\,\sqrt{(-\Delta\tau^2)}$ hat jedoch eine physikalische Bedeutung: es ist der Eigenabstand der Ereignisse und wird definiert als die mit einem *Standardmaß* gemessene Entfernung in einem Bezugssystem, in dem die Ereignisse gleichzeitig sind. Um das zu zeigen, wählen wir einfach das lokale Inertialsystem, in dem $\Delta t = 0$ ist (Gleichzeitigkeit); dann folgt aus (4.1.3)

$$|\Delta\mathbf{r}|^2 = -c^2\Delta\tau^2,$$

und damit das behauptete Ergebnis, weil in diesem System $|\Delta\mathbf{r}|$ die Eigenentfernung ist.

Wenn wir so $\Delta\tau$ mit dem Eigenabstand gleichsetzen, können wir die *Lorentzsche Kontraktionsformel* herleiten. Das ursprüngliche Bezugssystem heiße f; f' bezeichne ein zweites System, das sich in Bezug auf f mit der Geschwindigkeit v bewegt (Abbildung 20). Als Ereignisse nehmen wir das Zusammenfallen der beiden Ursprünge O und O' und das Vorüberstreichen von O' an dem Punkt der x-Achse von f, dessen Entfernung von O gerade L beträgt.

Dann gilt in f für diese beiden Ereignisse

$$\Delta\tau^2 = \Delta t^2 - |\Delta\mathbf{r}|^2/c^2 = L^2/v^2 - L^2/c^2.$$

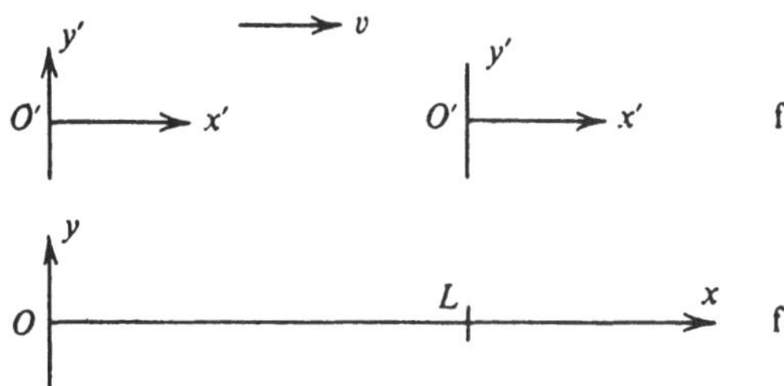

Abbildung 20. Relativ zueinander bewegte Bezugssysteme

In f' geschehen beide Ereignisse am Ursprung O' die Entfernung zwischen den beiden Punkten auf der x-Achse hat dann eine unbekannte Länge L', so daß

$$\Delta\tau^2 = \Delta t'^2 - |\Delta\mathbf{r}'|^2/c^2 = L'^2/v^2 - 0.$$

Wenn wir diese beiden Ausdrücke gleichsetzen, erhalten wir

$$\blacktriangleright \qquad L' = L\sqrt{(1 - v^2/c^2)}, \qquad\qquad (4.1.5)$$

so daß die Stäbe verkürzt erscheinen ($L' < L$), wenn ihre Länge durch Messungen in einem System hergeleitet werden, in dem sie nicht in Ruhe sind.

Es ist auch möglich, daß für Ereignispaare $\Delta\tau$ gleich null ist. Dann besteht zwischen den Koordinatendifferenzen die Beziehung

$$|\Delta\mathbf{r}|/\Delta t = \pm c,$$

so daß die Ereignisse auf der Weltlinie eines Lichtstrahls liegen könnten.

Für ein beliebiges Ereignispaar heißt $\Delta\tau$ das *Intervall*. Wir können drei Arten von Intervallen unterscheiden:

(i) Wenn $\Delta\tau$ *reell* ist, liegen die Ereignisse *zeitartig* zueinander. Sie können der Weltlinie eines Materieteilchens angehören; $\Delta\tau$ ist die Eigenzeit zwischen den Ereignissen.

(ii) Wenn $\Delta\tau$ *imaginär* ist, ist das Ereignisintervall *raumartig*. Die Ereignisse können nicht auf der Weltlinie eines Teilchens liegen; $c\sqrt{(-\Delta\tau^2)}$ ist der Eigenabstand der Ereignisse.

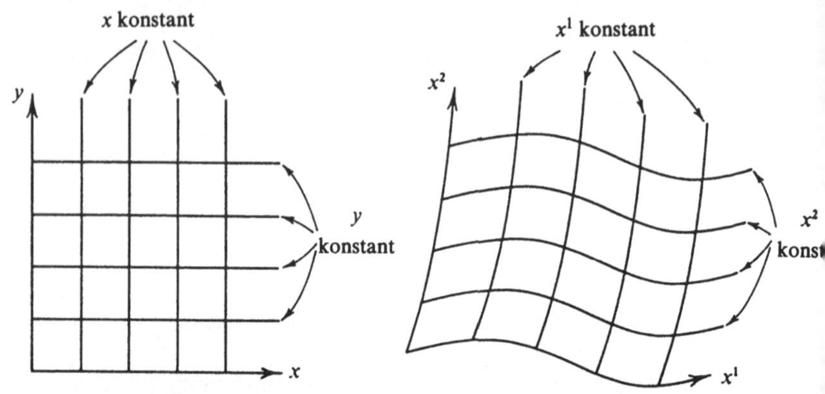

Abbildung 21. Kartesische und allgemeine Koordinaten

(iii) Wenn $\Delta\tau$ *null* ist, ist das Ereignisintervall *lichtartig*. Die Ereignisse können auf der Weltlinie eines Lichtstrahls liegen. Man sagt, die Ereignisse hätten dann das Intervall *null*.

Physikalisch gesehen ist das Intervall in der Raumzeit komplizierter als der Abstand im Raum. Mathematisch jedoch haben die beiden Begriffe viel Ähnlichkeit, und wir können uns vorstellen, daß $\Delta\tau^2$ durch (4.1.3) durch einen "pseudo-pythagoräischen" Satz gegeben ist, in dem die Vorzeichen von drei der vier Terme negativ sind.

Wir haben zwar versprochen, keine allgemeinen Koordinatensysteme zu verwenden, aber es ist wichtig, daß wir die Entfernung Δs im Raum und das Intervall $\Delta\tau$ in der Raumzeit allgemein ausdrücken können. Die Überlegung läßt sich am besten im dreidimensionalen Fall durchführen. Wir nehmen an, ein Punkt sei durch allgemeine Koordinaten gegeben, die einem beliebigen Koordinatensystem dieses Raums entsprechen (Abbildung 21). Wenn dann die ursprünglichen kartesischen Koordinaten x, y und z beliebige Funktionen der neuen Koordinaten x^1, x^2, x^3 sind, können wir das als

$$\blacktriangleright \qquad x = x(x^1, x^2, x^3); \quad y = y(x^1, x^2, x^3); \quad z = z(x^1, x^2, x^3) \qquad (4.1.6)$$

schreiben. Die in (4.1.1) auftretenden Koordinatendifferenzen sind deshalb durch

$$\Delta x = \frac{\partial x}{\partial x^1}\Delta x^1 + \frac{\partial x}{\partial x^2}\Delta x^2 + \frac{\partial x}{\partial x^3}\Delta x^3,$$

$$\Delta y = \frac{\partial y}{\partial x^1}\Delta x^1 + \frac{\partial y}{\partial x^2}\Delta x^2 + \frac{\partial y}{\partial x^3}\Delta x^3,$$

$$\Delta z = \frac{\partial z}{\partial x^1}\Delta x^1 + \frac{\partial z}{\partial x^2}\Delta x^2 + \frac{\partial z}{\partial x^3}\Delta x^3.$$

gegeben. Wenn wir das in (4.1.1) einsetzen, erhalten wir

$$\Delta s^2 = \left[\left(\frac{\partial x}{\partial x^1}\right)^2 + \left(\frac{\partial y}{\partial x^1}\right)^2 + \left(\frac{\partial z}{\partial x^1}\right)^2\right](\Delta x^1)^2$$
$$+ 2\left[\frac{\partial x}{\partial x^1}\frac{\partial x}{\partial x^2} + \frac{\partial y}{\partial x^1}\frac{\partial y}{\partial x^2} + \frac{\partial z}{\partial x^1}\frac{\partial z}{\partial x^2}\right]\Delta x^1 \Delta x^2 + \ldots$$
$$= \sum_{\mu=1}^{3}\sum_{\nu=1}^{3} g_{\mu\nu}(x^1, x^2, x^3)\, \Delta x^\mu \Delta x^\nu,$$

wobei

$$g_{\mu\nu} = \left(\frac{\partial x}{\partial x^\mu}\frac{\partial x}{\partial x^\nu} + \frac{\partial y}{\partial x^\mu}\frac{\partial y}{\partial x^\nu} + \frac{\partial z}{\partial x^\mu}\frac{\partial z}{\partial x^\nu}\right).$$

Schließlich führen wir die praktische Abkürzung der *Einsteinschen Summationskonvention* ein: Über zwei gleiche Indizes wird immer summiert. In der Formel für Δs^2 treten μ und ν zweimal auf, deshalb können wir sie als

$$\Delta s^2 = g_{\mu\nu}(\mathbf{r})\, \Delta x^\mu \Delta x^\nu \qquad (4.1.7)$$

schreiben.

Diese Beziehung ist sehr wichtig: sie sagt uns, wie wir eine physikalisch wichtige Größe - den Abstand zwischen zwei Punkten - berechnen können, wenn wir die Koordinatendifferenzen zwischen den Punkten kennen. Der Abstand Δs ist invariant, aber die Koordinatendifferenzen sind es nicht; sie hängen von dem beliebig gewählten Koordinatensystem ab. In der Formel treten die Funktionen $g_{\mu\nu}(\mathbf{r})$ auf, von denen es neun gibt:

$$g_{\mu\nu} = \begin{pmatrix} g_{11} & g_{12} & g_{13} \\ g_{21} & g_{22} & g_{23} \\ g_{31} & g_{32} & g_{33} \end{pmatrix},$$

aber nur sechs sind unabhängig, da $g_{\mu\nu} = g_{\nu\mu}$. Die Menge der Funktionen $g_{\mu\nu}$ heißt der *metrische Tensor* oder kurz die *Metrik*.

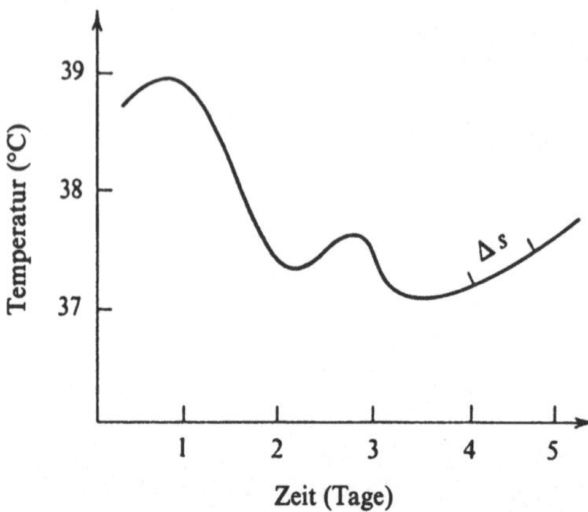

Abbildung 22. Nichtmetrischer Raum

Tensoren sind in einem n-dimensionalen Raum durch Mengen von Funktionen gegeben, die sich beim Übergang von einem Koordinatensystem zum anderen in bestimmter Weise transformieren. Ein Tensor vom Rang null ist eine einzige Funktion des Orts, deren Wert in allen Koordinatensystemen gleich ist; vertrauter ist das Wort *Skalar*. Ein Tensor vom Rang eins ist eine Menge von n Funktionen; vertrauter ist er uns als *Vektor*, dessen Komponenten diese n Funktionen sind. Im obigen Beispiel bilden die drei Koordinatendifferenzen $\Delta x^\mu = (\Delta x_1, \Delta x_2, \Delta x_3)$ einen Vektor, der oft als Δr geschrieben wird. Ein Tensor zweiten Ranges ist eine Menge von n^2 Funktionen; der metrische Tensor $g_{\mu\nu}$ ist ein Beispiel. Die Tensorrechnung bildet die mathematische Grundlage der allgemeinen Relativitätstheorie; durch sie wird die Theorie ebenso kraftvoll wie schwierig. Wir gründen unsere Untersuchung nicht auf Tensoren, weil wir, wie gesagt, nicht die allgemeinste Formulierung der Einsteinschen Theorie brauchen. Es sei hier bemerkt, daß es einen Grund dafür gibt, daß μ und ν bei $g_{\mu\nu}$ Subskripte sind, aber Superskripte bei x^μ und x^ν. Einzelheiten findet der Leser in dem ausgezeichneten Buch *Tensor calculus* von Synge und Schild (siehe die Bibliographie).

Der metrische Tensor rechtfertigt das "metrie" in Geometrie; es ist durchaus möglich, daß ein allgemeiner Raum Koordinaten hat - eine "Mannigfaltigkeit" ist - und keinen metrischen Tensor. Die meisten Graphen sind so. In dem Graph zum Beispiel, der die Temperatur eines Krankenhauspatienten als Funktion der Zeit angibt (Abbildung 22), hat die Bogenlänge Δs keine Bedeutung; wir haben es dabei nicht mit einem metrischen Raum zu tun.

Die einfachste Form des metrischen Tensors liegt vor, wenn wir rechtwinklige kartesische Koordinaten benutzen. $g_{\mu\nu}$ ist dann *diagonal* (d.h. $g_{\mu\nu} = 0$, wenn $\mu \neq \nu$) und die diagonalen Elemente g_{11}, g_{22} und g_{33} sind alle eins; wir schreiben diesen Spezialfall als $g^0_{\mu\nu}$. Ein direkter Vergleich von (4.1.1) und (4.1.7) ergibt

▶ $$g^0_{\mu\nu} = \begin{pmatrix} 1 & 0 & 0 \\ 0 & 1 & 0 \\ 0 & 0 & 1 \end{pmatrix}. \tag{4.1.8}$$

Die Überlegung der letzten Seiten läßt sich in genau analoger Weise auf die *Raumzeit* anwenden: in beliebigen, möglicherweise beschleunigten und rotierenden Bezugssystemen wird das Intervall $\Delta\tau$ zwischen zwei Ereignissen durch die Differenz der Koordinaten als

▶ $$\Delta\tau^2 = g_{ij}\Delta x^i \Delta x^j \equiv \sum_{i=1}^{4}\sum_{j=1}^{4} g_{ij}\Delta x^i \Delta x^j \tag{4.1.9}$$

ausgedrückt. Der metrische Tensor g_{ij} hat sechzehn Komponenten, von denen nur zehn ((16-4)/2+4) unabhängig sind. Die einfachste Form für g_{ij} gilt in einem frei fallenden System, wenn wir für x_0 die Zeit und für x^1, x^2, x^3 kartesische Raumkoordinaten nehmen. Dann wird der metrische Tensor g_{ij}^0 entsprechend (4.1.3) und (4.1.9) durch

▶ $$g^0_{ij} = \begin{pmatrix} 1 & 0 & 0 & 0 \\ 0 & -1/c^2 & 0 & 0 \\ 0 & 0 & -1/c^2 & 0 \\ 0 & 0 & 0 & -1/c^2 \end{pmatrix} \tag{4.1.10}$$

gegeben. Im allgemeinen jedoch sind die Komponenten von g_{ij} Funktionen der Ereigniskoordinaten x^i.

Abgesehen von der Zahl der Dimensionen gibt es zwei wichtige Unterschiede zwischen dem dreidimensionalen euklidischen Raum und der vierdimensionalen Raumzeit. Der erste Unterschied ist, daß sich in der Raumzeit Paare verschiedener Ereignisse mit Intervall null finden lassen; man kann also raumartige und zeitartige Intervalle unterscheiden. Mathematisch ersehen wir aus (4.1.10) und der auf (4.1.3) beruhenden Überlegung, daß dieser Unterschied durch das Auftreten negativer Vorzeichen in g^0_{ij} zustandekommt. (Genauer gesagt, ist es immer möglich, ein beliebiges g_{ij} in Diagonalform zu transformieren und den Unterschied zwischen den Anzahlen positiver und negativer Elemente, die sogenannte *Signatur* der Metrik, zu bestimmen. Ihr

Wert ist für die Raumzeit -2, wie sich aus (4.1.10) ergibt.) Metrische Tensoren, für die $\Delta\tau^2$ null sein kann, heißen *indefinit*. Im Gegensatz dazu ist die Metrik $g_{\mu\nu}$ des Orts *definit* (vergleiche (4.1.1), (4.1.2), (4.1.8)). Es läßt sich zeigen, daß diese Eigenschaften invariant sind, daß also eine indefinite Metrik bei beliebigen reellen Koordinatentransformationen indefinit bleibt (das ist fast selbstverständlich).

Der zweite Unterschied ist, daß $g_{\mu\nu}$ im euklidischen dreidimensionalen Raum immer zu $g^0_{\mu\nu}$ reduziert werden kann (Gleichung (4.1.8)), g_{ij} im allgemeinen in der Raumzeit jedoch, wegen des Äquivalenzprinzips, *nur punktweise* zu g^0_{ij}. Das ist nichts als der mathematische Ausdruck unseres physikalischen Prinzips, daß es in einem Schwerefeld nicht möglich ist, die gesamte Raumzeit mit einem einzigen Inertialsystem zu überdecken. In gewisser Weise muß deshalb der metrische Tensor g_{ij} in Gegenwart der Schwerkraft eine wesentlich kompliziertere Raumzeit beschreiben als die der speziellen Relativitätstheorie, deren Metrik durch (4.1.10) gegeben ist. Wir werden bald sehen, daß die neue, durch ein Schwerefeld eingeführte Größe die *Krümmung* ist.

4.2   Geodätische

Auf welcher Bahn $x^i(\tau)$ läuft ein Körper, wenn keine Gravitationskräfte auf ihn wirken? Beantworten wir die Frage zuerst im Rahmen der allgemeinen Relativitätstheorie: Der Körper bewegt sich mit gleichförmiger Geschwindigkeit auf einer Geraden, so daß seine in einem Inertialsystem gemessene Weltlinie durch die vier Gleichungen

$$\blacktriangleright \qquad \frac{d^2 t}{d\tau^2} = 0; \quad \frac{d^2 \mathbf{r}}{d\tau^2} = 0 \qquad\qquad\qquad (4.2.1)$$

gegeben ist. Wir haben dabei einfach Newtons erstes Gesetz umformuliert. In einem Bezugssystem jedoch, das kein Inertialsystem ist, werden die Koordinaten $\mathbf{r}$ und t miteinander gekoppelt; diese Gleichungen nehmen dann eine andere Form an. In jedem Fall kann das Bezugssystem nur *lokal* ein Inertialsystem sein, wenn ein inhomogenes Schwerefeld existiert. Aus diesen beiden Gründen wissen wir, daß die Gleichungen (4.2.1) nicht die allgemein kovariante Form haben, wie sie für ein physikalisches Gesetz gefordert wird. Wir brauchen jedoch, wenn wir eine Gerade bestimmen wollen, nicht ihre Gleichung aufzuschreiben, es geht auch anders. Im dreidimensionalen euklidischen Raum entspricht eine Gerade der *kürzesten Entfernung zweier Punkte*.

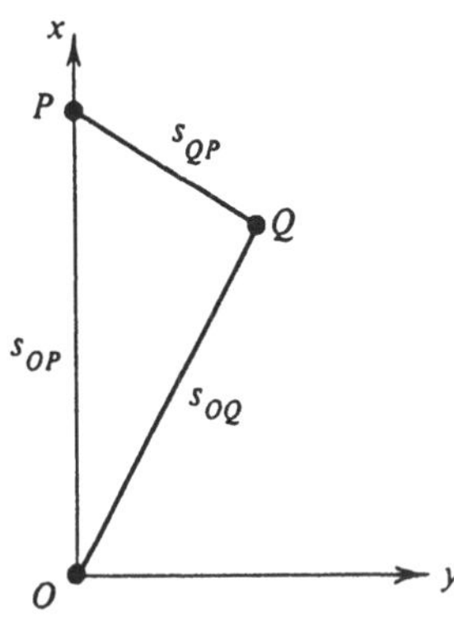

Abbildung 23

Wir beweisen das: Betrachten wir den Ursprung O und den Punkt P mit den Koordinaten x_P, 0, 0 (Abbildung 23). Dann ist die Entfernung s_{OP} nach dem Satz des Pythagoras:

$$s_{OP}^2 = x_P^2 + 0 + 0,$$

$$s_{OP} = |x_P|.$$

Sei nun OQP eine andere Bahn, wobei Q, ein Punkt, der nicht auf OP liegt, die Koordinaten x_Q, y_Q, 0 hat. Dann ist

$$s_{OQP} = s_{OQ} + s_{QP} = \sqrt{(x_Q^2 + y_Q^2)} + \sqrt{[(x_P - x_Q)^2 + y_Q^2]}.$$

Aber wir können schreiben

$$s_{OP} = |x_Q + (x_P - x_Q)|,$$

und damit ist offenbar

$$s_{OQP} > s_{OP}. \quad \text{Q.E.D.}$$

Die Überlegung gilt allgemein, weil jeder Punkt P auf die x-Achse gelegt werden kann, jede gekrümmte Bahn sich aus Abschnitten OQ und QP zusammensetzen läßt und der Grenzübergang durchgeführt werden kann.

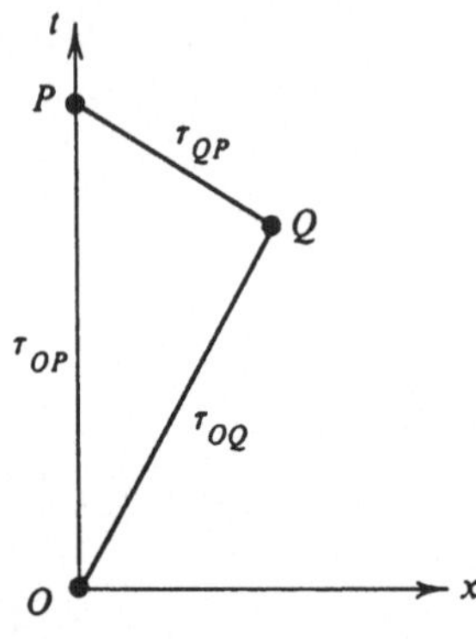

Abbildung 24

All dies scheint offensichtlich genug, aber in der Raumzeit der allgemeinen Relativitätstheorie ist das zeitartige Intervall zwischen zwei Ereignissen
am *längsten* entlang der geraden, sie verbindenden Weltlinie. Wir argumentieren ähnlich wie oben und wählen als die zwei Ereignisse den Ursprung O
eines Inertialsystems und das Ereignis P, dessen Koordinaten t_P, 0, 0, 0 sind
(Abbildung 24). Das ist immer möglich, weil wir immer ein Bezugssystem
wählen können, dessen räumlicher Ursprung sich mit einem Körper bewegt,
auf dessen Weltlinien O und P vorkommen. Das Intervall entlang der geraden
Weltlinie ist dann, nach (4.1.3)

$$\tau_{OP}^2 = t_P^2 - 0 - 0 - 0,$$

bzw. $$\tau_{OP} = t_P.$$

Wir betrachten jetzt eine andere Weltlinie OQP, wobei Q die Koordinaten
$t_Q, x_Q, 0, 0$ hat. Dann ist

$$\tau_{OQP} = \tau_{OQ} + \tau_{QP};$$

dies folgt aus der Additivität der Zeitablesungen und weil OQ und QP zeitartig
sein müssen, damit OQP eine mögliche Weltlinie ist. Wieder mit Hilfe von
(4.1.3) erhalten wir

$$\tau_{OQ}^2 = t_Q^2 - x_Q^2 / c^2.$$

und $\quad \tau_{QP}^2 = (t_P - t_Q)^2 - x_Q^2/c^2.$

Aber wir können schreiben

$$\tau_{OP} = t_Q + (t_P - t_Q)$$

und damit ist offenbar

$$\tau_{OQP} = \sqrt{(t_Q^2 - x_Q^2/c^2)} + \sqrt{[(t_P - t_Q)^2 - x_Q^2/c^2]} < \tau_{OP}. \quad \text{Q.E.D.}$$

Diese Überlegung liefert ein wichtiges Nebenergebnis: das Intervall zweier entfernter Ereignisse hängt von der Weltlinie zwischen ihnen ab. Anders gesagt, zeigen zwei Uhren im allgemeinen nicht für jedes Ereignis dieselben Zeiten an, auch wenn sie in einem früheren Ereignis synchronisiert waren, sich aber dann entlang verschiedener Weltlinien bewegt haben. Man hat gelegentlich gemeint, das sei logisch ausgeschlossen und deshalb vom "Zwillingsparadoxon" gesprochen (die Uhren sind dann Zwillinge und die "Ticks" zum Beispiel Pulsschläge). Das Phänomen ist jetzt beobachtet worden (siehe Abschnitt 5.2) und wirklich nicht paradoxer als die Tatsache, daß zwei Fäden, die dieselben Punkte verbinden, verschieden lang sein können. Um später darauf verweisen zu können, geben wir den Ausdruck für das Intervall τ_{AB} zwischen zwei Ereignissen A und B entlang einer sie verbindenden Weltlinie $x^i(\tau)$ an (die nicht unbedingt gerade zu sein braucht). Aus (4.1.9) ergibt sich

$$\blacktriangleright \qquad \tau_{AB} = \int_A^B \sqrt{(g_{ij}\,dx^i\,dx^j)}$$

$$= \int_A^B \sqrt{\left[g_{ij}(x^k(\tau)) \frac{dx^i(\tau)}{d\tau} \frac{dx^j(\tau)}{d\tau} \right]}\,d\tau. \tag{4.2.2}$$

Es scheint damit, daß eine gerade Linie entweder einem Minimum oder einem Maximum einer Größe entspricht, je nach der Metrik, also nach der Formel für Δs^2 oder $\Delta\tau^2$. Wir erfassen beide Fälle, wenn wir sagen, daß die Größen für Geraden *stationäre Werte* annehmen. Wenn wir also andere Wege zwischen denselben Ereignissen oder Punkten wählen, die den stationären infinitesimal nahe sind, haben der Abstand s oder das Intervall τ denselben Wert wie für den geraden Weg (Abbildung 25). In allgemeinen mit einer Metrik $g_{\mu\nu}$ oder g_{ij} versehenen Räumen heißen diese extremalen Wege *Geodätische*.

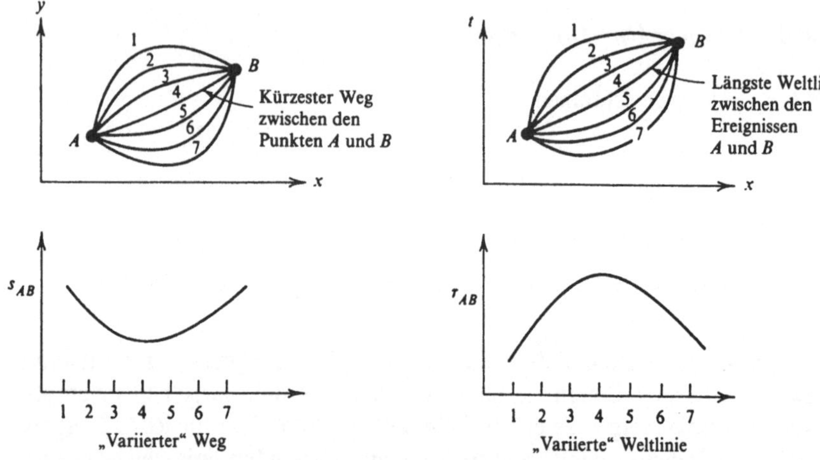

Abbildung 25. Die Geodätische ist im Raum die kürzeste Entfernung,
in der Raumzeit das längste Intervall

Wenn g_{ij} wie in der Raumzeit indefinit ist, gibt es Geodätische, entlang denen
das Intervall gleich Null ist; sie heißen *Null-Geodätische*.

Auf den Begriff der Geodätischen haben wir hingearbeitet. Um sagen zu
können: "Ein Körper verfolgt eine zeitartige Geodätische in der Raumzeit",
brauchen wir kein spezielles Koordinatensystem. Die Aussage ist "allgemein
kovariant" und kommt deshalb als ein physikalisches Gesetz in Frage. Wir
haben jedoch nur bewiesen, daß sie im Rahmen der speziellen Relativitätstheorie gilt, also entweder in Abwesenheit der Schwerkraft, oder, falls ein
inhomogenes Schwerefeld vorhanden ist, nur lokal. Einstein forderte mit
einem weiteren kühnen Streich, daß das Gesetz allgemein gilt. Damit können
wir diesen und den vorhergehenden Abschnitt folgendermaßen zusammenfassen:

Die Raumzeit ist eine vierdimensionale Mannigfaltigkeit mit indefiniter Metrik g_{ij}, die das Ereignisintervall als

$$\Delta\tau^2 = g_{ij}\,\Delta x^i \Delta x^j$$

bestimmt. Die Weltlinien materieller Körper, auf die nur die
Schwerkraft wirkt, sind zeitartige Geodätische. Die Weltlinien von
Lichtstrahlen sind Nullgeodätische.

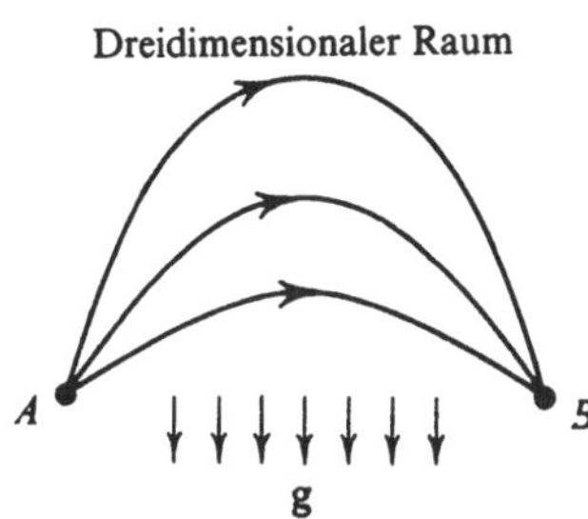

Abbildung 26. Teilchen bewegen sich im Ortsraum nicht auf Geodätischen

Diese drei Aussagen stellen zusammen mit der Definition des Intervalls durch Maßstäbe und Uhren einen großen Teil der allgemeinen Relativitätstheorie dar. Aber eine wichtige Frage bleibt: Wie wird die Metrik g_{ij} bestimmt? Wir werden sie in Abschnitt 4.4 beantworten. Bis dahin müssen wir das geodätische Bewegungsgesetz etwas genauer untersuchen. Es ist kaum möglich, sich eine schönere oder einfachere Beschreibung vorzustellen. Wir behaupten, daß Raumschiffe, Planeten, Sterne und Galaxien dann, wenn sie ihre komplizierten Bahnen verfolgen, nichts anderes tun als dafür sorgen, daß das Intervall zwischen je zwei Ereignissen auf ihren Weltlinien einen Extremwert annimmt. Außerdem haben wir einige unserer früheren Probleme gelöst: die träge und passive schwere Masse kommen in der allgemeinen Relativitätstheorie nicht vor, und die lokale Konstanz von g_{ij} bedeutet, daß es immer möglich ist, ein lokales Inertialsystem zu finden, in dem der metrische Tensor durch (4.1.10) gegeben ist; deshalb ist das Äquivalenzprinzip von Anfang an in die Theorie eingebaut. Das Geodätengesetz hat eine ganz andere Form als das zweite Newtonsche Gesetz (3.2.1), aber seine Vorhersagen stimmen, wie Kapitel 5 zeigt, sehr gut mit dem Experiment überein. Wir haben das Geodätengesetz als ein unabhängiges Gesetz der allgemeinen Relativitätstheorie eingeführt, aber es sollte betont werden, daß es sich aus den anderen Postulaten herleiten läßt (entweder aus dem Äquivalenzprinzip zusammen mit der allgemeinen Kovarianz oder aus den "Feldgleichungen", die g_{ij} bestimmen - diese werden wir in Abschnitt 4.4 kurz behandeln).

Es ist wichtig, sich klarzumachen, daß das Geodätengesetz für Weltlinien zwischen Ereignissen in der Raumzeit gilt, und *nicht* für Bahnen zwischen Positionen des gewöhnlichen dreidimensionalen Raums. Das letztere wäre Unsinn, weil sich je zwei *Raumpunkte A* und *B* nicht durch nur eine Bahn, sondern, je nach der Anfangsgeschwindigkeit, durch eine Vielfalt von Bahnen verbinden lassen (Abbildung 26), für die die letzten Ereignisse verschieden sind, weil sie zu verschiedenen Zeiten geschehen. Die *Weltlinien* in der *Raumzeit* sind eindeutig bestimmt, und sie sind Geodätische.

4.3   Gekrümmte Räume

Wir haben geodätische Linien im Zusammenhang mit der Besprechung der geraden Weltlinien frei fallender Teilchen in der speziellen Relativitätstheorie eingeführt. Relativ zu einem frei fallenden Teilchen bewegt sich jedes andere mit konstanter Geschwindigkeit, solange keine "echten", d.h. inhomogenen Gravitationsfelder berücksichtigt werden. Im allgemeinen verursachen Gravitationsfelder jedoch *Relativbeschleunigungen* zwischen frei fallenden Teilchen, und dementsprechend sind ihre Geodätischen *relativ zueinander gekrümmt.* Nur in einem kleinen Bereich und für kurze Zeiten, z.B. in einem nahe der Erdoberfläche frei fallenden Fahrstuhl, sind die Geodätischen der Raumzeit und ihre Raumprojektionen, die Bahnen, nahezu alle gerade. Diese Bemerkungen legen nahe, daß die *Raumzeit selbst gekrümmt ist.*

Es ist schwierig genug, sich einen gekrümmten dreidimensionalen Raum vorzustellen und erst recht eine gekrümmte vierdimensionale Raumzeit (noch dazu mit indefiniter Metrik), deshalb erläutern wir den Gedanken der Krümmung an *zweidimensionalen Flächen*, mit denen wir alle vertraut sind. Stellen wir uns die folgenden Flächen vor: eine Ebene, eine Kugel und einen Zylinder. Sind diese Flächen gekrümmt oder flach? Offenbar ist die Ebene flach. Die Kugel ist in einer wesentlichen Weise gekrümmt: Sie läßt sich nicht ohne Dehnen und Reißen in eine Ebene umformen. Die Krümmung des Zylinders ist weniger fundamental: Er läßt sich ohne Verzerrung auf die Ebene abrollen. Wir kamen zu diesen Schlüssen, indem wir die drei Flächen in den dreidimensionalen Raum *einbetteten.* Die große Leistung von Gauß in der ersten Hälfte des achtzehnten Jahrhunderts war der Beweis, daß die Krümmung und sogar die ganze Geometrie einer Fläche *intrinsisch* bestimmt werden kann, also durch Messungen, die in der Fläche selbst durch imaginäre zweidimensionale Wesen mit Maßbändern durchgeführt werden können.

Geometrien sind mathematische Theorien. Um zu überprüfen, welche Geometrie auf einer Fläche gilt, müssen wir die in der Theorie vorkommenden Größen physikalisch definieren. Wir definieren den Abstand entlang einer Linie als die Anzahl der Einheiten eines geeichten Maßstabs, der an die Linie angelegt ist, und wir definieren die Geodätische zwischen zwei Punkten dieser

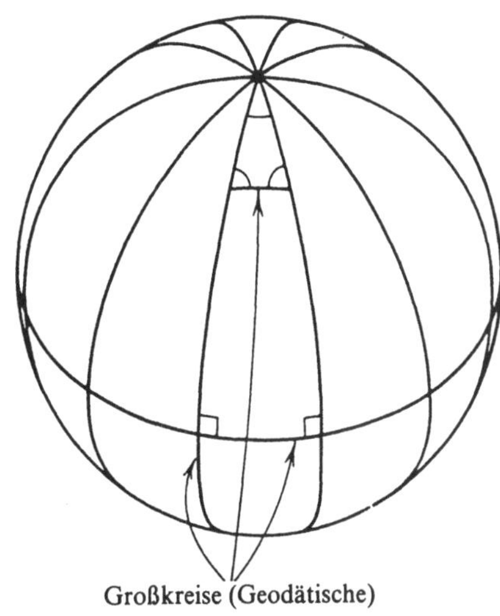

Abbildung 27. Die Winkelsumme eines sphärischen Dreiecks ist größer
als 180°

Fläche als die Linie, die ein Faden auf dieser Fläche beschreibt, wenn er
zwischen den Punkten gespannt wird. Wenn sich dann im Experiment einer
der vertrauten Sätze der ebenen euklidischen Geometrie als falsch herausstellt, ist die Fläche gekrümmt, und ihre metrischen Beziehungen - die
Geometrie - müssen *nichteuklidisch* sein. So addieren sich zum Beispiel in
einer Ebene die Winkel eines Dreiecks, dessen Seiten Geraden (Geodätische)
sind, zu 180°. Auf der Oberfläche einer Kugel dagegen ist die Summe der
Winkel eines "geodätischen Dreiecks" immer größer als 180° (Abbildung 27)
und kann sogar bis zu 900° betragen (bei kleinen Dreiecken ist die Winkelsumme nur wenig größer als 180°). Deshalb läßt sich durch rein intrinsische
Messungen zeigen, daß die Kugeloberfläche gekrümmt ist. (Um herauszufinden, ob der uns umgebende dreidimensionale Raum euklidisch ist, bestimmte
Gauß die Winkelsumme eines von drei Berggipfeln gebildeten Dreiecks mit
den Methoden der Landvermessung, wobei er Geodätische im Raum mit Hilfe
von Lichtstrahlen definierte. Es gelang ihm nicht, eine Abweichung von 180°
zu entdecken, weil seine Versuche nicht genau genug waren, und das gleiche
gilt für uns heute.)
   Um die Krümmung zu definieren, folgen wir Rindler (siehe die Bibliographie) und verwenden einen anderen Satz der ebenen Geometrie; der

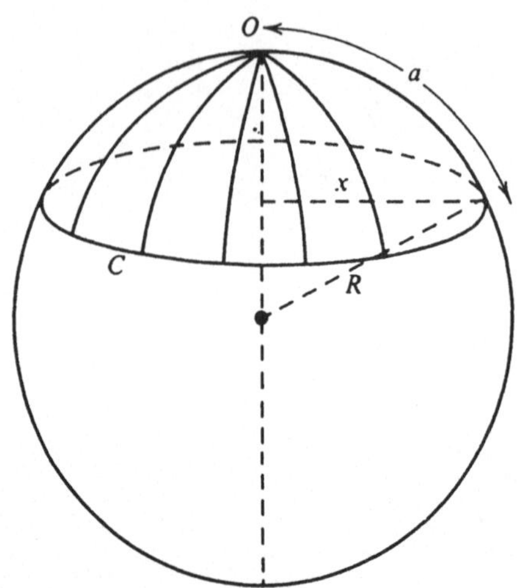

Abbildung 28. Geodätischer Kreis mit Radius a auf einer Kugel mit Radius R

Umfang eines Kreises mit dem Radius a ist $2\pi a$. Um auf einer beliebigen Fläche einen Kreis mit Radius a und Mittelpunkt O zu definieren, zeichnen wir alle Geodätischen, die von O ausgehen, und markieren auf jeder den Punkt, dessen Abstand von O gleich a ist; der geometrische Ort aller dieser Punkte ist der gewünschte Kreis. Wir probieren dies an einer Kugel mit dem Radius R aus (Abbildung 28) und errechnen als Umfang C

$$C = 2\pi x = 2\pi R \sin\frac{a}{R},$$

$$\blacktriangleright \qquad C = 2\pi a\left(1 - \frac{a^2}{6R^2} + \ldots\right). \qquad\qquad (4.3.1)$$

Wenn wir die Krümmung K der Kugel als

$$\blacktriangleright \qquad K \equiv \frac{1}{R^2} \qquad\qquad (4.3.2)$$

definieren, läßt sich die Formel für C umordnen, und wir erhalten

$$\blacktriangleright \qquad K = \frac{3}{\pi}\lim_{a\to 0}\left(\frac{2\pi a - C}{a^3}\right). \qquad\qquad (4.3.3)$$

Das ist ein sehr nützliches Ergebnis; es besagt, daß wir die Krümmung einer Kugel erhalten können, wenn wir messen, wie der Umfang eines kleinen Krei-

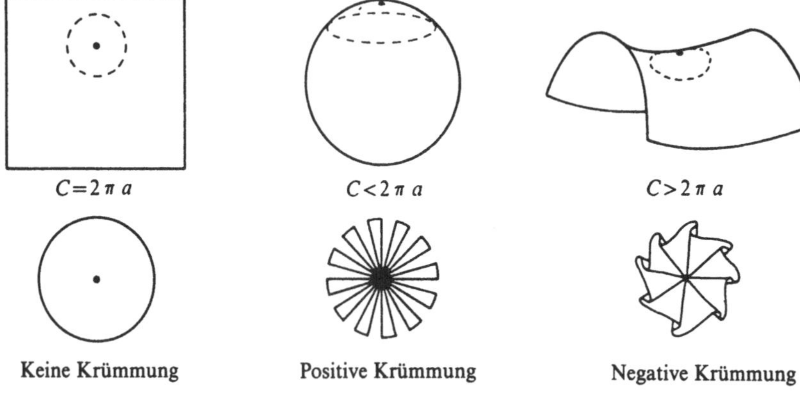

Abbildung 29. Der Umfang ist auf gekrümmten Flächen nicht 2π mal Radius

ses von $2\pi a$ abweicht. Genau dasselbe Verfahren läßt sich anwenden, um die Krümmung einer beliebigen Fläche zu definieren, deren Krümmung sich von Punkt zu Punkt ändern kann. Die Krümmung kann auch *negativ* sein; dann ist C größer als $2\pi a$ und die entsprechende Fläche sieht sattelförmig aus, wenn sie in einen dreidimensionalen Raum eingebettet wird. Dies wird in Abbildung 29 illustriert, die drei Flächen zeigt (obere Reihe), und was passiert, wenn wir diese Flächen auf eine Ebene pressen (untere Reihe).

Im Gegensatz zur geometrischen Beschreibung der Krümmung verwendet die analytische Beschreibung den metrischen Tensor $g_{\mu\nu}$. Er beschreibt den Abstand Δs zwischen irgend zwei benachbarten Punkten auf der Oberfläche durch die Koordinatendifferenzen Δx^μ ($\mu = 1,2$), wobei die x^μ Koordinaten auf einem beliebig gezeichneten Gitter sind, das auf der Fläche liegt. Δs wird durch die Gleichung (4.1.7) gegeben. In einer Ebene gilt, wenn wir ein kartesisches Koordinatensystem mit $x^1 = x$, $x^2 = y$ benutzen (Abbildung 30),

$$\Delta s^2 = \Delta x^2 + \Delta y^2 = (\Delta x^1)^2 + (\Delta x^2)^2,$$

und damit $g_{\mu\nu} = \begin{pmatrix} 1 & 0 \\ 0 & 1 \end{pmatrix}$.

Es gilt also der Satz des Pythagoras, was anzeigt, daß die Fläche eine Ebene ist. Wir könnten jedoch genau so gut Polarkoordinaten $x^1 = r$, $x^2 = \phi$ benutzen

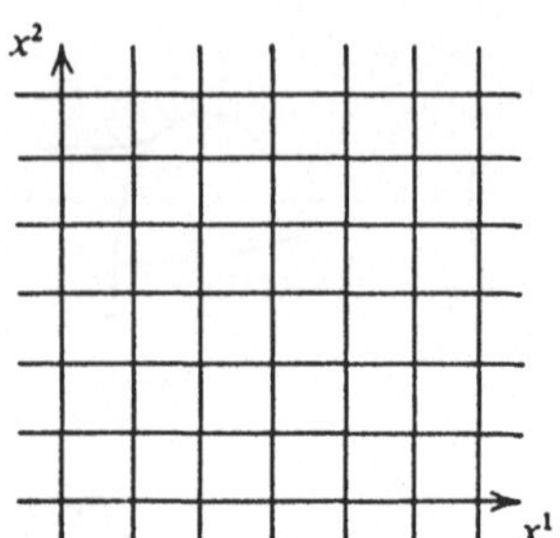

Abbildung 30. Ebene kartesische Koordinaten

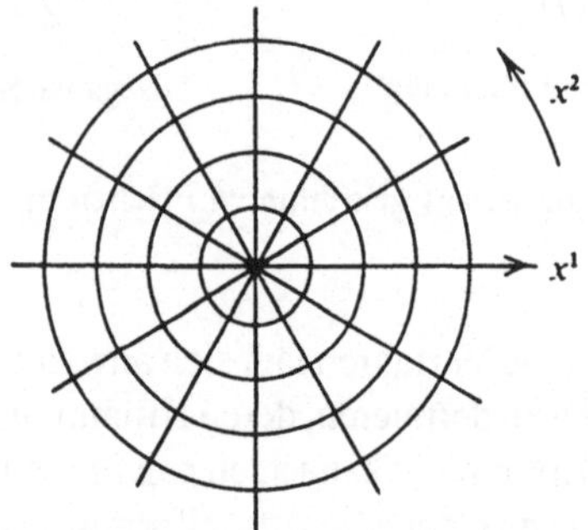

Abbildung 31. Ebene Polarkoordinaten

(Abbildung 31) und erhalten dann

$$\Delta s^2 = \Delta r^2 + r^2 \Delta \phi^2 = (\Delta x^1)^2 + (x^1)^2 (\Delta x^2)^2,$$

und

$$g_{\mu\nu} = \begin{pmatrix} 1 & 0 \\ 0 & (x^1)^2 \end{pmatrix}.$$

Jetzt ist der metrische Tensor ortsabhängig, aber wir haben es immer noch mit derselben ebenen Fläche zu tun. Wie können wir wissen, ob die Fläche flach ist oder nicht, wenn uns nur die Entfernungsformel in Polarkoordinaten gegeben ist? Indem wir eine Koordinatentransformation suchen, die uns die kartesische Entfernungsformel zurückgibt. In diesem Fall wären die neuen Koordinaten $x^{1'}$ und $x^{2'}$, wobei

$$x^{1'} = x^1 \cos x^2, \quad \text{i.e.} \quad x = r \cos \phi$$
$$x^{2'} = x^1 \sin x^2, \quad \text{i.e.} \quad y = r \sin \phi.$$

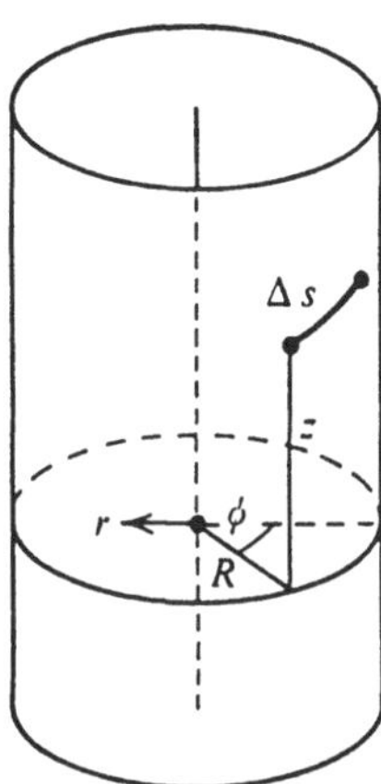

Abbildung 32. Linienelement auf einem Zylinder

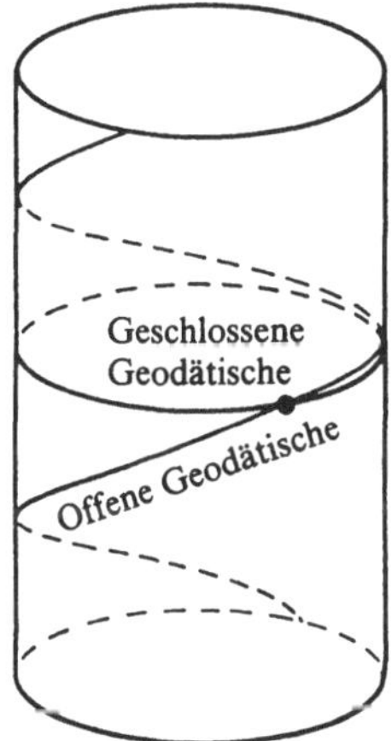

Abbildung 33. Geschlossene und offene Geodätische auf einem Zylinder

Natürlich sind $x^{1'}$ und $x^{2'}$ unsere alten Koordinaten x und y.

Spielen wir dieses Spiel jetzt mit einem Zylinder mit Radius R. Mit zylindrischen Koordinaten z, r, ϕ in dem dreidimensionalen Raum, in den er eingebettet ist (Abbildung 32), ist die Zylinderfläche durch $r = \text{const.} = R$ definiert, und die Entfernungsformel ist

$$\Delta s^2 = \Delta z^2 + R^2 \Delta \phi^2.$$

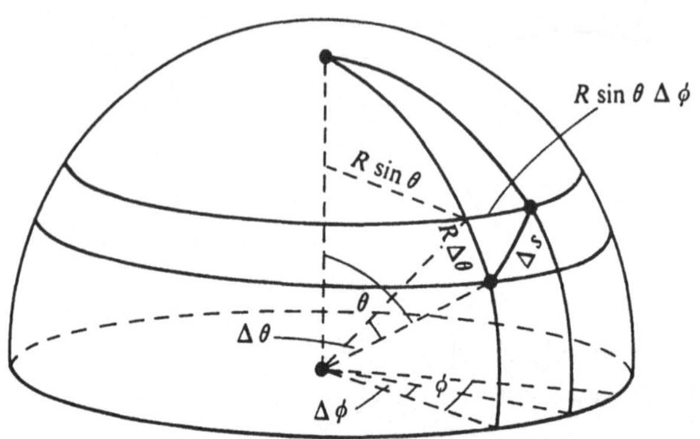

Abbildung 34. Linienelement auf einer Kugel

Es ist leicht zu zeigen, daß dies flach ist: Wir definieren Koordinaten

$$x^1 = z, \; x^2 = R\phi.$$

Dann gilt, da R konstant ist,

$$\Delta s^2 = (\Delta x^1)^2 + (\Delta x^2)^2,$$

und das ist gerade die Abstandsformel auf einer Ebene. Deshalb ist die Oberfläche eines Zylinders intrinsisch flach. (Ein Zylinder gleicht natürlich nicht in jeder Hinsicht einer Ebene, denn durch jeden Punkt eines Zylinders gibt es eine geschlossene Geodätische (Abbildung 33). Unterschiede dieser Art sind *global*, also Unterschiede in der Zusammenhangsstruktur der Fläche im Ganzen, *d.h. topologisch*. Flachheit ist andererseits eine *lokale* Eigenschaft und läßt sich durch das Abmessen kleiner Abstände, Dreiecke, Kreise usw. beweisen.)

Wir betrachten jetzt die Oberfläche einer Kugel mit Radius R. Diesmal sind die beiden Winkel θ und ϕ der sphärischen Polarkoordinaten geeignete Koordinaten x^1 und x^2. Auf der Erde entspricht $\pi/2 - \theta$ der geographischen Breite und ϕ der Länge (Abbildung 34). Die Entfernungsformel ist

$$\Delta s^2 = R^2 \Delta\theta^2 + R^2 \sin^2 \theta \, \Delta\phi^2$$
$$= R^2 (\Delta x^1)^2 + R^2 \sin^2 x^1 (\Delta x^2)^2,$$

und der metrische Tensor

$$g_{\mu\nu} = \begin{pmatrix} R^2 & 0 \\ 0 & R^2 \sin^2 x^1 \end{pmatrix}. \tag{4.3.4}$$

Wir überprüfen nun die Flachheit, indem wir neue Koordinaten $x^{1'}$ und $x^{2'}$ suchen, die Funktionen von x^1 und x^2 (also von θ und ϕ) sind; als Funktion von $x^{1'}$ und $x^{2'}$ muß der Abstand dann die kartesische Form

$$(\Delta x^{1'})^2 + (\Delta x^{2'})^2$$

annehmen. Aber auch wenn wir uns sehr bemühen, können wir eine solche Transformation nicht finden, und es scheint, daß die metrischen Eigenschaften einer Kugelfläche sich wesentlich von denen einer Ebene unterscheiden und die Form für Δs^2 nicht einfach dir Folge einer ungeschickten Koordinatenwahl ist.

Dies ist jedoch noch lange kein Beweis. Wie können wir aus dem metrischen Tensor allein ableiten, daß es nicht doch eine verzwickte Transformation gibt, die das Gewünschte leistet und eine Kugelfläche auf eine Ebene reduziert? Die Antwort wurde von Gauß gegeben, der den Umfang eines Kreises mit Radius a berechnete und so die Krümmung K in einem beliebigen Koordinatensystem als Funktion der Komponenten $g_{\mu\nu}$ des metrischen Tensors erhielt. Bevor wir die Gaußsche Krümmungsformel aufschreiben, schikken wir zwei Bemerkungen voran: erstens ist es trivial, eine Transformation für $\Delta s^2 = \Delta x^2 + \Delta y^2$ zu finden, wenn die $g_{\mu\nu}$ alle Konstanten sind. Deshalb bestimmt die räumliche Variation von $g_{\mu\nu}$ die Krümmung, und wir erwarten, daß die Gaußsche Formel *Ableitungen* der $g_{\mu\nu}$ nach x^1 und x^2 enthält. Zweitens läßt sich jedes $g_{\mu\nu}$ auf *Diagonalform* bringen, so daß $g_{12} = g_{21} = 0$; die Metrik heißt dann orthogonal, da die x^1- und x^2-Achsen sich rechtwinklig schneiden. Alle Metriken, mit denen wir es in der Relativitätstheorie und in der Kosmologie zu tun haben werden, sind orthogonal, deshalb schreiben wir die Gaußsche Formel für diesen Spezialfall, in dem nur g_{11} und g_{22} vorkommen. Die Formel ist dann

$$K = \frac{1}{2g_{11}g_{22}} \left\{ -\frac{\partial^2 g_{11}}{\partial(x^2)^2} - \frac{\partial^2 g_{22}}{\partial(x^1)^2} + \frac{1}{2g_{11}} \left[\frac{\partial g_{11}}{\partial x^1} \frac{\partial g_{22}}{\partial x^1} + \left(\frac{\partial g_{11}}{\partial x^2}\right)^2 \right] \right.$$
$$\left. + \frac{1}{2g_{22}} \left[\frac{\partial g_{11}}{\partial x^2} \frac{\partial g_{22}}{\partial x^2} + \left(\frac{\partial g_{22}}{\partial x^1}\right)^2 \right] \right\}. \tag{4.3.5}$$

Der Beweis wird in Anhang B geführt. Offensichtlich ist K gleich null, wenn $g_{\mu\nu}$ einer Ebene mit einem kartesischen Koordinatensystem entspricht, weil die $g_{\mu\nu}$ Konstanten sind. Die Rechnung bestätigt auch, daß K für eine Ebene mit Polarkoordinaten verschwindet, obwohl dann g_{22} von x^1 abhängt, so daß die Ableitungen nicht null sind. Das läßt vermuten, daß K, wie es durch (4.3.5) gegeben ist, *invariant* ist, wir also, ganz unabhängig vom Koordinatensystem, immer denselben Wert für K erhalten, der deshalb eine innere geometrische Eigenschaft der Fläche selbst darstellt. Gauß konnte dies beweisen und außerdem zeigen, daß K im wesentlichen die *einzige* Invariante der Oberfläche ist, die sich aus Ableitungen der $g_{\mu\nu}$ konstruieren läßt, die nicht höher sind als die zweite. (Alle diese Invarianten sind Funktionen von K.)

Wir kehren jetzt zur Kugeloberfläche zurück. Der metrische Tensor ist durch (4.3.4) gegeben und die Krümmungsformel (4.3.5) ergibt $K = 1/R^2$, wie wegen (4.3.2) zu erwarten war. Wir wissen jetzt also mit Sicherheit, daß die Kugel in sich gekrümmt ist. Nebenbei sei bemerkt, daß es durchaus Flächen gibt, deren Krümmung sich von Punkt zu Punkt ändert - die Invarianz von K bedeutet, daß der Wert *an jedem Punkt* unabhängig von den Koordinaten ist, nicht, daß der Wert an allen Punkten gleich ist.

Wenn wir die Krümmung von Räumen mit Dimensionen größer als 2 betrachten, versagt unsere Anschauung, weil die "Einbettungsräume" mehr als drei Dimensionen haben, und die können wir uns nicht vorstellen. Dann kommen die "inneren" Methoden zum Einsatz, solche also, die die Krümmung ohne einen Einbettungsraum untersuchen. Wir können zum Beispiel die Winkel eines geodätischen Dreiecks im dreidimensionalen Raum messen; wenn sich die Summe von 180° unterscheidet, ist der Raum gekrümmt. Indem wir die Fläche zwischen den Dreiecksseiten mit Geodätischen füllen, definieren wir eine Fläche. Von einem Punkt auf dieser Fläche läßt sich sagen, er liege "auf" dem Dreieck. Aber er liegt auch auf unendlich vielen anderen Dreiecken, deren Flächen die erste schneiden (Abbildung 35). Das bedeutet, daß es in Räumen mit mehr als zwei Dimensionen nicht möglich ist, die Krümmung durch nur eine Funktion K zu definieren. Es stellt sich heraus, daß ein "Krümmungstensor" R_{ijkl} vierter Stufe nötig ist. Dieser wird, ähnlich zu K, als Funktion der Ableitungen des metrischen Tensors definiert. R_{ijkl} hat n^4 Komponenten in n Dimensionen, aber diese sind nicht alle unabhängig, weil es viele Symmetriebeziehungen gibt (z.B. $R_{ijkl} = R_{klij}$). In zwei Dimensionen gibt es gerade fünfzehn solche Beziehungen, so daß es nur eine ($= 2^4 - 15$) unabhängige Komponente gibt; sie ist natürlich K. Glücklicherweise brauchen wir für unsere Probleme in der Relativitätstheorie und Kosmologie nicht die allgemeine Theorie, weil wir Räume und Raumzeiten mit speziellen Symmetrien behandeln.

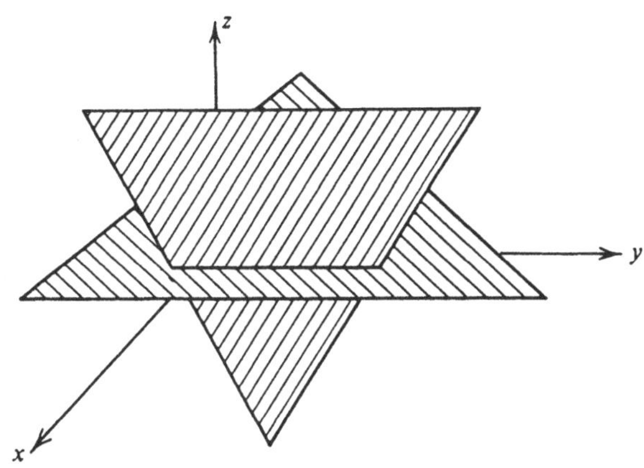

Abbildung 35. Zwei geodätische Flächen, die durch denselben Punkt gehen

Ein solcher symmetrischer Fall ist der dreidimensionale isotrope Raum mit konstanter Krümmung K. Wir berechnen seine Metrik $g_{\mu\nu}$ und auch den Flächeninhalt der "Hypersphären" dieses Raums; die Ergebnisse brauchen wir in Kapitel 6 bei der Entwicklung der relativistischen Kosmologie. Wir verwenden Polarkoordinaten r, θ, ϕ, die denen des euklidischen Raums ähneln. Die Radialkoordinate r bestimmt eine "hypersphärische" Fläche starrer Stäbe, deren Inhalt als $4\pi r^2$ *definiert* wird (im Fall einer zweidimensionalen gekrümmten Fläche ist die zu r analoge Koordinate das x in Abbildung 28). Auf dieser hypersphärischen Fläche ist r konstant; die Ortskoordinaten sind θ und ϕ. Die Metrik dieses zweidimensionalen Unterraums ist durch die "Kugel"formel (4.3.4) gegeben, da

$$\Delta s^2_{(r=\text{const.})} = r^2\,\Delta\theta^2 + r^2\sin^2\theta\,\Delta\phi^2.$$

Eine Folge konzentrischer "r-Sphären", von denen jede aus starren Stäben besteht, definiert die Koordinaten im ganzen dreidimensionalen Raum. Aber - und das ist sehr wichtig - r ist *nicht* der wirkliche Radius jeder Kugel, weil der Raum gekrümmt ist. Wenn wir ein Maßband zwischen dem Ursprung und der Oberfläche der r-Kugel spannten, wäre seine Länge nicht r. Um das zu berücksichtigen, schreiben wir die Metrik als

$$\blacktriangleright \qquad \Delta s^2 = f(r)\,\Delta r^2 + r^2\Delta\theta^2 + r^2\sin^2\theta\,\Delta\phi^2, \qquad\qquad (4.3.6)$$

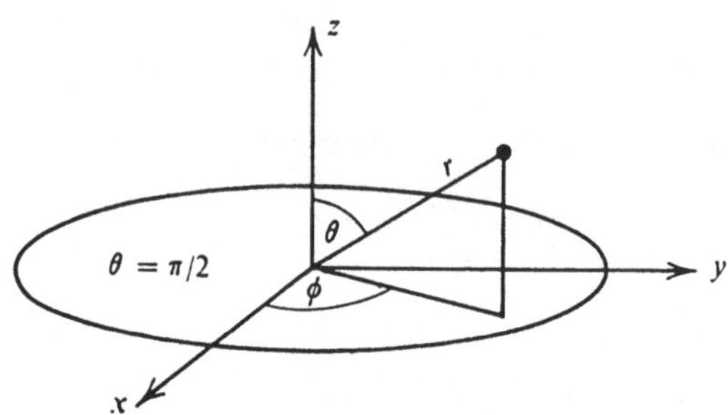

Abbildung 36. "Äquatorial"fläche

wobei $(\sqrt{f(r)})\Delta r$ der Eigenabstand zwischen benachbarten Punkten (r, θ, ϕ) und $(r + \Delta r, \theta, \phi)$ auf demselben Radius ist und die letzten beiden Ausdrücke die Isotropie des Raums beschreiben.

Um $f(r)$ zu finden, machen wir uns klar, daß in unserem symmetrischen Raum alle geodätischen Flächen dieselbe Krümmung K haben müssen. Wir wählen die "Äquator"fläche $\theta = \pi/2$ (Abbildung 36). Dann ist $\Delta\theta = 0$ und

$$\blacktriangleright \qquad \Delta s^2_{(\theta=\pi/2)} = f(r)\,\Delta r^2 + r^2\Delta\phi^2. \qquad (4.3.7)$$

Auf dieser Fläche haben wir die Koordinaten $x^1 = r$, $x^2 = \phi$ und eine Metrik

$$g_{\mu\nu} = \begin{pmatrix} f(x^1) & 0 \\ 0 & (x^1)^2 \end{pmatrix}, \quad \text{i.e.} \quad g_{11} = f(x^1), \ g_{22} = (x^1)^2.$$

Die Krümmung läßt sich nach der Gaußschen Formel (4.3.5) berechnen, die

$$K = \frac{\mathrm{d}f(x^1)/\mathrm{d}x^1}{2f^2(x^1)\,x^1}.$$

ergibt. Da K konstant ist, läßt sich diese Differentialgleichung für die unbekannte Funktion $f(x^1)$ leicht wie folgt lösen:

$$\frac{\mathrm{d}f(x^1)/\mathrm{d}x^1}{f^2(x^1)} = -\frac{\mathrm{d}}{\mathrm{d}x^1}\left(\frac{1}{f(x^1)}\right) = 2Kx^1,$$

Deshalb ist

$$1/f(x^1) = C - K(x^1)^2,$$

also
$$f(x^1) = 1/(C - K(x^1)^2).$$

C ist eine Integrationskonstante, die wir aus der Grenzbedingung berechnen können, daß sich $r(= x^1)$ in einer Ebene ($K = 0$) auf den ganz gewöhnlichen radialen Abstand reduzieren sollte. Da für $K = 0$ also $f = 1$ gilt, ist $C = 1$. Die Metrik ist daher in diesem Raum mit konstanter Krümmung schließlich

$$\blacktriangleright \qquad \Delta s^2 = \Delta r^2/(1 - Kr^2) + r^2 \Delta\theta^2 + r^2 \sin^2\theta \, \Delta\phi^2. \qquad (4.3.8)$$

Der Flächeninhalt A der r-Kugel ist nach Definition $4\pi r^2$, und der Eigenradius ist $a(r)$, gegeben durch

$$a(r) = \int_0^{a(r)} ds = \int_0^r \frac{dr}{\sqrt{(1 - Kr^2)}} = \frac{1}{\sqrt{K}} \arcsin(r\sqrt{K}),$$

so daß

$$r = \frac{1}{\sqrt{K}} \sin(a\sqrt{K}),$$

und die Beziehung zwischen Fläche und Eigenradius für diese Hypersphären durch

$$\blacktriangleright \qquad A = \frac{4\pi}{K} \sin^2(a\sqrt{K}). \qquad (4.3.9)$$

gegeben ist.

Für kleine Kugeln ($a \ll 1/\sqrt{K}$) entspricht die Fläche A dem euklidischen Wert $4\pi a^2$. Wenn a anwächst, weicht A von dem euklidischen Wert in einer Weise ab, die von dem Vorzeichen von K abhängt. Wenn K negativ ist, können wir (4.3.9) in der Form

$$\blacktriangleright \qquad A = \frac{4\pi}{|K|} \sinh^2(a\sqrt{|K|}) \quad (K = -|K|) \qquad (4.3.10)$$

schreiben, und das zeigt, daß die Fläche schneller anwächst als in der Ebene und mit dem Radius gegen unendlich strebt. Wenn der Raum jedoch positiv gekrümmt ist, zeigt (4.3.9), daß A langsamer anwächst als $4\pi a^2$ und einen Maximalwert

$$\blacktriangleright \qquad A_{max} = \frac{4\pi}{K} \quad (K > 0, a = \pi/2\sqrt{K}) \qquad (4.3.11)$$

erreicht. Wenn der Eigenradius a weiter wächst, nimmt A ab; er wird null, wenn $a = \pi/\sqrt{K}$. Dieser Raum mit positiver Krümmung ist also *geschlossen*, und das periodische Verhalten von A, wie es durch die Formel (4.3.9) bestimmt ist, entspricht aufeinanderfolgenden Umläufen. Die Situation ist der in (4.3.1) beschriebenen analog, nämlich dem Verhalten des *Umfangs von Kreisen* mit verschiedenem Eigenradius a auf einer *Fläche* konstanter Krümmung $1/R^2$ (siehe Abbildung 28); wenn der Ursprung O des Raumes dem Nordpol der Kugel entspricht, entspricht die Oberfläche der Hypersphäre mit Eigenradius $a = \pi/2\sqrt{K}$ dem Äquator, und die Hypersphäre mit verschwindendem Flächeninhalt mit Eigenradius $a = \pi/\sqrt{K}$ entspricht dem Südpol der Kugel.

4.4   Krümmung und Gravitation

Die Raumzeit ist in der Nähe schwerer Massen gekrümmt. Um das zu zeigen, betrachten wir die Metrik (4.1.3) der speziellen Relativitätstheorie. Diese Raumzeit ist flach, weil die Komponenten g_{ij} des metrischen Tensors Konstanten sind. Wir wissen jedoch, daß diese Formel nur in einem Inertialsystem gilt, und daß es unmöglich ist, eine Raumzeit in einem inhomogenen Schwerefeld mit einem solchen Bezugssystem zu überdecken. Es existieren nur *lokale* Inertialsysteme, so daß die Raumzeit im kleinen Maßstab flach erscheint. Diese Aussage ist genau analog zu der Aussage, daß alle Flächen lokal nahezu eben sind ($C \rightarrow 2\pi a$ da $a \rightarrow 0$ usw.). Im Großen jedoch gibt es kein Bezugssystem - kein Koordinatensystem - in dem das Intervall die Form (4.1.3) der speziellen Relativitätstheorie hat. Deshalb ist die Raumzeit im allgemeinen nicht flach.

Die Materie "krümmt" die Raumzeit in ihrer Nähe so, wie etwa ein Gewicht eine Gummimembran krümmt (Abbildung 37). Die Weltlinien von Planeten usw. sind in dieser gekrümmten Raumzeit Geodätische. Die genaue Beziehung zwischen schwerer Masse und Raumkrümmung findet ihren Ausdruck in den *Einsteinschen Feldgleichungen*. Diese besagen, daß ein bestimmter Tensor, der die Massenverteilung beschreibt (die stetig sein kann oder auch in einzelnen Massen konzentriert), gleich einem Tensor ist, der die Krümmung der Raumzeit beschreibt. Beide Tensoren sind im wesentlichen eindeutig bestimmt, so daß die Feldgleichungen eine sehr natürliche Beschreibung der Gravitationswirkung der Materie darstellen, und sie sind allgemein kovariant. Schließlich beantworten sie die in Abschnitt 4.2 gestellte Frage, was den metrischen Tensor g_{ij} bestimmt; er ergibt sich durch die Lösung der Feldgleichungen bei Vorhandensein einer bestimmten Materieverteilung, da der Krümmungstensor die Funktionen g_{ij} enthält.

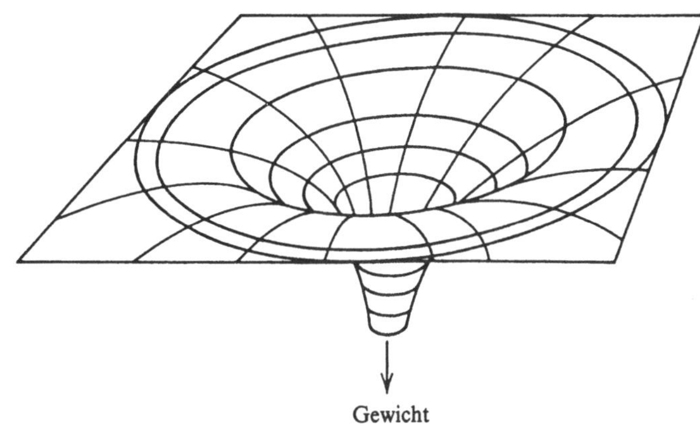

Abbildung 37. Eine Gummimembran als Modell einer durch Materie gekrümmten Raumzeit

Die Feldgleichungen sind sehr überzeugend und elegant. Wir brauchen sie nicht in ihrer vollen Allgemeinheit. Deshalb stellen wir hier eine Überlegung an, die in einem einfachen Fall den Zusammenhang zwischen Materie und Krümmung aufweist: Wir betrachten die Umgebung einer Punktmasse M (hier ist die aktive schwere Masse gemeint). Die Raumzeit ist dann gekrümmt, und wir können bei einer einfachen Koordinatisierung mittels Uhren und Maßstäben sehen, daß die Krümmung zwei Aspekte hat: Die Gravitation bewirkt, wie in Abschnitt 3.6 behandelt, eine Zeitverzerrung, und der dreidimensionale Raum ist zusätzlich gekrümmt. Im nächsten Abschnitt werden wir all diese Wirkungen zusammenfassen und den ganzen Tensor g_{ij} erhalten; hier befassen wir uns nur mit der räumlichen Krümmung. Wieder verwenden wir Koordinaten r, θ, ϕ, wobei die Kugel mit Radius r aus starren Stäben besteht und die Fläche $4\pi r^2$ hat. Die Masse M befindet sich im Ursprung O. Der Raum muß in bezug auf O isotrop sein, weil keine Richtung ausgezeichnet ist; alle geodätischen Flächen durch O sind also äquivalent. Das bedeutet, daß der Raum durch die innere Krümmung einer jeden solchen Fläche bestimmt ist. Sie ist eine Funktion $K(r)$ der Radialkoordinate r, weil wir in diesem Fall keine konstante Krümmung haben. In großer Entfernung von O muß der Raum flach sein, also

$$K(r) \to 0 \quad \text{für} \quad r \to \infty.$$

Wir fragen jetzt: Was ist die einfachste mögliche Form für $K(r)$? Da die

Krümmung durch die Masse M erzeugt wird, nehmen wir an, daß K zu M proportional ist. Da K für große r verschwinden muß, nehmen wir an, daß K wie eine Potenz abfällt, also proportional zu r^n ist, wobei das n noch zu bestimmen ist. K hat nun die Dimension (Länge)$^{-2}$ und keine Kombination der Form Mr^n hat diese Dimension. Wir erwarten jedoch, daß die Gravitationskonstante G in einer Formel für K vorkommen muß und möglicherweise auch die Lichtgeschwindigkeit c. Deshalb setzen wir

$$K(r) = qMG^l c^m r^{-n}$$

als Krümmungsgesetz an, wobei q eine dimensionslose Konstante ist und l, m und n noch zu bestimmende Indizes. Aus Dimensionsbetrachtungen folgt, daß nur 1, -2 und 3 als Werte für l, m und n in Frage kommen. Das läßt q übrig. Ist es positiv oder negativ? Nehmen wir die Analogie mit der Gummimembran ernst. Die Fläche ist durch das Gewicht negativ gekrümmt (Abbildung 37), deshalb ist die einfachste Wahl $q = -1$. Dann lautet unser Gravitationsgesetz, wenn es "möglichst einfach" sein soll:

$$\blacktriangleright \qquad K(r) = -GM/c^2 r^3. \tag{4.4.1}$$

Wir können uns kompliziertere Gesetze vorstellen, zum Beispiel

$$K(r) = -(GM/c^2)^2 \exp\left(-rc^2/GM\right)/r^4.$$

Unser Gesetz (4.4.1) ist jedoch das, was sich streng aus den Einsteinschen Feldgleichungen ergibt (das ist nicht überraschend, weil auch diese Gesetze so "möglichst einfach" sind). Die Überlegung, die zu $q = -1$ führt, ist wenig überzeugend, aber wir werden das Ergebnis trotzdem versuchsweise bald verwenden; eine bessere Begründung wäre, q durch die Forderung festzulegen, daß dynamische Gleichungen im Newtonschen Grenzwert korrekt sein sollen (Abschnitt 5.3).

Die durch (4.4.1) vorhergesagte Raumkrümmung ist im Vergleich mit der Krümmung der Kugel mit Radius r gewöhnlich sehr klein, wie die folgenden Werte zeigen. Auf der Sonnenoberfläche gilt

$$\left|\frac{K(R_\odot)}{1/R_\odot^2}\right| = \frac{M_\odot G}{c^2 R_\odot} = 2{,}12 \cdot 10^{-6},$$

auf der Erdoberfläche

$$\left|\frac{K(R_\oplus)}{1/R_\oplus^2}\right| = \frac{M_\oplus G}{c^2 R_\oplus} = 6{,}97 \cdot 10^{-10}$$

Angesichts des zweiten Ergebnisses überrascht es wenig, daß es Gauß nicht gelang, durch Vermessung eines aus drei Berggipfel gebildeten Dreiecks zu zeigen, daß der Raum nicht-euklidisch ist.

Wir müssen jetzt betonen, daß das Ergebnis (4.4.1) einen Spezialfall beschreibt: die statische Raumkrümmung in der Nähe einer isolierten Masse. Bei kosmologischen Anwendungen, wo bewegte Materie stetig verteilt ist, gilt die Formel nicht; wir werden jedoch in Abschnitt 7.1 zeigen, daß Überlegungen, die den hier verwendeten ähnlich sind, die Krümmung von kosmologisch interessanten Raumzeiten zu bestimmen erlauben. (4.4.1) gilt auch nicht für Gravitationswellen. Das sind wellenförmige, oft periodische Verzerrungen der Raumzeitmetrik g_{ij}, die weder isotrop noch statisch sind. Die einfache, auf der elektromagnetischen Analogie beruhende Behandlung von Abschnitt 3.4 machte die Näherung, die Gravitation als ein *Vektorfeld* (Beschleunigung g) und nicht als ein *Tensorfeld* (Metrik g_{ij}) zu behandeln.

Die Beziehung zwischen dem metrischen Tensor g_{ij} und der Materieverteilung vervollständigt die logische Struktur der allgemeinen Relativitätstheorie. Wenn die g_{ij} bekannt sind, können die Geodätischen berechnet und die Bahnen von Teilchen und Lichtstrahlen verhergesagt und mit dem Experiment verglichen werden. In Kapitel 5 beschreiben wir, wie die allgemeine Relativitätstheorie bis jetzt überprüft wurde. Damit ist dann der Weg frei für kosmologische Anwendungen der Relativitätstheorie, womit Kapitel 6 beginnt.

5 Anwendungen der allgemeinen Relativitätstheorie auf die Umgebung massereicher Körper

5.1 Die Raumzeit in der Umgebung einer isolierten Masse

In der Nähe eines isolierten Körpers der Masse M (z.B. der Sonne) ist die Raumzeit gekrümmt. Die Weltlinien von Teilchen und Lichtstrahlen im Feld von M sind Geodätische; um sie zu finden, ist es nötig, den metrischen Tensor g_{ij} in einem geeigneten Koordinatensystem x^i zu kennen. Wir wählen x^0 als die Zeitvariable t und x^1, x^2, x^3 als die schon eingeführten Polarkoordinaten, mit M im Ursprung O. So haben wir eine Reihe konzentrischer Kugeln mit Radius r und Fläche $4\pi r^2$, die jede aus starren, zu einem Gitter angeordneten Stäben bestehen, die den Längen- und Breitenwinkeln θ und ϕ entsprechen, und an deren Schnittstellen jeweils gleichartige Uhren stehen. Für M gleich Null wäre die Metrik

$$\Delta\tau^2 = \Delta t^2 - (\Delta r^2 + r^2\Delta\theta^2 + r^2\sin^2\theta\,\Delta\phi^2)/c^2,$$

wie in der speziellen Relativitätstheorie (vgl. (4.1.3)). Wenn wir jetzt die Masse M "einschalten", passiert zweierlei: Der Raum wird gekrümmt, so daß die Kugeln nicht mehr den Eigenabstand r von O haben, und die Uhren jeder Kugel laufen, von anderen Kugeln aus gesehen, nicht mehr gleich schnell. Um diesen Wirkungen Rechnung zu tragen, schreiben wir das Intervall als

$$\blacktriangleright \qquad \Delta\tau^2 = e(r)\,\Delta t^2 - (f(r)\,\Delta r^2 + r^2\Delta\theta^2 + r^2\sin^2\theta\,\Delta\phi^2)/c^2; \qquad (5.1.1)$$

$e(r)$ und $f(r)$ sind noch zu bestimmende Funktionen, die den Grenzbedingungen unterliegen, daß die Raumzeit in großer Entfernung von M flach ist, also

$$e(\infty) = f(\infty) = 1$$

gilt.

Durch Lösen der Einsteinschen Feldgleichungen ergibt sich die Funktion $e(r)$ als

$$e(r) = 1 - 2GM/c^2r.$$

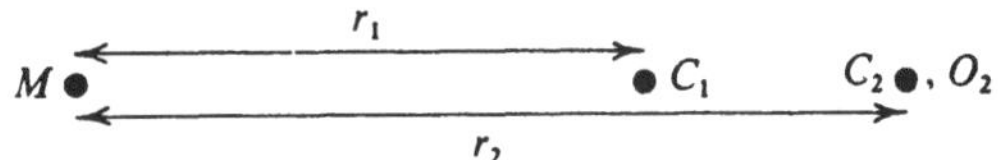

Abbildung 38. Uhren in der Schwarzschild-Raumzeit

Wir können dieses Ergebnis mit unseren vereinfachten Methoden nicht streng beweisen, wohl aber durch die folgende Betrachtung von *Zeitmessungen* in der Nähe der Masse M plausibel machen. Ein Beobachter O_2 mit einer Uhr C_2 am Ort (r_2, θ, ϕ) (Abbildung 38) empfange Licht von einer gleichartigen Uhr C_1 bei $(r_1(<r_2), \theta, \phi)$. (Jedes Ticken von C_1 könnte zum Beispiel von einem Lichtblitz begleitet sein, oder C_1 könnte eine Atomuhr sein, die Strahlung ausschickt, deren Wellenberge jeweils einem "Tick" entsprechen.) O_2 liest dann auf C_1 nicht dieselbe Zeit ab wie auf seiner eigenen Uhr C_2, und das ist auch nicht zu erwarten, weil er weiß, daß das Licht Zeit braucht, um von C_1 zu ihm zu kommen. Aber wegen der Zeitverzögerung der Gravitation sieht er nicht einmal, daß C_1 genau so tickt wie C_2. Vielmehr sieht er C_1 langsamer laufen, und wenn C_2 anzeigt, daß eine Stunde vergangen ist, sehen wir aus der Gleichung (3.6.4), daß O_2 auf C_1 (in einem gewissen Abstand) nur das Verstreichen von

$$[1 - (GM/c^2r_1 - GM/c^2r_2)] \text{ Stunden}$$

beobachtet. O_2 sieht also, wie seine eigene Uhr sich immer mehr von C_1 unterscheidet. Für eine Zeitkoordinate ist das eine unerwünschte Eigenschaft; wir wünschen, daß der Beobachter draußen die Uhr des anderen immer um den gleichen Betrag nachgehen sieht, um einen Betrag, der der Zeit entspricht, die das Licht braucht, um zu ihm zu kommen. Nur dann ist die Raumzeit statisch in dem Sinn, daß die Metrik unabhängig von t ist.

Um das zu erreichen, vergrößern wir die Perioden aller Uhren auf der r-Kugel um den Dopplerfaktor

$$[1 - (GM/c^2r)]^{-1}.$$

Dann scheinen alle Uhren genau so schnell zu gehen wie die Uhren im Unendlichen, die ungestört mit ihrer Eigenperiode laufen; zudem gehen dann für jeden Beobachter alle anderen Uhren genau so schnell wie seine eigene. Das Ergebnis ist allgemein und gilt für alle Paare von Uhren, selbst für solche, die nicht dieselben θ- und ϕ-Koordinaten haben. Die Umstellung der Uhren hat zur Folge, daß eine abgelesene Zeitdifferenz Δt einer kleineren Eigenzeit

$\Delta\tau$ der Uhr entspricht, nämlich

$$\Delta\tau = (1 - GM/c^2r)\,\Delta t, \quad \text{i.e. } \Delta\tau^2 = (1 - 2GM/c^2r)\,\Delta t^2,$$

wobei wir in der zweiten Gleichung einen Term $(GM/c^2r)^2$ vernachlässigt haben. Auf der Weltlinie einer Uhr gilt $\Delta r = \Delta\theta = \Delta\phi = 0$, so daß wir auch Δr^2 aus der Metrik (5.1.1) erhalten können; damit erweist sich $e(r)$ als

$$e(r) = 1 - 2GM/c^2r.$$

Das ist genau die vorher angegebene exakte Lösung; als wir nämlich $(GM/c^2r)^2$ vernachlässigten, hob sich damit eine frühere Näherung auf, die dadurch hineingekommen war, daß wir bei der ursprünglichen Ableitung der Zeitverzögerung (3.6.4) die Newtonsche Formel für die "Arbeit" verwendet hatten.

Um $f(r)$ zu finden, verwenden wir die Gaußsche Formel (4.3.5) für die Krümmung $K(r)$ des zweidimensionalen Teilraums $\Delta\theta = \Delta t = 0$, $\theta = \pi/2$ und die Formel (4.4.1), die "möglichst einfach" die Schwerkraft beschreibt. Das ergibt

$$K(r) = \frac{df(r)}{dr} \Big/ 2rf^2(r) = -GM/c^2r^3.$$

Durch Integration erhalten wir

$$-1/f = 2GM/c^2r + \text{const.} = 2GM/c^2r - 1,$$

wobei die Konstante durch die Bedingung $f(\infty) = 1$ bestimmt wird. Damit ist

$$f(r) = \frac{1}{1 - 2GM/c^2r}.$$

Wir können jetzt die vollständige Metrik hinschreiben:

$$\blacktriangleright \quad \Delta\tau^2 = (1 - 2GM/c^2r)\,\Delta t^2$$

$$-\frac{1}{c^2}\left(\frac{\Delta r^2}{1 - 2GM/c^2r} + r^2\,\Delta\theta^2 + r^2\sin^2\theta\,\Delta\phi^2\right). \tag{5.1.2}$$

Dies ist die sogenannte "Schwarzschildmetrik", benannt nach Karl Schwarzschild, der sie 1916 streng aus den Einsteinschen Feldgleichungen ableitete.

Der entsprechende metrische Tensor ist

$$\blacktriangleright \quad g_{ij} = \begin{pmatrix} 1-2GM/c^2r & 0 & 0 & 0 \\ 0 & -\dfrac{1/c^2}{1-2GM/c^2r} & 0 & 0 \\ 0 & 0 & -r^2/c^2 & 0 \\ 0 & 0 & 0 & -\dfrac{r^2\sin^2\theta}{c^2} \end{pmatrix}.$$

$$(5.1.3)$$

Diese Beziehungen ermöglichen es, das Verhalten von Probekörpern, Lichtstrahlen und Uhren vorherzusagen, so daß die allgemeine Relativitätstheorie überprüft werden kann. Wir beschreiben einige dieser Experimente in den nächsten Abschnitten. Die Masse M beziehen wir dabei immer auf die Sonne, die Erde oder (in Abschnitt 5.6) auf massereiche Sterne.

5.2   Mit Uhren rund um die Welt

Wir betrachten zwei genau gleiche Uhren A und B, die zunächst synchronisiert sind, also die gleiche Zeit anzeigen und gleich schnell gehen, und auf der Erde ruhen. A bleibt in Ruhe, während B in einer Höhe h in einem Flugzeug, dessen Geschwindigkeit in Bezug auf die Erde v ist, um die Erde herum fliegt (Abbildung 39). Nach der Umkreisung wird A mit B, also die auf A verstrichene Eigenzeit τ_A mit der auf B verstrichenen Eigenzeit τ_B verglichen. Wir erwarten nicht, daß τ_A und τ_B gleich sind, weil A und B zwischen dem ersten Ereignis S (Synchronisation) und dem letzten V (Vergleich) auf verschiedenen Bahnen gelaufen sind.

Zur Berechnung von τ_A und τ_B benutzen wir die Schwarzschildmetrik (5.1.2), nehmen der Einfachheit halber an, die Umkreisung geschehe am Äquator und berücksichtigen, daß sich die Erde mit einer Winkelgeschwindigkeit Ω relativ zu dem lokalen Inertialsystem dreht, in das sie eingebettet ist (also einem System, das im Feld der Sonne frei fällt). Für A haben wir dann $r = R_\oplus$, $\Delta r = 0$, $\Delta\theta = 0$, $\theta = \pi/2$. Also ist

$$\tau_A = \int \Delta\tau_A = \int \sqrt{[(1-2GM_\oplus/c^2R_\oplus)\,\Delta t^2 - R_\oplus^2\,\Delta\phi^2/c^2]}.$$

Nun ist die Geschwindigkeit von A relativ zum lokalen Inertialsystem

$$R_\oplus\Omega_\oplus = R_\oplus(d\phi/dt),$$

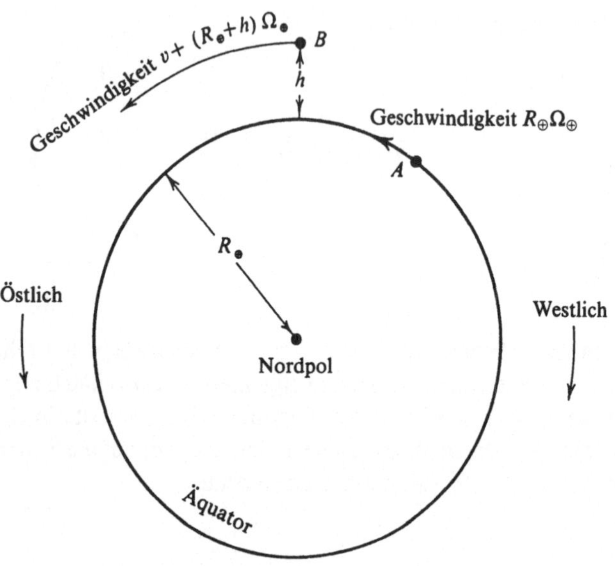

Abbildung 39. Uhren, die die Erde (A) an der Oberfläche, (B) in einem Flugzeug umlaufen

so daß

$$\tau_A = \int_0^t dt \sqrt{[(1 - 2GM_\oplus/c^2 R_\oplus) - R_\oplus^2\,\Omega_\oplus^2/c^2]}$$

$$= t\sqrt{(1 - 2GM_\oplus/c^2 R_\oplus - R_\oplus^2\,\Omega_\oplus^2/c^2)},$$

wobei t die Koordinatenzeit zwischen den Ereignissen S und V ist.

Uhr B muß auf die Höhe h hinauf und später von ihr hinunter gebracht werden; wir vernachlässigen die entsprechenden Zeitspannen (die wir beliebig klein halten können, wenn wir die Umkreisung beliebig oft wiederholen) und schreiben

$$\tau_B = \int \sqrt{[1 - 2GM_\oplus/c^2(R_\oplus + h) - (R_\oplus + h)^2(\Delta\phi/\Delta t)^2/c^2]}\,\Delta t.$$

Die Koordinatengeschwindigkeit von B ist

$$(R_\oplus + h)\,(\Delta\phi/\Delta t) \approx (R_\oplus + h)\,\Omega_\oplus + v,$$

wobei die Gleichheit nur näherungsweise gilt, weil wir die relativistische Korrektur zur Geschwindigkeitsadditionsformel vernachlässigt haben. Ein

Tabelle 2

Umlaufrichtung	$\tau_B - \tau_A$ (Nanosekunden)			
	Experiment		Theorie	
westlich	273	7	275	21
östlich	-59	10	-40	23

positives v bezieht sich auf Bewegung nach Osten (also mit der Erde). Damit gilt

$$\tau_B = t\sqrt{\{1 - 2GM_\oplus/c^2(R_\oplus + h) - [(R_\oplus + h)\,\Omega_\oplus + v]^2/c^2\}}\,,$$

wobei t wieder die Koordinatenzeit zwischen S und V ist.

Jetzt können wir den "Zeitunterschied" δ berechnen, der als

$$\delta \equiv (\tau_B - \tau_A)/\tau_A$$

definiert ist. Die Koordinatenzeit t hebt sich auf, und wir können zudem die Quadratwurzel vereinfachen, weil

$$GM_\oplus/c^2 R_\oplus \ll 1,\ h/R_\oplus \ll 1,\ v^2/c^2 \ll 1,\ h\Omega_\oplus/v \ll 1.$$

In erster Näherung erhalten wir für diese vier kleinen Größen

$$\blacktriangleright \qquad \delta = gh/c^2 - (2R_\oplus\,\Omega_\oplus + v)\,v/2c^2, \qquad\qquad (5.2.1)$$

wobei

$$g = GM_\oplus/R_\oplus^2 = 9{,}81\ \mathrm{m\ s^{-2}}.$$

Der Zeitunterschied ist sehr klein: Wenn wir $h = 10^4$ m setzen und eine normale Fluggeschwindigkeit von $v = 300$ m s^{-1} annnehmen, erhalten wir

$$\delta_{\substack{\text{westlich}\\(v<0)}} = 2{,}1\cdot 10^{-12} \ \text{und} \ \delta_{\substack{\text{östlich}\\(v>0)}} = -1{,}0\cdot 10^{-12}.$$

Die Genauigkeit moderner Cäsiumuhren beträgt etwa 10^{-13}, so daß der Effekt beobachtbar ist. Hafele und Keating flogen 1971 mit Linienflugzeugen in östlicher und westlicher Richtung um die Welt, wobei sie Cäsiumuhren mitführten, die sie später mit Uhren verglichen, die im US Naval Observatorium in Washington geblieben waren. Sie rechneten nicht genau mit Formel (5.2.1) für δ, weil ihre Flüge nicht um den Äquator führten. Die Theorie ist jedoch im wesentlichen dieselbe, und die Ergebnisse stellen, wie Tabelle 2 zeigt, eine erfolgreiche direkte Prüfung der Abhängigkeit des Ereignisintervalls von der sie verbindenden Weltlinie dar und lösen damit das "Zwillingsparadoxon" eindeutig im Sinn Einsteins. Diese Meßergebnisse bestätigen ebenfalls die Formel für die Schwarzschildmetrik (5.1.2).

5.3 Das Vorrücken des Merkurperihels

In diesem Abschnitt berechnen wir $\Delta\phi^{100}$, den relativistischen Anteil der Präzession der Planetenbahnen in hundert Jahren; sie wurde in Abschnitt 3.2 als eine Abweichung von den Vorhersagen der Newtonschen Mechanik eingeführt. Die Bewegung eines Planeten wird von der allgemeinen Relativitätstheorie als eine zeitartige Geodätische in der die Sonne umgebenden Schwarzschildschen Raumzeit beschrieben. Wegen der räumlichen Kugelsymmetrie bleibt die Planetenbahn genau wie in der Newtonschen Mechanik in der Ebene durch die Anfangsrichtung und die Sonne. Deshalb können wir ohne Einschränkung der Allgemeinheit die Bewegung zu Beginn in die Äquatorebene $\theta = \pi/2$ legen. Die Weltlinie wird dann durch die drei Funktionen $t(\phi)$, $r(\tau)$ und $\phi(\tau)$ festgelegt, die (vgl. Abschnitt 4.2) durch das Geodätengesetz

$$
\blacktriangleright \qquad \tau_{AB} = \int_{\tau_A}^{\tau_B} \mathrm{d}\tau \sqrt{\left(g_{ij} \frac{\mathrm{d}x^i}{\mathrm{d}\tau} \frac{\mathrm{d}x^j}{\mathrm{d}\tau} \right)}
$$

$$
= \int_{\tau_A}^{\tau_B} \mathrm{d}\tau \sqrt{\left[\left(1 - \frac{2GM}{c^2 r}\right) t'^2 - \frac{1}{c^2} \left(\frac{r'^2}{1 - 2GM/c^2 r} + r^2 \phi'^2 \right) \right]}
$$

$$
= \text{Extremum.} \tag{5.3.1}
$$

bestimmt sind, wobei A und B zwei beliebige Ereignisse auf der Weltlinie des Planeten und t', r', ϕ' Abkürzungen für $\mathrm{d}t/\mathrm{d}\tau$, $\mathrm{d}r/\mathrm{d}\tau$ und $\mathrm{d}\phi/\mathrm{d}\tau$ sind.

Wir könnten aus dieser Bedingung drei Gleichungen gewinnen und damit $t(\tau), r(\tau)$ und $\phi(\tau)$ bestimmen; wir brauchen jedoch nur zwei herzuleiten, weil wir aus der grundlegenden Formel (4.1.9) für die Metrik wissen, daß

$$
\blacktriangleright \qquad g_{ij} \frac{\mathrm{d}x^i}{\mathrm{d}\tau} \frac{\mathrm{d}x^j}{\mathrm{d}\tau} = \left(1 - \frac{2GM}{c^2 r(\tau)}\right) [t'(\tau)]^2
$$

$$
- \frac{1}{c^2} \left[\frac{(r'(\tau))^2}{1 - 2GM/c^2 r(\tau)} + (r(\tau)\,\phi'(\tau))^2 \right] = 1 \tag{5.3.2}
$$

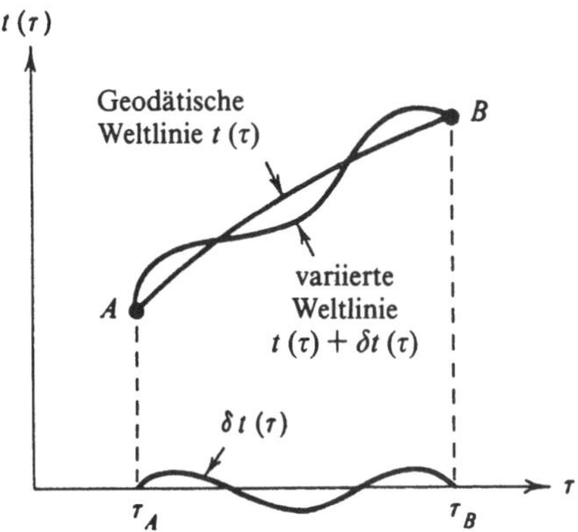

Abbildung 40. Geodätische und "variierte" Weltlinien zwischen Ereignissen

gilt.

Um aus den Bedingungen (5.3.1) für die Geodätischen "Bewegungsglei-chungen" zu gewinnen, stellen wir uns vor, die Weltlinie W des Planeten zwischen A und B unterscheide sich ein wenig von der wirklichen, geodä-tischen Weltlinie. Entlang dieser "variierten" Weltlinie ist das Intervall $\tau^W{}_{AB}$, und aus der Extrembedingung folgt

$$\delta\tau_{AB} \equiv \tau^W_{AB} - \tau_{AB} = 0.$$

Zuerst nehmen wir für W eine Weltlinie, die sich nur in der Zeit unterscheidet (Abbildung 40); wir nehmen also an, daß die Funktionen $r(\tau)$ und $\phi(\tau)$, die die Planetenbahn im Raum beschreiben, fest sind, daß aber die Zeit $t(\tau)$, zu der der Planet verschiedene Punkte seiner Bahn erreicht, sich so ändert, daß

$$t(\tau) \rightarrow t(\tau) + \delta t(\tau)$$

ist, wobei $\delta t(\tau)$ eine beliebige kleine Funktion von τ ist, die bei A und B verschwindet. Zur Vereinfachung bezeichnen wir die in (5.3.1) vorkommende Quadratwurzel von $g_{ij}(dx^i/d\tau)(dx^j/d\tau)$ mit $f(\tau,t'(\tau))$. Dann haben wir

$$\delta\tau_{AB} = \int_{\tau_A}^{\tau_B} d\tau\,[f(\tau, t'(\tau) + \delta t'(\tau)) - f(\tau, t'(\tau))]$$

$$= \int_{\tau_A}^{\tau_B} d\tau \left[\frac{\partial f(\tau, t'(\tau))}{\partial t'}\right]\delta t'(\tau),$$

wobei wir die Tatsache benutzt haben, daß $\delta t(\tau)$ klein ist (genaugenommen ist es eine "erste Variation"). Jetzt integrieren wir partiell; der "integrierte" Term ist null (warum?), und wir erhalten

$$\delta\tau_{AB} = -\int_{\tau_A}^{\tau_B} d\tau \left[\frac{d}{d\tau} \cdot \frac{\partial f(\tau, t'(\tau))}{\partial t'} \right] \delta t(\tau) = 0.$$

Nun ist $\delta t(\tau)$ eine *beliebige* kleine Funktion, deshalb kann das Integral nur verschwinden, wenn

$$\frac{d}{d\tau} \frac{\partial f(\tau, t'(\tau))}{\partial t'} = 0, \quad \text{i.e.} \quad \frac{\partial f(\tau, t'(\tau))}{\partial t'} = \text{const.}$$

ist. Wenn wir den Ausdruck für f einsetzen und ausnutzen, daß der Wert eins ist (Gleichung (5.3.2)), erhalten wir schließlich die Bewegungsgleichung für $t(\tau)$, nämlich

$$\blacktriangleright \qquad (1 - 2GM/c^2 r(\tau))\, t'(\tau) = \text{const.} \equiv A. \tag{5.3.3}$$

In einer ganz analogen Überlegung können wir die Funktion $\phi(\tau)$ "variieren" und $t(\tau)$ und $r(\tau)$ festhalten; dadurch erhalten wir die Bewegungsgleichungen für $\phi(\tau)$, nämlich

$$\blacktriangleright \qquad r^2(\tau)\, \phi'(\tau) = \text{const.} \equiv B. \tag{5.3.4}$$

So haben wir drei Bewegungsgleichungen (5.3.2), (5.3.3) und (5.3.4) und können die Weltlinie eines Planeten beschreiben.

Jetzt lassen sich Beziehungen zu den analogen Gleichungen der Newtonschen Gravitationstheorie herstellen. In der Newtonschen Mechanik ist r eine gewöhnliche Radialkoordinate und zwischen t und τ gibt es keinen Unterschied. Mit diesen Ersetzungen beschreibt die ϕ-Gleichung (5.3.4) einfach die *Erhaltung des Drehimpulses*, der den Wert mB hat, wobei m die Masse des Planeten ist. Um das einzusehen, schreiben wir mB als

$$mB = mr^2\dot\phi = m\cdot r\cdot r\cdot r\dot\phi = \text{Masse·Abstand·Transversalgeschwindigkeit}$$

Um die Gleichung (5.3.2) interpretieren zu können, kombinieren wir sie mit (5.3.3) und stellen um; das ergibt

$$\blacktriangleright \qquad \tfrac{1}{2}[(r'(\tau))^2 + (r(\tau)\, \phi'(\tau))^2\, (1 - 2GM/c^2 r(\tau))] - GM/r(\tau)$$

$$= (A^2 - 1)\, c^2/2 \equiv \mathcal{E}. \tag{5.3.5}$$

Wir erkennen darin den *Energieerhaltungssatz*, und sauber davon getrennt den "allgemeinrelativistischen" Term $2GM/c^2r$, der im Newtonschen Grenzfall $c \to \infty$ verschwindet. Die Verbindung zur Newtonschen Theorie ist also, wie zu erwarten war, sehr eng. Die allgemeine Relativitätstheorie beruht jedoch auf ganz anderen begrifflichen Grundlagen: anstelle von träger, aktiver und passiver schwerer Masse, von Kräften und Beschleunigungen kennt sie nur eine aktive schwere Masse und Geodätische in der gekrümmten Raumzeit.

Wir kehren zur Berechnung der Bahnen zurück. Uns interessiert nicht, welche Zeit τ die Uhr auf dem Planeten bei dem Ereignis (t, r, ϕ) anzeigt, sondern nur, welche *Form* die Bahn *im Raum* hat. Deshalb möchten wir den Radius $r(\phi)$ als eine Funktion des Azimutwinkels ϕ ausdrücken. Wir erhalten $r(\phi)$ aus (5.3.5), wenn wir $r'(\tau)$ mit Hilfe der Beziehung

$$r'(\tau) = \frac{dr(\phi)}{d\phi}\, \phi'(\tau)$$

und $\phi'(\tau)$ mit Hilfe von (5.3.4) eliminieren. Das ergibt

$$\blacktriangleright \qquad \frac{B^2}{2r^2(\phi)}\left[\frac{(dr(\phi)/d\phi)^2}{r^2(\phi)} + 1 - 2GM/c^2r(\phi)\right] - GM/r(\phi) = \mathcal{E}, \qquad (5.3.6)$$

eine Gleichung, die die Familie der Bahnen $r(\phi)$ bestimmt, die durch die beiden Konstanten $\mathcal{E}$ und B festgelegt werden.

In der Newtonschen Mechanik $(c \to \infty)$ werden Bahnen mittels ihres Perihelabstands $r_{\min}$ und ihrer Exzentrizität e durch die Gleichung

$$\blacktriangleright \qquad r_N(\phi) = \frac{r_{\min}(1+e)}{1 + e\cos\phi} \qquad (5.3.7)$$

festgelegt. Wenn e kleiner ist als eins, sind die Bahnen beschränkt und elliptisch (Abbildung 41). Durch Einsetzen in (5.3.6) (mit $c \to \infty$) läßt sich leicht bestätigen, daß $r_{\min}$ und e mit $\mathcal{E}$ und B in der Beziehung

$$\blacktriangleright \qquad \begin{aligned} B^2 &= GMr_{\min}(1+e), \\ \mathcal{E} &= -GM(1-e)/2r_{\min} \end{aligned} \right\} \qquad (5.3.8)$$

stehen.

Uns interessiert die Korrektur der elliptischen Bahnen (5.3.7), die durch den relativistischen Term $2GM/c^2r(\phi)$ in (5.3.6) bewirkt wird. Beim Merkur beträgt der Wert dieses Terms nur etwa 10^{-7}, so daß lediglich die "Korrekturen erster Ordnung" der Newtonschen Bahn $r_N(\phi)$ berechnet zu werden brauchen. Wir schreiben die relativistische Bahn als

$$r(\phi) = r_{\min}(1+e)/(1 + e\cos\phi + \alpha(\phi)),$$

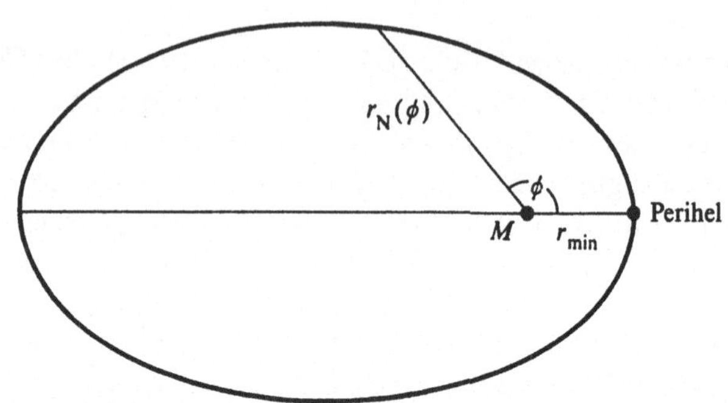

Abbildung 41. Bezeichnungen für eine Newtonsche Bahn

wobei $\alpha(\phi)$ eine kleine Funktion ist, die wir nur in erster Näherung brauchen. (Wir schreiben $\alpha(\phi)$ im Nenner als eine Korrektur zu $e \cos (\phi)$, weil der Term $\cos \phi$ in $r_N(\phi)$ die Newtonsche Bahn zu einer geschlossenen Kurve macht: wenn $\phi = 2n\pi$, ist $r_N(\phi)$ immer gleich dem Perihelabstand r_{min}.) Um $\alpha(\phi)$ zu finden, setzen wir in die genaue Bahngleichung (5.3.6) ein, wobei wir Terme der Größenordnung $\alpha^2(\phi)$, $(d\alpha/d\phi)^2$ usw. vernachlässigen. Das ergibt

$$\frac{B^2}{2\rho^2}\left[-2\frac{d\alpha}{d\phi} e \sin \phi + e^2 \sin^2 \phi + 1 + 2e \cos \phi + e^2 \cos^2 \phi \right.$$

$$\left. + 2\alpha(\phi)\,(1 + e \cos \phi) - \frac{2GM}{c^2\rho}(1 + e \cos \phi)^3 \right]$$

$$- \frac{GM}{\rho}(1 + e \cos \phi + \alpha(\phi)) = \mathscr{E},$$

wobei wir, der Einfachheit halber,

$$\rho \equiv r_{min}(1 + e)$$

geschrieben haben. Die "Glieder nullter Ordnung" sind jene, die weder $\alpha(\phi)$ noch $1/c^2$ enthalten. Wenn sie gleich null gesetzt werden, ergibt sich die schon bekannte Newtonsche Formel (5.3.8) für B^2 und $\mathscr{E}$. Das Verschwinden der Summe der übrigen "Glieder erster Ordnung" ergibt eine Gleichung für $\alpha(\phi)$, nämlich

$$- \frac{d\alpha(\phi)}{d\phi} e \sin \phi + \alpha(\phi)\, e \cos \phi = \frac{GM}{c^2\rho}(1 + e \cos \phi)^3.$$

Es läßt sich leicht bestätigen, daß die Lösung

$$\alpha(\phi) = \frac{GM}{c^2\rho}\left[(3+2e^2)+\frac{(1+3e^2)}{e}\cos\phi-e^2\cos^2\phi+3e\phi\sin\phi\right]$$

ist.

Die beiden ersten Glieder sind unwichtige Beiträge, wie sie schon im Nenner von $r_N(\phi)$ vorkommen; sie verändern nur die Interpretation von r_{min} und e ein wenig. Auch das dritte Glied ist unwichtig: es bewirkt eine kleine periodische Veränderung in der Lage des Perihels. Der wichtige Term ist der letzte, weil das Auftreten von ϕ allein (also nicht in einer periodischen Funktion) einen ständig wachsenden, "säkularen" Effekt darstellt; das ist die beobachtete Präzession. Damit ist die Bahn also

$$r(\phi) = \rho/\{1+e[\cos\phi+(3GM/c^2\rho)\,\phi\sin\phi]\},$$

oder

$$\blacktriangleright \qquad r(\phi) = r_{min}(1+e)/\{1+e\cos[(1-3GM/c^2r_{min}(1+e))\,\phi]\}, \qquad (5.3.9)$$

wobei die trigonometrische Näherung in erster Ordnung in $GM/c^2\rho$ richtig ist, denn wir haben mit dieser Genauigkeit gerechnet. Ein Perihel wird durchlaufen, wenn der Cosinus eins ist, wenn also

$$\phi(1-3GM/c^2r_{min}(1+e)) = 2\pi n,$$

wobei n eine beliebige ganze Zahl ist. Dies läßt sich schreiben als

$$\phi = 2\pi n+6\pi nGM/c^2r_{min}(1+e).$$

Deshalb rückt das Perihel ständig vor (die Bahn dreht sich als Ganzes gleichsinnig mit dem Bahnumlauf des Planeten) und der Präzessionswinkel $\Delta\phi$ pro Umdrehung beträgt

$$\Delta\phi = 6\pi GM/c^2r_{min}(1+e).$$

Die Präzession pro Jahrhundert, $\Delta\phi^{100}$, ist

$$\blacktriangleright \qquad \Delta\phi^{100} = 6\pi GM\mathcal{N}/c^2r_{min}(1+e), \qquad (5.3.10)$$

wobei $\mathcal{N}$ die Zahl der Umläufe pro Jahrhundert ist. (In Abschnitt 3.2 erwähnten wir, daß $\Delta\phi^{100}$ die von der Newtonschen Mechanik unerklärte Präzession ist, nachdem die viel stärkeren, von den anderen Planeten ausgehenden Einflüsse berücksichtigt worden sind.)

Nur bei den Planeten Merkur, Venus und Erde und dem Asteroiden Ikarus

Tabelle 3

Testkörper	$\Delta\phi^{100}$ (Bogensekunden)	
	Beobachtung	Allg. Relativitätstheorie
Merkur	$43,11 \pm 0,45$	43,03
Venus	$8,4 \pm 4,8$	8,6
Erde	$5,0 \pm 1,2$	3,8
Ikarus	$9,8 \pm 0,8$	10,3

ist r_{min} so klein und $\mathcal{N}$ so groß, daß $\Delta\phi^{100}$ gemessen werden kann. Tabelle 3 zeigt die Ergebnisse. Die große Fehlerbreite in der gemessenen Präzession der Venus rührt von der fast kreisförmigen Bahn her (e beträgt nur 0,0068), was die Ortung des Perihels erschwert. Diese Ergebnisse stellen eine der eindrucksvollsten Bestätigungen der Vorhersagen der allgemeinen Relativitätstheorie dar.

Wie wir in Abschnitt 3.4 erwähnten, ist es möglich, eine "halbrelativistische" Gravitationstheorie zu konstruieren; das geschieht einfach durch die Addition des Gravitationspotentials $-GM/r$ zur "Energie pro Einheitsmasse", wie sie die spezielle Relativitätstheorie angibt. Wenn **p** der durch $m\mathrm{d}r/\mathrm{d}\tau$ definierte Impuls des Probekörpers ist (m ist die Masse des Teilchens), haben wir als Energiegleichung

$$\blacktriangleright \qquad \sqrt{(p^2c^2 + m^2c^4)} - GMm/r = mc^2 + m\mathscr{E}, \qquad\qquad (5.3.11)$$

wobei $m\mathscr{E}$ die überschüssige Energie des Teilchens über seine Restmasse mc^2 ist. Mit der Beziehung

$$p^2 = m(r'^2 + r^2\phi'^2)$$

und der Erhaltung des Drehimpulses (5.3.4) erhalten wir zusammen mit (5.3.11)

$$\frac{B^2}{2r^2}\left(1 + \frac{\mathrm{d}r/\mathrm{d}\phi^2}{r^2}\right) - \frac{GM}{r} = \mathscr{E} + \frac{(\mathscr{E} + GM/r)^2}{2c^2}.$$

Diese Gleichung sollte mit der Gleichung (5.3.6) der allgemeinen Relativitätstheorie verglichen werden. Das Korrekturglied für die Newtonsche Mechanik hat eine ganz andere Form, und die sich ergebende Präzession be-

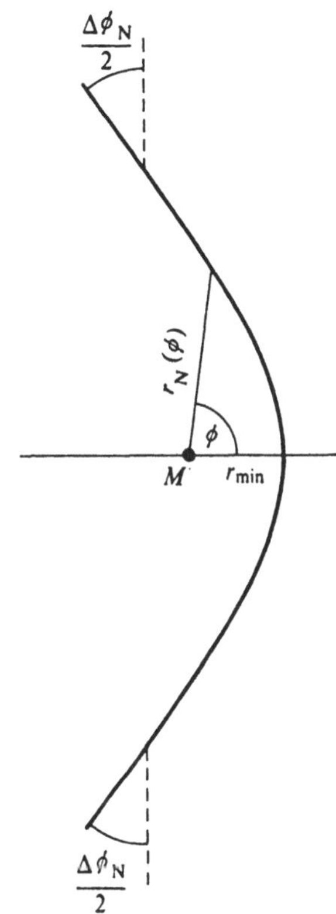

Abbildung 42. Bezeichnungen für eine Newtonsche Lichtbahn

trägt nur *ein Sechstel* von der durch Gleichung (5.3.10) gegebenen; deshalb kann die Theorie die Daten der Tabelle 3 im flachen Raum überhaupt nicht erklären.

5.4   Lichtablenkung

In Abschnitt 3.6 sahen wir, wie aus dem Einsteinschen Äquivalenzprinzip folgt, daß Licht in einem Gravitationsfeld abgelenkt wird. Wie zuerst Soldner 1801 erkannte, sagt auch die Newtonsche Mechanik eine Ablenkung vorher, und wir beginnen mit der Berechnung ihres Werts. Die Formel (5.3.7) für die Newtonschen Bahnen entsprechen unbeschränkten Hyperbelbahnen, wenn die Exzentrizität e größer ist als eins. Dann ist wegen (5.3.8) die "Energie" $\mathcal{E}$

positiv. Die Asymptoten für $r = \infty$ (Abbildung 42) entsprechen Winkeln

$$\phi = \pm(\pi/2 + \Delta\phi_N/2),$$

wobei $\Delta\phi_N$ die gesamte Newtonsche Ablenkung des durch $\cos\phi = -1/e$ gegebenen Strahls ist, d.h.

$$\sin \Delta\phi_N/2 = 1/e.$$

Für Licht ergibt die bekannte Grenzgeschwindigkeit c

$$\mathscr{E} = c^2/2,$$

da dies der bekannte Wert für die "Energie per Einheitsmasse" in großer Entfernung vom Anziehungszentrum ist. Das ermöglicht es uns, mit Hilfe der Gleichung (5.3.8) die Exzentrizität zu finden; es ist

$$e = 1 + 2r_{min}\mathscr{E}/GM = 1 + c^2 r_{min}/GM \approx c^2 r_{min}/GM,$$

da in allen praktischen Fällen $c^2 r_{min}/GM \gg 1$. Damit ist e sehr groß und $\Delta\phi_N$ sehr klein, und wir haben

$$\sin(\Delta\phi_N/2) \approx \Delta\phi_N/2 = 1/e,$$

also

▶ $$\Delta\phi_N = 2GM/c^2 r_{min}. \qquad (5.4.1)$$

Für Licht, das die Sonnenoberfläche streift, ist $r_{min} = R_\odot$ und $M = M_\odot$; das ergibt $\Delta\phi_N = 0{,}875''$. Wenn wir statt der Newtonschen Mechanik die spezielle Relativitätstheorie verwendet hätten, hätten wir $\Delta\phi = 0$ erhalten, weil Lichtstrahlen Null-Geodätische sind, und in einer flachen Raumzeit sind das Geraden.

Wir berechnen jetzt die Lichtablenkung $\Delta\phi$ im Rahmen der allgemeinen Relativitätstheorie. Licht läuft entlang von Null-Geodätischen, auf denen alle Intervalle $\Delta\phi$ verschwinden. Wir müssen deshalb die "Extremalisierung" des letzten Abschnitts nicht noch einmal durchführen, denn Null-Geodätische sind Sonderfälle, gekennzeichnet durch unendliche Werte der "Bewegungskonstanten" A und B der Gleichungen (5.3.3) und (5.3.4). Da $\Delta\phi/\Delta t$ endlich ist, ist A/B jedoch eine endliche Konstante. Deshalb reduziert sich die allgemeine Bahngleichung (5.3.6) für Null-Geodätische auf

▶ $$[dr(\phi)/d\phi]^2/r^2(\phi) + 1 - 2GM/c^2 r(\phi) = Dr^2(\phi), \qquad (5.4.2)$$

wobei D eine neue Konstante ist, die durch $A^2 c^2/B^2$ gegeben wird.

Wenn es keine anziehende Masse gäbe, wäre M Null und die Bahn eine

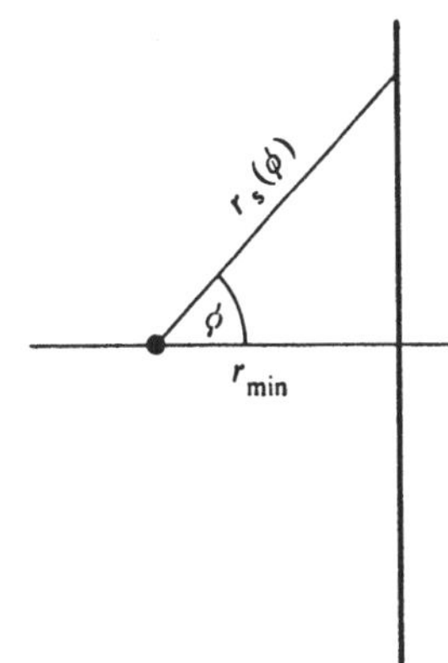

Abbildung 43. Eine gerade Lichtbahn in Abwesenheit einer zentralen Masse

Gerade $r_s(\phi)$ (Abbildung 43), die wir in der Form

$$r_s(\phi) = r_{min}/\cos \phi$$

schreiben können. Einsetzen in (5.4.2) (mit $M = 0$) ergibt $D = 1/r^2_{min}$. Wenn M nicht null ist, machen wir den Ansatz

$$r(\phi) = r_{min}/(\cos \phi + \beta(\phi))$$

und berechnen das Korrekturglied $\beta(\phi)$ in erster Näherung. Durch Einsetzen in (5.4.2) erhalten wir, wenn wir Glieder der Ordnung $\beta^2(\phi)$ vernachlässigen und den schon gefundenen Wert für D einsetzen, nach etwas Vereinfachung die folgende Gleichung für $\beta(\phi)$:

$$\beta(\phi) \cos \phi - (d\beta(\phi)/d\phi) \sin \phi = (GM/c^2 r_{min}) \cos^3 \phi.$$

Es ist leicht zu zeigen, daß

$$\beta(\phi) = (2GM/c^2 r_{min}) - (GM/c^2 r_{min}) \cos^2 \phi.$$

die Lösung ist. Die Asymptoten liegen in der Nähe von $\phi = \pm \pi/2$, so daß der zweite Term vernachlässigt werden kann und wir für die Bahn

$$\blacktriangleright \qquad r(\phi) = r_{min}/(\cos \phi + 2GM/c^2 r_{min}) \tag{5.4.3}$$

erhalten. Die Richtungen der Asymptoten sind durch

$$-\cos \phi = \sin (\Delta\phi/2) \approx \Delta\phi/2 = 2GM/c^2 r_{min}$$

gegeben, so daß die Ablenkung $\Delta\phi$

▶ $\Delta\phi = 4GM/c^2 r_{min}$ (5.4.4)

ist. Das ist genau das Doppelte des Newtonschen Wertes (5.4.1). Für Licht, das die Sonne streift, ist $\Delta\phi = 1{,}75''$.

Die Ablenkung von Sternenlicht läßt sich nur bei einer totalen Sonnenfinsternis messen, weil das Sonnenlicht sonst die Beobachtung erschwert. Die scheinbare Position des gewählten Sterns (relativ zu anderen Sternen) bei einer Sonnenfinsternis wird mit der Position verglichen, die der Stern sechs Monate später am Nachthimmel hat; der Unterschied der Winkel der scheinbaren Positionen ist die gewünschte Ablenkung. Auf diese Weise ist $\Delta\phi$ für etwa 400 Sterne bestimmt worden. Es ist auch möglich, die Ablenkung von Radiowellen zu messen, weil die Sonne glücklicherweise einmal jährlich durch den kräftig im Radiobereich strahlenden Quasar 3C279 verdeckt wird. Keines dieser Beobachtungsergebnisse ist mit der Newtonschen Vorhersage von $0{,}875''$ verträglich, da sie alle zwischen $1{,}57''$ und $2{,}37''$ liegen. Der Mittelwert aller beobachteter Abweichungen ist $1{,}89''$, was gut mit Einsteins Vorhersage von $1{,}75''$ übereinstimmt. (Für 3C279 ist das Ergebnis $1{,}73'' \pm 0{,}05''$.) Die erste Bestätigung bei der Sonnenfinsternis 1919 war eine wahre Sensation, die eine amerikanische Zeitung zu der berühmten Schlagzeile anregte: "Licht beim Beugen erwischt".

5.5   Radarechos von Planeten

Die allgemeine Relativitätstheorie macht Aussagen über die Form der Lichtstrahlen; wir haben gesehen, wie Messungen der Ablenkung des Lichts in Sonnennähe zur Überprüfung dieser Vorhersagen über die Form der Lichtstrahlen verwendet werden können. Die Zeitkoordinate entlang der Bahn wurde eliminiert, um eine Gleichung für r als Funktion von ϕ zu gewinnen. Moderne Radarverfahren jedoch erlauben es, direkt die Zeit zu messen, die ein Signal braucht, um entlang einer Bahn zu einem Spiegel hin und wieder zurück zu laufen. Um relativistische Effekte entdecken zu können, wird die Bahn so gewählt, daß sie der Sonne nahe kommt; ein geeigneter Spiegel ist dann ein Planet (oder eine Raumsonde) in der Nähe einer "oberen Konjunktion". Dabei liegt die Sonne fast genau auf der Verbindungslinie zwischen der Erde und dem Planeten. Die Vorhersage der allgemeinen Relativitätstheorie überrascht: Sie sagt, das Echo müsse relativ zu einem imaginären Signal, das

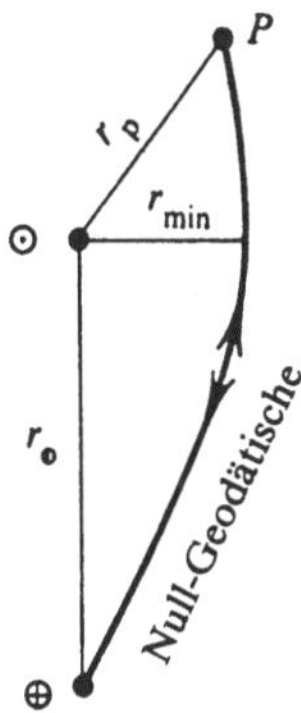

Abbildung 44. Zur Theorie der Radar-Zeitverzögerung

verzögert sein. Die Strahlung wird also langsamer, wenn sie an der Sonne vorbeikommt. Um das einzusehen, benutzen wir direkt die Schwarzschildmetrik (5.1.2) und berechnen die Koordinatengeschwindigkeit von Licht, das in der durch $\theta = \pi/2$ definierten Ebene (r,ϕ) läuft. Für Licht ist $\Delta\tau$ null. Für rein *radiale* Bewegung $(\Delta\theta = \Delta\phi = 0)$ ist die Geschwindigkeit

$$\Delta r/\Delta t = c(1 - 2GM/c^2 r),$$

während die Geschwindigkeit für rein *transversale* Bewegung $(\Delta r = \Delta\theta = 0)$

$$r\Delta\phi/\Delta t = c\sqrt{(1 - 2GM/c^2 r)}$$

beträgt; beide Geschwindigkeiten sind kleiner als c.

Die Koordinatenzeit T zwischen der Aussendung des Signals und dem Empfang des Echos ist

$$T = 2[t(r_\oplus, r_{min}) + t(r_p, r_{min})],$$

wobei $t(r,r_{min})$ die Koordinatenzeit ist, in der Licht von r zum sonnenächsten Punkt seiner Bahn (Abbildung 44) läuft, und r und r_p die Koordinatenentfernungen der Erde und des Planeten von der Sonne sind. T ist die Koordinatenzeit zwischen zwei Ereignissen auf der Erde, also bei im wesentlichen festen r, θ, ϕ. Die entsprechende Eigenzeit, also das, was unsere Uhren messen würden, ist um einen Faktor

$$\sqrt{(1 - 2GM_\odot/c^2 r_\oplus)}$$

kleiner; dies unterscheidet sich nur um 10^{-8} von Eins , was bei Experimenten mit Merkur und Venus nur wenigen Mikrosekunden entspricht. Der relativistische Zeitverzögerungsüberschuß beläuft sich auf etwa 100 Mikrosekunden, deshalb werden wir im folgenden den Zeitverzögerungsfaktor vernachlässigen. Wenn Licht mit der Geschwindigkeit c auf Geraden liefe, hätten wir $t(r,r_{min}) = t^0(r,r_{min})$ wobei

$$t^0(r, r_{min}) = \sqrt{(r^2 - r_{min}^2)}/c.$$

Um $t(r,r_{min})$ relativistisch zu berechnen, schreiben wir die Schwarzschildmetrik (5.1.2) für ein Null-Intervall in der Form

$$\blacktriangleright \qquad 0 = 1 - \frac{2GM}{c^2 r} - \frac{1}{c^2}\left[\frac{(dr/dt)^2}{1 - 2GM/c^2 r} + r^2\left(\frac{d\phi}{dt}\right)^2\right]. \qquad (5.5.1)$$

Um $\Delta\phi/\Delta t$ zu eliminieren, verwenden wir die Bewegungsgleichung (5.3.3) und (5.3.4), deren Quotient

$$\frac{r^2\phi'}{(1 - 2GM/c^2 r)t'} = \frac{r^2(d\phi/dt)}{1 - 2GM/c^2 r} = \frac{B}{A} \equiv D$$

ergibt. Gleichung (5.5.1) wird so zu

$$\blacktriangleright \qquad 0 = 1 - \frac{2GM}{c^2 r} - \frac{1}{c^2}\left[\frac{(dr/dt)^2}{1 - 2GM/c^2 r} + \frac{D^2}{r^2}\left(1 - \frac{2GM}{c^2 r}\right)^2\right]. \qquad (5.5.2)$$

Wir können D mit r_{min} in Beziehung setzen, wenn wir uns klarmachen, daß $\Delta r/\Delta t$ verschwindet, wenn $r = r_{min}$, da die Richtung des Lichtstrahls an diesem Punkt keine radiale Komponente hat. Das führt zu

$$D^2 = c^2 r_{min}^2/(1 - 2GM/c^2 r_{min}),$$

so daß mit (5.5.2)

$$\frac{dr}{dt} = c\left(1 - \frac{2GM}{c^2 r}\right)\sqrt{\left[1 - \frac{r_{min}^2(1 - 2GM/c^2 r)}{r^2(1 - 2GM/c^2 r_{min})}\right]}$$

folgt. Durch Integration erhalten wir mühelos

$$\blacktriangleright \qquad t(r, r_{min}) = \frac{1}{c}$$

$$\cdot \int_{r_{min}}^{r} \frac{dr}{(1 - 2GM/c^2 r)\sqrt{[1 - r_{min}^2(1 - 2GM/c^2 r)/r^2(1 - 2GM/c^2 r_{min})]}}.$$

$$(5.5.3)$$

Wie bei den anderen Tests der allgemeinen Relativitätstheorie ist auch dieses genaue Ergebnis undurchsichtig, aber es genügt, das Integral in erster Ordnung in bezug auf die kleine Größe GM/c^2r zu berechnen. Die notwendige Entwicklung des Integranden ist nicht ganz einfach; sie führt zu dem Ergebnis

$$t(r, r_{\min}) \approx \frac{1}{c} \int_{r_{\min}}^{r} \frac{r\,\mathrm{d}r}{\sqrt{(r^2 - r_{\min}^2)}} \left[1 + \frac{2GM}{c^2 r} + \frac{GM r_{\min}}{c^2 r(r + r_{\min})} \right].$$

Die Integrale sind elementar und ergeben

$$\blacktriangleright \qquad t(r, r_{\min}) = \frac{1}{c} \left[\sqrt{(r^2 - r_{\min}^2)} + \frac{2GM}{c^2} \ln\left(\frac{r + \sqrt{(r^2 - r_{\min}^2)}}{r_{\min}} \right) \right.$$
$$\left. + \frac{GM}{c^2} \sqrt{\frac{r - r_{\min}}{r + r_{\min}}} \right]. \qquad (5.5.4)$$

Man sieht, wie die Glieder in GM/c^2 kleine Korrekturen zu $t^0(r, r_{\min})$ liefern. Wir brauchen den *Zeitverzögerungsüberschuß* ΔT für das ganze Signal; er ist definiert als

$$\Delta T \equiv T - (2/c)\sqrt{(r_\oplus^2 - r_{\min}^2)} - (2/c)\sqrt{(r_\mathrm{p}^2 - r_{\min}^2)}.$$

In der Praxis entspricht $r_{\min}$ näherungsweise dem Sonnenradius, so daß $r_\oplus \gg r_{\min}$ und $r_\mathrm{p} \gg r_{\min}$; deshalb lassen sich die Quadratwurzeln in den Korrekturgliedern in (5.5.4) vereinfachen, und das Endergebnis ist

$$\blacktriangleright \qquad \Delta T \approx (4GM_\odot/c^3)\,(\ln(4 r_\oplus r_\mathrm{p}/r_{\min}^2) + 1). \qquad (5.5.5)$$

Für Echos vom Merkur, die die Sonne eben streifen, ergibt diese Formel $\Delta T = 2{,}4 \cdot 10^{-4}$ s, was leicht meßbar ist.

Hauptsächlich von Shapiro und seinen Mitarbeitern sind mehrere Experimente durchgeführt worden; in jedem Fall wurden die Vorhersagen der allgemeinen Relativitätstheorie bestätigt. Wir zeigen als ein Beispiel die Ergebnisse (Abbildung 45) der oberen Konjunktion der Venus von 1970. Zweierlei verdient Beachtung: erstens stimmt die Theorie hier nicht nur mit einem *einzelnen Wert* einer physikalischen Größe überein, sondern auch mit dem *Verlauf der Funktion*; zweitens sind die Ergebnisse völlig unverträglich mit der Newtonschen Zeitverzögerung ΔT_N, der aufgrund die Annahme abgeleitet wurde, daß Licht ein Strom von Materieteilchen ist, deren Geschwindigkeit bei $r = \infty$ gleich c ist. Die Formel für ΔT_N ist

$$\blacktriangleright \qquad \Delta T_\mathrm{N} \approx -(2GM_\odot/c^3)\,(\ln(4 r_\oplus r_\mathrm{p}/r_{\min}^2) - 2). \qquad (5.5.6)$$

Daraus folgt die Vorhersage, daß ΔT_N in allen praktischen Fällen negativ ist,

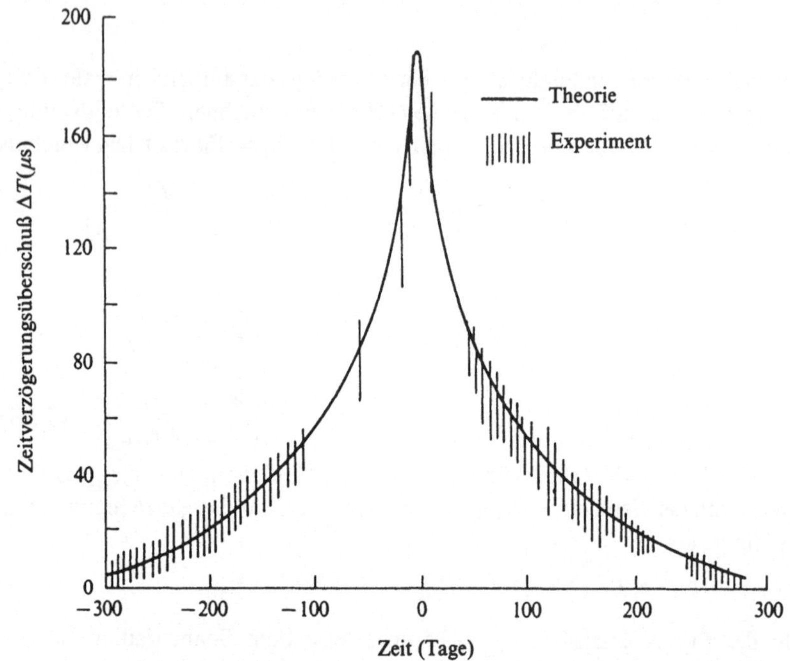

Abbildung 45. Radar-Zeitverzögerung von Signalen, die von der Venus reflektiert werden und nahe an der Sonne vorbeilaufen: Vergleich der Theorie (Gleichung 5.5.5)) mit dem Experiment. (Mit freundlicher Genehmigung von Professor I. I. Shapiro)

wie wir es aufgrund der Newtonschen Mechanik erwarten, nach der Licht in Sonnennähe schneller sein sollte.

5.6   Schwarze Löcher

In den letzten vier Abschnitten wirkte sich die allgemeine Relativitätstheorie in sehr kleinen Korrekturen an den Vorhersagen der Newtonschen Mechanik aus. Jetzt untersuchen wir eine Situation, zu der es kein genaues Newtonsches Analogon gibt, wo also die allgemeine Relativitätstheorie dominiert. Wir beginnen mit der Bemerkung, daß die Komponente g_{11} (also g_{rr}) der Schwarzschildmetrik unendlich wird, wenn r gleich dem "Schwarzschildradius" r_{S} ist, der als

▶ $$r_{\mathrm{S}} \equiv 2GM/c^2 \tag{5.6.1}$$

definiert wird. In den meisten Fällen ist r_s viel kleiner als der wirkliche Radius des betrachteten Körpers: für die Sonne beträgt er 2,95 km, für die Erde 8,86 mm. Nun gilt die Schwarzschildmetrik nur im Raum außerhalb des gravitierenden Körpers; im Inneren gilt eine andere Formel, und g_{rr} ist nicht singulär bei r_s. Es mag deshalb scheinen, daß die "Schwarzschild-Singularität" so unphysikalisch ist wie die scheinbare Singularität im Ursprung im Newtonschen Gravitationspotential $-GM/r$, das ebenfalls nur außerhalb des Körpers gilt. Astrophysiker haben jedoch berechnet, daß das Endstadium in der Entwicklung der Sterne, deren Masse diejenige der Sonne um mehr als etwa das Dreifache übertrifft, ein "Gravitationskollaps" sein müsse. Bei diesem Prozeß hat der Stern seinen Kernbrennstoff erschöpft und strahlt nicht mehr, und der Druck seiner Materie kann der Anziehung, die der Stern durch seine Schwerkraft auf sich selbst ausübt, nicht widerstehen. Er schrumpft deshalb auf seine Schwarzschildsphäre bei $r = r_s$ zusammen. Solche kollabierten Sterne und andere Objekte, die kleiner sind als ihre Schwarzschildradien, heißen *Schwarze Löcher*.

Schwarze Löcher sind sehr merkwürdige Gebilde. Am erstaunlichsten ist, daß im Inneren der Schwarzschildsphäre alles in den Mittelpunkt $r = 0$ fallen muß. Das gilt für die Materie des Sterns, durch dessen Kollaps das Schwarze Loch entsteht, und hat zur Folge, daß der Kollaps weitergeht, bis der Stern eine Punktsingularität bei $r = 0$ ist. (Diese Folgerung gilt, wenn die allgemeine Relativitätstheorie unter den unvorstellbar dichten und heißen Bedingungen im Endstadium des Kollaps gültig bleibt. Wenn Quanten- oder andere Effekte interferieren, kann die Singularität möglicherweise vermieden werden. Es ist jedoch noch keine konsistente Theorie der "Quantengravitation" entwickelt worden; dies ist immer noch ein Problem.) Auch Licht, das innerhalb der Schwarzschildsphäre vom Stern ausgeschickt wird, ist der Anziehungskraft der zentralen Singularität ausgesetzt, wenn der Radius kleiner ist als r_s. Daraus folgt, daß kein Licht entweichen kann, diese Objekte also nicht von außen gesehen werden können - deshalb heißen sie "Schwarze Löcher". (Wir sagen damit nicht, daß Schwarze Löcher keinen Einfluß auf ihre Umgebung ausüben; ihre Gravitationswirkung auf äußere Körper ist völlig normal, weil diese Wirkungen von der Schwarzschildmetrik für $r > r_s$ bewirkt werden.)

Jetzt müssen wir diese verblüffenden Behauptungen beweisen. Zunächst erinnern wir uns daran, daß zwei benachbarte Ereignisse nicht auf der Weltlinie eines Teilchens oder Lichtstrahls liegen können, wenn $\Delta\tau^2$ negativ ist (vergleiche Abschnitt 4.1). In der flachen Raumzeit, deren Metrik durch (4.1.3) gegeben ist, kann es nicht vorkommen, daß ein bestimmtes Teilchen

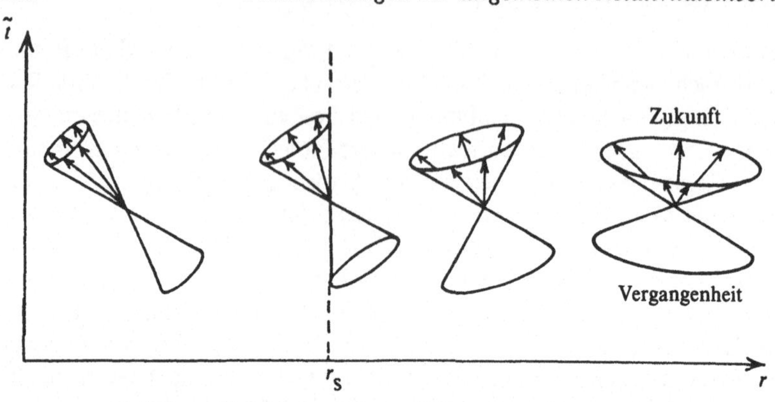

Abbildung 46. Lichtkegel in der Nähe eines schwarzen Lochs

gleichzeitig an zwei Orten ist, weil das $\Delta t = 0$, $|\Delta r| = 0$ bedingt, also negatives $\Delta\tau^2$. In der Schwarzschildmetrik (5.1.2) folgt daraus, daß im Inneren eines Schwarzen Lochs kein Teilchen stationär sein kann. Die Überlegung verläuft folgendermaßen: für ein ruhendes Teilchen gilt

$$\Delta r = \Delta\theta = \Delta\phi = 0;$$

für $r < r_s$ aber ist der Koeffizient $g_{00} = 1 - 2\,GM/c^2 r$ negativ, so daß $\Delta\tau^2$ für solche Ereignisse negativ ist. Außerhalb des Schwarzen Lochs ist g_{00} positiv, so daß ein Körper dort in Ruhe sein kann (natürlich hat ein solcher Körper keine geodätische Weltlinie; andere Kräfte müssen auf ihn wirken und ihn dort halten - ein gutes Beispiel dafür sind wir selbst, die wir auf der Erde ruhen, weil unser geodätischer freier Fall durch die nach oben gerichteten Kräfte des Erdbodens aufgehalten wird.)

Es gibt also im Inneren eines Schwarzen Lochs keine Statik, sondern nur Dynamik. Bewegen sich Teilchen nach innen oder außen? Zur Beantwortung dieser Frage untersuchen wir den stetigen Verlauf der "Nullkegel". Dies sind Doppel(hyper)kegel, die ein Ereignis P mit jenen benachbarten Ereignissen verbinden, die dem Null-Intervall entsprechen. Die zeitartigen Geodätischen von P (mögliche Weltlinien), für die $\Delta\tau^2 > 0$ ist, liegen alle im Inneren der Kegel. Die Linien in einem Halbkegel weisen in die Zukunft von P, die im anderen in P's Vergangenheit. Abbildung 46 zeigt Kegel in der durch r und eine neue Zeitkoordinate (die bei r_s nicht singulär ist) gebildeten Ebene, wobei

$$\tilde{t} = t + (2GM/c^3)\ln|rc^2/2GM - 1|.$$

Die Schwarzschildmetrik gibt nun die Gleichung der Kegel als

$$0 = (1 - 2GM/c^2 r)\,\Delta \tilde{t}^2 - 4GM\Delta r\Delta \tilde{t}/c^3 r - \Delta r^2\,(1 + 2GM/c^2 r)/c^2\,,$$

das heißt

$$\blacktriangleright \qquad \frac{d\tilde{t}}{dr} = -\frac{1}{c}\ \text{and}\ \frac{1}{c}\,\frac{1 + 2GM/c^2 r}{1 - 2GM/c^2 r}. \qquad\qquad (5.6.2)$$

Für $r \gg r_s$ weisen die Zukunfts-Nullkegel nach oben, alle Weltlinien entsprechen also zunehmender Koordinatenzeit t. Manche Linien in den Zukunftskegeln weisen nach innen und andere nach außen, das heißt, Teilchen können entweder zur zentralen Masse hin oder von ihr weg laufen. Wenn wir dem Schwarzen Loch jedoch näherkommen, neigt sich der Zukunftskegel nach innen, bis bei $r < r_s$ alle Weltlinien nach innen zu $r = 0$ hin zeigen. Deshalb ist der Kollaps aller Massen und Strahlung im Inneren eines Schwarzen Lochs unvermeidlich. Jeder Versuch, das durch Kraftanwendung zu verhindern (zum Beispiel durch den Druck, der beim Kollaps eines Sterns erzeugt wird), ist so vergeblich, wie wenn wir versuchen, durch Kraftanwendung in unsere eigene Vergangenheit zu reisen - es ist unmöglich, die Zeit rückwärts laufen zu lassen.

Die Tatsache, daß g_{rr} beim Schwarzschildradius unendlich wird, bedeutet nicht, daß die Raumzeit selbst dort singulär ist. Die Krümmung (4.4.1) verhält sich bei $r = r_s$ vollkommen glatt. Tatsächlich ist r_s nur eine *Koordinatensingularität*, und man hat andere Koordinatensysteme gefunden, die die Schwarzschildmetrik so beschreiben, daß alle g_{ij} in der Nähe des Schwarzen Lochs glatt sind (vergleiche (5.6.2). Die Situation ist ähnlich zu der des gewöhnlichen flachen Raums, wenn wir Polarkoordinaten verwenden; dann sind $g_{\theta\theta}$ und $g_{\varphi\varphi}$ unendlich, wenn r unendlich ist (Gleichung (4.1.2)). Der Mittelpunkt $r = 0$ ist jedoch eine echte Singularität der Raumzeit selbst, unabhängig von allen Koordinaten.

Wir betrachten jetzt die Geschichte eines Körpers, der radial aus dem Unendlichen aus der Ruhe in ein Schwarzes Loch hineinfällt. Zunächst berechnen wir seine Radialkoordinate r als Funktion der Eigenzeit τ, also der Zeit, die von einer Uhr gemessen wird, die mit dem Körper fällt. Wir haben schon in Abschnitt 5.3 die nötigen Gleichungen ausgestellt. Da der Drehimpuls Null ist, verschwinden ϕ' und θ', und (5.3.5) wird zu

$$\tfrac{1}{2}[r'(\tau)]^2 - GM/r(\tau) = (A^2 - 1)\,c^2/2 \equiv \mathscr{E},$$

- genau die Newtonsche Gleichung! Da $r'(\infty) = 0$, muß auch $\mathscr{E} = 0$, $A^2 = 1$ gelten, so daß

$$r(\tau)(r'(\tau))^2 = 2GM$$

ist. Wenn die bewegte Uhr auf $\tau = 0$ gestellt wird, wenn sie die Stelle $r = 0$ erreicht, ist die Lösung dieser Gleichung

▶ $\qquad r(\tau) = (-3\tau/2)^{\frac{2}{3}} (2GM)^{\frac{1}{3}}.$ $\hfill (5.6.3)$

Der Körper fällt also immer glatt und es passiert nichts besonderes, wenn er zur Zeit

$$\tau_{(r=r_{\mathrm{S}})} = -2r_{\mathrm{S}}/3c$$

r_{S} überquert. Der Kollaps erfolgt sehr rasch: Für ein Schwarzes Loch von Sonnenmasse "lebt" der Körper nur 10^{-5} s, nachdem er r_{S} überquert hat, bevor er in der zentralen Singularität zerstört wird.

Kein Beobachter außerhalb des Schwarzen Lochs kann die Endstadien des Kollaps beobachten, weil, wie wir sahen, kein Signal, weder ein optisches noch ein materielles, von $r < r_{\mathrm{S}}$ nach $r > r_{\mathrm{S}}$ gelangen kann. Was aber läßt sich dann von außen bei einem Sternkollaps *beobachten*, oder wenn ein Körper, der Licht aussendet, in ein schon existierendes Schwarzes Loch hineinfällt? Zunächst müssen wir ein richtiges Raumzeitdiagramm des Kollaps zeichnen. Dazu ersetzen wir in der Teilchenbahn $r(\tau)$ (Gleichung 5.6.3)) τ mit Hilfe von (5.3.3) durch t, worin $A = 1$ zu setzen ist. (In diesem Fall ist $t = \tau$ bei $r = $, da der Körper aus der Ruhe fällt.) Wir haben dann

$$dt = \frac{d\tau}{1 - r_{\mathrm{S}}/r(\tau)} = \frac{r\, dr(d\tau/dr)}{r - r_{\mathrm{S}}}$$

$$= -\frac{r^{\frac{1}{2}}dr}{\sqrt{(2GM)}\,(r - r_{\mathrm{S}})},$$

eine Gleichung, deren Lösung

▶ $\qquad t = \frac{r_{\mathrm{S}}}{c}\left[-\frac{2}{3}\left(\frac{r}{r_{\mathrm{S}}}\right)^{\frac{3}{2}} - 2\left(\frac{r}{r_{\mathrm{S}}}\right)^{\frac{1}{2}} + \ln\left|\frac{1 + (r/r_{\mathrm{S}})^{\frac{1}{2}}}{1 - (r/r_{\mathrm{S}})^{\frac{1}{2}}}\right|\right]$ $\hfill (5.6.4)$

ist, was der in Abbildung 47 skizzierten Weltlinie entspricht. Wir sehen, daß t unendlich wird, wenn der Körper sich r_{S} nähert, so daß der einfallende Körper in Bezug auf die Koordinatenuhren, die mit denen bei $r = \infty$ synchronisiert sind, bei r_{S} "eingefroren" erscheint. (Die besondere Form der Weltlinie für $r < r_{\mathrm{S}}$ bedeutet nicht, daß der Körper in die Vergangenheit reist; sie ist eine

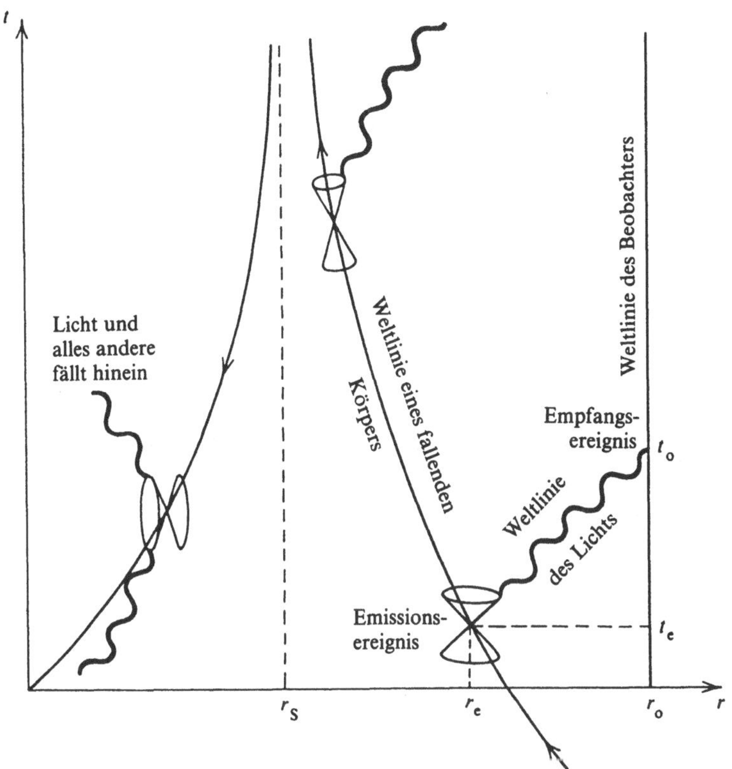

Abbildung 47. Weltlinien in der Nähe eines Schwarzen Lochs

Eigentümlichkeit dieses Koordinatensystems.)

Als nächstes verfolgen wir die Geschichte des Lichts, das in den verschiedenen Stadien des Kollaps ausgeschickt wird, weil wir ja durch sein Licht überhaupt Information über den Körper erhalten. Licht, das bei dem Ereignis t_e, r_e ausgeschickt wird, läuft radial entlang einer Null-Geodätischen nach außen und erreicht einen fernen Beobachter in dem Ereignis t_0, r_0 (Abbildung 47). Entlang einer solchen Weltlinie stehen r und t in der Beziehung (5.5.1), was zu

$$\blacktriangleright \qquad t_0 - t_e = \frac{1}{c} \int_{r_e}^{r_0} \frac{dr}{1 - 2GM/c^2 r} = \frac{r_0 - r_e}{c} + \frac{2GM}{c^3} \ln\left(\frac{r_0 - r_S}{r_e - r_S}\right) \qquad (5.6.5)$$

führt. Diese Lichtlaufzeit wird unendlich, wenn $r_e = r_S$, so daß von der "Kante"

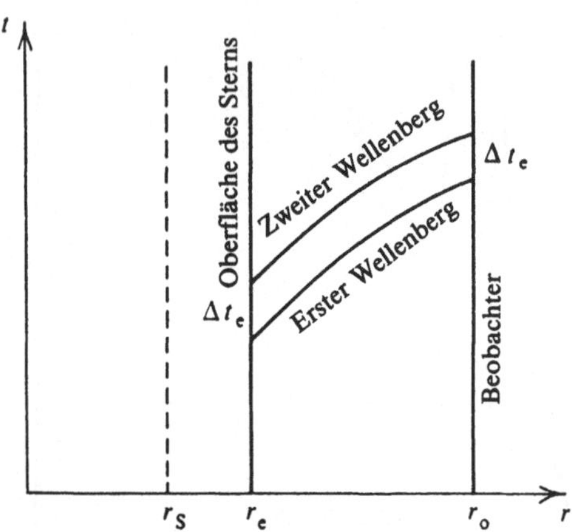

Abbildung 48. Weltlinien zur Berechnung der Schwarzschild-Rotverschiebung

eines Schwarzen Lochs ausgeschicktes Licht niemals einen äußeren Beobachter erreichen kann.

Da das Licht einem starken Schwerefeld entkommen muß, ist es rotverschoben, wenn es bei r_0 empfangen wird. Der nächste Schritt ist die Berechnung dieser Rotverschiebung. Zwei Wellenberge ("Ticks" einer Atomuhr) verlassen r_e bei t_e und $t_e + \Delta t_e$ (Abbildung 48). Sie kommen zur Zeit t_0 und $t_0 + \Delta t_e$ an; die beiden Δt stimmen aufgrund der Definition der Koordinatenzeit überein. (Wir vernachlässigen die Auswirkungen der Koordinatengeschwindigkeit des Körpers, wenn $r \approx r_s$). Für die Eigenzeit $\Delta\tau_e$ zwischen den beiden Emissionsereignissen ergibt sich aus (5.1.2)

$$\Delta\tau_e \equiv 1/\nu_e \equiv \lambda_e/c = \Delta t_e \sqrt{(1 - 2GM/c^2 r_e)},$$

wobei ν_e und λ_e die im Ruhesystem gemessene Frequenz und Wellenlänge der Quelle sind. Für den Beobachter bei r_0 gilt ganz entsprechend:

$$\Delta\tau_0 \equiv 1/\nu_0 \equiv \lambda_0/c = \Delta t_e \sqrt{(1 - 2GM/c^2 r_0)}.$$

So ist also die Rotverschiebung z (Gleichung (2.3.1)) einfach

$$\blacktriangleright \qquad z = \sqrt{\frac{1 - 2GM/c^2 r_0}{1 - 2GM/c^2 r_e}} - 1 = \sqrt{\frac{r_e(r_0 - r_s)}{r_0(r_e - r_s)}} - 1. \qquad (5.6.6)$$

Für $r_e \to r_s$ wird z unendlich, so daß Licht, das von einem Stern in dem

Augenblick ausgeschickt wird, in dem er zu einem Schwarzen Loch kollabiert, unendlich rotverschoben und deshalb nicht zu beobachten ist. Wenn $r_e \gg r_S$ und $r_0 \gg r_S$ ist, reduziert sich diese genaue Rotverschiebung auf unsere früheren näherungsweisen Ergebnisse (2.3.4) (die unter Verwendung der Energieerhaltung für Photonen hergeleitet wurden und gültig sind, wenn $r_0 \to \infty$) und (3.6.3) (hergeleitet unter Benutzung des Äquivalenzprinzips und gültig für $r_0 \approx r_e$). Unendliche Rotverschiebung bedeutet unendliche Zeitverlangsamung, deshalb sind also Schwarze Löcher Jungbrunnen - wer am "Rand" eines Schwarzen Lochs sitzt, würde im Vergleich mit Menschen in großer Entfernung vom Loch immer jung bleiben, wenn auch natürlich in seinem eigenen Ruhesystem altern.

Wir haben gezeigt, daß ein äußerer Beobachter immer etwas Licht von einem kollabierten Stern auffängt, nämlich das, was in den letzten Augenblicken vor dem Durchfallen der Schwarzschildsphäre ausgesandt wird. Deshalb wird die Bildung eines Schwarzen Lochs nicht durch das *augenblickliche* Verschwinden von Sternenlicht angezeigt. Das Licht wird ständig schwächer, weil die Energie eines jeden Photons durch den Rotverschiebungsfaktor $(1 + z)$ reduziert ist und weil die Photonen in immer längeren Abständen ankommen. Aus diesen beiden Gründen ist die Flußdichte $l(t_0)$ des Sterns, der zur Koordinatenzeit t_0 gesehen wird, um einen Faktor

$$l(t_0)/l_1 = 1/(1+z)^2 = (r_e - r_S) \, r_0 / (r_0 - r_S) \, r_e$$

geringer als die Leuchtkraft l_1 eines ähnlichen Sterns in derselben Entfernung in einer flachen Raumzeit. Nun steht t_0 mit r_e in der durch (5.6.4) gegebenen Beziehung, was sich für $r_e \quad r_S$ zu

$$t_0 \approx (r_S/c) \ln \left[(r_0 - r_S)/(r_e - r_S) \right]$$

vereinfacht, so daß das Verhältnis der Flußdichten die Form

$$l(t_0)/l_1 \overset{t_0 \to \infty}{\approx} (r_0/r_S) \exp(-ct_0/r_S)$$

erhält. Deshalb nimmt die empfangene Leistung exponentiell ab. Dies bedeutet, daß die scheinbare Helligkeit m nach dem Gesetz (vergleiche Gleichung (2.2.6))

$$m = 2{,}5 \log_{10} (l_1/l(t_0)) + \text{const.}$$
$$= 1{,}09 \, ct_0/r_S + \text{const.},$$

linear anwächst. Das ist sehr schnell: die Zeit, die ein kollabierender Stern von Sonnenmasse braucht, um von der ersten Größe zur schwächsten zu verblassen, die mit unseren Telekopen wahrnehmbar ist ($m = 22{,}7$), beträgt nur etwa $2 \cdot 10^{-4}$ s. Deshalb muß es für den Beobachter so aussehen, als ob ein kollabierender Stern so plötzlich erlischt, wie wenn wir eine Lampe ausschalten.

Wir haben bis jetzt ganz besondere Schwarze Löcher untersucht: sie drehen sich nicht. Die meisten Sterne haben jedoch einen Drehimpuls, und ihr Kollaps erzeugt *rotierende Schwarze Löcher*. Die Rotation einer Masse wirkt sich auf das äußere Schwerefeld aus, wie mit Hilfe des Machschen Prinzips einzusehen ist. Es besagt, daß die Inertialsysteme in einem Raumzeitbereich durch alle Materie im Weltall bestimmt sind. Die ferne Materie ist dabei meistens vorherrschend, wie wir in Abschnitt 3.5 sahen. Aber große nahe Massen müssen eine *gewisse* Wirkung haben, und wenn sie rotieren, ziehen sie die Inertialsysteme etwas mit sich, so daß sich für einen Beobachter in einem solchen Inertialsystem die fernen Sterne drehen. Die Wirkung ist gewöhnlich sehr gering; um sie abzuschätzen, nehmen wir an, daß die Größe der Winkelgeschwindigkeit ω der mitgeschleppten Inertialsysteme (relativ zu den Sternen) proportional zu der Größe J des Drehimpulses des nahen Körpers ist, der in einer Entfernung r ist. Nur G, c, J und r können in der Formel für ω vorkommen, und deshalb muß

$$\omega = kGJ/c^2 r^3$$

sein, wobei k eine dimensionslose Konstante ist. Natürlich sind Drehimpuls und Winkelgeschwindigkeit eigentlich Vektoren und es stellt sich heraus, daß deswegen k von dem Polarwinkel θ des Beobachters abhängt - in der "Äquatorebene" sind die Vektoren antiparallel, und es gilt $k = -1$. Wenn wir die Zahlen für die Erdoberfläche einsetzen, erhalten wir pro Jahr $\omega \sim 0{,}1''$. Die Achse eines Kreisels oder die Schwingungsebene eines Foucaultschen Pendels ist damit relativ zu den Fixsternen nicht ganz fest, sondern präzediert langsam mit einer Periode von etwa 10^7 Jahren.

In der Nähe eines Schwarzen Lochs jedoch kann dieses Mitschleppen von Inertialsystemen sehr geschwind ablaufen. Wenn der Stern im Inneren des Schwarzen Lochs in dem Augenblick eine Winkelgeschwindigkeit Ω hatte und gleichförmig dicht war, als sein Radius mit seinem Schwarzschildradius r_S übereinstimmte, dann ergibt eine einfache Rechnung (wenn wir das Trägheitsmoment für eine homogene Kugel verwenden)

$$\omega/\Omega = r_S^3/5r^3.$$

Beobachtern, die sich (relativ zu den Sternen) nicht drehen, und die eben außerhalb des Lochs sind, wird schwindeln, wenn die Inertialsysteme um sie herumwirbeln. Für den Kollaps eines Objekts mit der Masse und dem Drehimpuls der Sonne ergibt unsere Näherungsformel für $r \approx r_s$ $\omega \sim 10^5$ s^{-1}.

Die strenge Behandlung rotierender Schwarzer Löcher basiert auf der allgemeinen Relativitätstheorie. Kerr hat die Schwarzschildmetrik verallgemeinert, um die Wirkungen des Drehimpulses $\mathbf{J}$ auf das kollabierte Objekt berücksichtigen zu können. Die Analyse ist faszinierend, aber die Einzelheiten sind kompliziert, deshalb begnügen wir uns hier mit den Ergebnissen. Die Richtung von $\mathbf{J}$ definiere die positive Achse eines Polarkoordinatensystems, so daß die Winkelgeschwindigkeit des ursprünglichen Sterns einem anwachsenden Azimuthwinkel ϕ entspricht. Wenn für den Betrag $J > GM^2/c$ gilt, bildet sich kein Schwarzes Loch; grob gesprochen können wir sagen, daß Zentrifugalkräfte den Kollaps verhindern. Wenn $J < GM^2/c$, bildet sich ein Schwarzes Loch, dessen Schwarzschildradius nicht durch (5.6.1), sondern durch

$$\blacktriangleright \qquad r_S = GM/c^2 + \sqrt{[(GM/c^2)^2 - (J/Mc)^2]} \qquad (5.6.6)$$

gegeben ist. Dieser hat dieselbe Bedeutung wie der eines nicht-rotierenden Schwarzen Lochs, daß nämlich Materie und Strahlung innerhalb von r_S nach innen fallen müssen - die Zukunfts-Null-Kegel zeigen nach innen und es gibt kein Entkommen.

Aber das ist nicht alles: es gibt außerhalb der Schwarzschildsphäre eine andere Fläche, diesmal nicht kugelförmig, die sogenannte *statische Grenze*, deren Gestalt durch die Gleichung

$$\blacktriangleright \qquad r_{\text{stat}} = GM/c^2 + \sqrt{[(GM/c^2)^2 - (J/Mc)^2 \cos^2 \theta]} \qquad (5.6.7)$$

bestimmt ist. Im Inneren dieser Fläche kann nichts in Ruhe bleiben. *Drehbewegung* ist *Pflicht*. Die Zukunfts-Null-Kegel neigen sich (Abbildung 49) nach $+\phi$, wenn r abnimmt. Wenn $r < r_{\text{stat}}$ ist, weist keine "zukünftige" Weltlinie zu abnehmendem ϕ hin. Innerhalb der statischen Grenze werden die Inertialsysteme so heftig mitgezogen, daß es unmöglich ist, relativ zu fernen Sternen nicht zu rotieren. Im Gegensatz dazu ist eine *Radialbewegung* nicht notwendig; es ist möglich, die statische Grenze von oben oder von unten zu durchqueren oder mit konstantem r innerhalb von r_{stat} zu rotieren. Nur innerhalb von r_S ist die Radialbewegung auf das Hineinfallen beschränkt (Abbildung 49).

Die zentrale Singularität eines rotierenden Schwarzen Lochs ist sehr

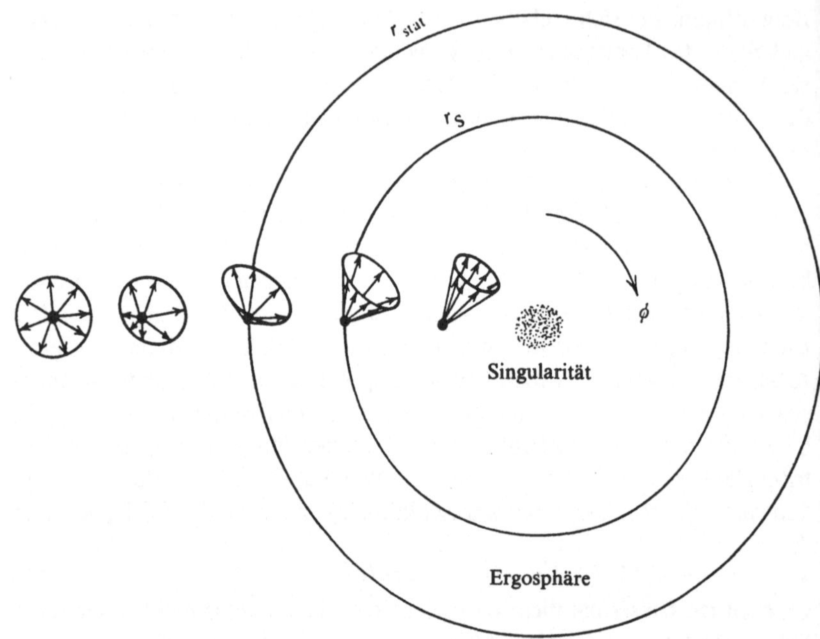

Abbildung 49. Zukunfts-Lichtkegel in der Nähe eines rotierenden Schwarzen Lochs

kompliziert, und wir verstehen die Endstadien des Kollapsvorgangs noch gar nicht gut. Es scheint möglich, daß nach dem Kollaps eine Art Explosion erfolgt, aber das ist sehr merkwürdig, weil das expandierende Objekt zur selben Zeit wie das kontrahierende Objekt einen bestimmten Radius r annehmen könnte. Mit anderen Worten, die Materie könnte geschlossene *zeitartige Weltlinien* haben - eine grobe Verletzung der Kausalität. Die Mathematik bietet einen bizarren möglichen Ausweg aus diesem Dilemma: die Ausdehnung geschieht in einen Teil des "anderen" Weltalls hinein (das mit unserem eigenen in derselben Beziehung steht wie die positiven "Zweige" der Quadratwurzelfunktion mit den negativen). Objekte, die durch ihre Schwarzschildradien hindurch explodieren, würden sich wie in ihrem Zeitverlauf umgekehrte Schwarze Löcher verhalten und heißen deshalb *Weiße Löcher*. Es wurde vermutet, daß einige Supernovae weiße Löcher sein könnten. Sie wären entweder durch den Kollaps eines Schwarzen Lochs in einem anderen "Zweig" des Weltalls erzeugt worden oder durch die verspätete Explosion von Materiestücken, die vom Urknall, mit dem die Welt entstand, übrig geblieben waren.

Das Gebiet der Raumzeit zwischen r_S und r_{stat} heißt *Ergosphäre*, weil nämlich einem Schwarzen Loch *Energie entzogen* werden kann, wenn Materie von ihr in das Loch fallen gelassen wird. Bei diesem Vorgang nimmt die Masse des Schwarzen Lochs ab, und der Rückstoß vergrößert die kinetische Energie des zurückweichenden Gebildes, von dem die Materie fallen gelassen wird. Damit es dazu kommt, muß dieses Gebilde Materie in eine Bahn mit negativer Gesamtenergie abstoßen - also in eine sehr stark gebundene Bahn - sonst nimmt die Masse des Schwarzen Lochs zu und nicht ab. Solche Bahnen kann es nur innerhalb der Ergosphäre geben.

Man könnte denken, daß dieser Vorgang das Schwarze Loch verkleinert, da nach (5.6.6) r_S abnimmt, wenn M abnimmt. Schließlich würde $J > GM^2/c$ gelten, und die schützende Schwarzschildsphäre des Schwarzen Lochs wäre zerstört, wodurch die feurige Singularität im Inneren freigelegt wäre. Das kann jedoch nicht passieren, denn die genaue Analyse möglicher Bahnen von Teilchen in der Nähe von r_S und auch eine allgemeinere Überlegung zeigen, daß der *Flächeninhalt A eines Schwarzen Lochs auf keinen Fall abnehmen kann.* Aus der Kerr-Metrik läßt sich A berechnen:

$$\blacktriangleright \quad \begin{aligned} A &= 4\pi(r_S^2 + (J/Mc)^2) \\ &= (8\pi GM/c^2)\,\{GM/c^2 + \sqrt{[(GM/c^2)^2 - (J/Mc)^2]}\}. \end{aligned} \tag{5.6.9}$$

Wenn M kleiner wird, nimmt gewöhnlich auch A ab und dadurch wird das Schwarze Loch kleiner, aber wenn J kleiner wird, nimmt A gewöhnlich zu. Das Energiekraftwerk des Schwarzen Lochs kann also nur dann Energie liefern, wenn die Materie so "hineingeworfen" wird, daß der Drehimpuls des Schwarzen Lochs kleiner wird. Kurz, die Energie stammt aus der Rotationsenergie des Schwarzen Lochs.

Drei sehr folgenreiche Sätze über Schwarze Löcher sind unter sehr allgemeinen Bedingungen bewiesen worden (obwohl die Beweise zu der Zeit, da dies geschrieben wird, noch nicht ganz ohne Einschränkung geführt wurden). Der erste besagt, daß jeder Gravitationskollaps in einer Art Singularität endet, auch wenn der kollabierende Körper nicht kugelsymmetrisch ist. Der zweite Satz besagt, daß der Rest des Weltalls von den Singularitäten immer durch die Entwicklung einer Schwarzschildsphäre abgeschirmt wird, die verhindert, daß Strahlung und Materie entkommen. (Diese Sphäre ist eine Art "Ereignishorizont" - siehe Abschnitt 6.2.) Die im letzten Absatz behandelte Eigenschaft, daß die Fläche niemals abnimmt, ist einer der Mechanismen, die die

Bildung "nackter Singularitäten" verhindern. Der dritte Satz besagt, daß dann, wenn sich ein Schwarzes Loch einmal gebildet hat, von allen Eigenschaften des ursprünglichen Körpers nur die Masse M, der Drehimpuls J und die elektrische Ladung Q auf die äußere Raumzeit wirken. Diese Raumzeit erfordert eine leichte Verallgemeinerung der Kerr-Metrik, die die Wirkung von Q berücksichtigt; sie heißt die Kerr-Newman-Metrik. Alle anderen Eigenschaften des Körpers - Form, Elastizität, elektrisches Dipolmoment, magnetische Multipolmomente usw. - werden beim Kollaps zerstört. Schwarze Löcher sind also durch M, J und Q vollkommen gekennzeichnet; man sagt deshalb auch kurz: "Ein Schwarzes Loch hat kein Haar". Diese Sätze müssen mit Vorsicht benutzt werden; in ihre Beweise geht die Annahme der Kausalität ein, und es ist schwer zu sehen, wie genau sie auch nur auf den relativ einfachen Fall rotierender kollabierender Körper anzuwenden sind.

Schließlich stellen wir die wichtige Frage: Gibt es Schwarze Löcher? Die Möglichkeit wurde lange vor der Aufstellung der Relativitätstheorie erwogen. So schrieb Laplace 1798: "Ein leuchtender Stern von der gleichen Dichte wie die Sonne, dessen Durchmesser zweihundertfünfzig mal größer wäre als der der Sonne, würde als Folge seiner Anziehung keinem seiner Strahlen erlauben, uns zu erreichen; es ist deshalb möglich, daß die größten leuchtenden Körper im Weltall aus diesem Grunde unsichtbar sein könnten."

Gegenwärtig scheinen die Aussichten am günstigsten, wenn wir nach einem Schwarzen Loch suchen, das zu einem Doppelsternsystem gehört, bei dem der andere Partner sichtbar ist. Der sichtbare Stern läßt sich als Teil eines Doppelsterns erkennen, weil periodische Dopplerverschiebungen in seinem Licht eine Bahnbewegung um den Massenmittelpunkt anzeigen. Die Masse M des unsichtbaren Partners läßt sich folgendermaßen herleiten: Der Spektraltyp des sichtbaren Sterns ermöglicht es, die Masse M_1 zu schätzen, während die Periode und die Bahngeschwindigkeit die Bestimmung der "Massenfunktion" $M^3/(M+M_1)^2$ und damit von M erlauben. Wenn sich herausstellt, daß M größer ist als etwa 3 $M_\odot$ (die "kritische Masse" für einen Kollaps) könnte das unsichtbare Objekt ein Schwarzes Loch sein. Ohne weitere Information können wir nicht sagen, daß es wirklich ein Schwarzes Loch ist, denn es könnte ein sehr kleiner (d.h. $M \ll 3\,M_\odot$) kalter Stern sein, der von einem massereichen Halo umgeben ist. Wenn jedoch die beiden Sterne sehr nahe beieinander sind, tritt ein anderer Effekt ein, der die Entscheidung erleichtern könnte: Das starke Gravitationsfeld des unsichtbaren Sterns saugt nämlich dem sichtbaren Stern Materie weg. Wenn diese Materie fällt, wird sie komprimiert und erhitzt, und dadurch sollte, so wurde berechnet, eine bestimmte Art

Röntgenstrahlung erzeugt werden. Die Beobachtung solcher Röntgenstrahlung garantiert an sich auch noch kein Schwarzes Loch, weil ähnliche Strahlung von Neutronensternen erwartet wird, also von Sternen mit $M \lesssim 3\,M_\odot$, deren Gravitationskontraktion (durch Druck) gerade noch kurz vor dem Kollaps aufgehalten werden kann (also $r > r_s$). Man muß außerdem die Masse kennen, und dazu brauchen wir, wie gesagt, einen sichtbaren Partner.

Bis jetzt gibt es einen aussichtsreichen Bewerber um den Titel des ersten Schwarzen Lochs. Es ist *Cygnus* XI, eine starke Röntgenquelle. Die Stärke der Röntgenstrahlung schwankt in einem Zeitraum von 0,1 s heftig, was vermuten läßt, daß die Quelle sehr kompakt ist (Durchmesser $< 0,1$ Lichtsekunden $\approx 3 \cdot 10^7$ m). Der Begleitstern, der immer weiter verschluckt wird, kann optisch beobachtet werden; seine Bahnbewegung führt zu der Annahme, daß die Röntgenquelle eine Masse von etwa 14 $M_\odot$ hat. Ein strahlender Stern mit dieser Masse würde eine absolute Leuchtkraft haben, die viel größer ist als die der Sonne, er wäre bei der Entfernung dieses Doppelsternsystems (etwa 2 kpc) deutlich sichtbar. Ein nicht mehr strahlender Stern mit dieser Masse muß einen vollkommenen Gravitationskollaps durchgemacht haben. Deshalb ist Cygnus XI ein Schwarzes Loch. (Einige Astronomen bestreiten diese Deutung und suchen nach Alternativen.)

Astrophysikalische Überlegungen legen nahe, daß sich bis heute schon bis zu ein Prozent aller Sterne zu Schwarzen Löchern entwickelt haben könnten (also allein in unserer Milchstraße 10^9). Außerdem könnte es in der Mitte von Kugelhaufen und Galaxien riesige Schwarze Löcher geben, deren Massen hundert- oder tausendmal größer sind als $M_\odot$; während diese ihre Umgebung verschlingen, sollten starke Gravitationswellenstöße erzeugt werden (siehe Abschnitt 3.5), aber diese sind noch jenseits der Beobachtungsgrenzen der heutigen Technologie.

6 Kosmische Kinematik

6.1 Die Raumzeit des geglätteten Weltalls

Wenn die allgemeine Relativitätstheorie zutrifft, ist die Raumzeit in unglaublich komplizierter Weise runzlig und faltig, vom Atom bis mindestens zu Galaxienhaufen. In der Kosmologie ist es üblich, diese Vielfalt der Einzelheiten als "Feinstruktur" zu sehen, die in erster Näherung ignoriert werden kann, wenn Vorgänge untersucht werden, die das Weltall im Ganzen betreffen. Wir stellen uns also vor, die Inhomogenitäten der Raumzeit wären über Bereiche der Größe 10^7 pc *gemittelt* und betrachten alle verbleibende Krümmung als eine Eigenschaft der Welt im Großen. Wenn wir die Galaxien zerbrechen und ihre Materie gleichförmig über den Raum verteilen könnten, hätten wir genau die Art des "homogenen Weltmodells", mit dem sich die Kosmologen beschäftigen. Dieses Verfahren hat in der Physik ehrenwerte Vorbilder; bei der Untersuchung laminarer Flüssigkeitsströmungen ist es kaum nötig, die genaue Bewegung aller Atome zu berücksichtigen, da nur ihre *mittlere* Dichte und Geschwindigkeit das makroskopische Verhalten beeinflussen.

Das Weltall könnte jedoch auch in jedem Maßstab inhomogen sein, wie die Geschwindigkeitsverteilung in einer turbulenten Flüssigkeit: Wir könnten Galaxien, Galaxienhaufen, Haufen von Galaxienhaufen und so weiter finden. Das ist das von Charlier 1908 vorgeschlagene *hierarchische* Modell. Wenn das Weltall tatsächlich so organisiert ist, dann ist keine Mittelung möglich, und alle gleichförmigen Modelle sind nutzlos. Optische Astronomen haben die Verteilung der Galaxien auf Ungleichmäßigkeiten hin untersucht, und ihre Ergebnisse weisen auf Superhaufen im Maßstab von 30-50 Mpc hin. Die Radioastronomie jedoch kann in viel größere Entfernungen vordringen, und auf dieser Skala scheint das Weltall endlich homogen zu sein. Es gibt deshalb für uns keinen zwingenden Grund, das hierarchische Modell weiter zu untersuchen. Vielmehr haben wir guten Grund, es nicht zu tun: Das Modell ist nicht genügend ausgearbeitet, um als theoretische Grundlage für die Interpretation der Beobachtungsergebnisse dienen zu können.

Deshalb betrachten wir das Weltall als ein "kosmisches Gas", dessen

"Atome" Galaxien sind. Wie können wir uns in einem solchen Gas zurechtfinden? Wir müssen ein Koordinatensystem einführen, mit dem wir Ereignisse identifizieren können. Als Zeitkoordinate t nehmen wir die Eigenzeit, wie sie von Standarduhren, die frei mit dem Gas fallen, gemessen wird. Diese Uhren liegen an den Schnittstellen der räumlichen Koordinatenlinien. So dehnt sich also das Koordinatengitter mit den Galaxien aus, genau wie auf einen Luftballon gezeichnete Linien sich ausdehnen, wenn der Ballon aufgeblasen wird. Diese Koordinaten, die sich mit dem Weltall ausdehnen, werden *"mitbewegte Koordinaten"* genannt.

Zur Synchronisierung der mitbewegten Uhren nutzen wir das *kosmologische Prinzip*. Das können wir folgendermaßen fassen: *"Jeder Beobachter, der sich mit dem kosmischen Gas bewegt, hat dieselbe Geschichte."* Mit "Geschichte" meinen wir hier die Gesamtheit der Erfahrungen und Wahrnehmungen des Beobachters. Natürlich gleichen sich im wirklichen, inhomogenen Weltall die Geschichten nicht im Einzelnen: der Aufstieg und Fall von Kulturen, die Entwicklung und der Tod einzelner Sterne und Galaxien unterscheiden sich in verschiedenen Teilen des Weltalls sehr voneinander. Wenn aber das gleichförmige Modell überhaupt irgendeinen Wert hat, gleichen sich die Geschichten der *gemittelten* Größen, und mit den Werten dieser Größen können die Uhren synchronisiert werden. So könnten zum Beispiel alle mitbewegten Beobachter (im Prinzip!) übereinkommen, ihre Uhren auf dieselbe Zeit t einzustellen, wenn sie sehen, daß die mittlere Materiedichte ρ in ihrer Umgebung einen bestimmten verabredeten Wert erreicht hat. Andererseits könnte anstatt von ρ die Temperatur der Mikrowellenhintergrundstrahlung benutzt werden, da sich diese mit der Ausdehnung des Weltalls im Lauf der Zeit ändert (Abschnitt 8.1).

Das kosmologische Prinzip behauptet im wesentlichen, daß die Welt im Großen homogen ist. Wir können auch die *Isotropie* des Weltalls fordern, daß also jeder mitbewegte Beobachter in allen Richtungen im kosmischen Gas dasselbe sieht. Diese Forderung wird durch das Experiment deutlich nahegelegt: die Temperatur der Mikrowellenhintergrundstrahlung ist bis auf eine relative Schwankung, die kleiner als $3 \cdot 10^{-4}$ ist, richtungsunabhängig, wie eine Reihe von Experimenten gezeigt hat, die verschiedene Winkelauflösungen bis zu 1' hatten. Außerdem scheint die Verteilung ferner Radio- und optischer Galaxien isotrop zu sein. Gelegentlich wird Isotropie in das kosmologischen Prinzip eingeschlossen.

Insgesamt bedeutet die Annahme der Homogeneität und Isotropie für die Geometrie des dreidimensionalen durch $t = $ const. bestimmten Raum eine

Einschränkung. Offenbar muß dieser Raum durch eine einzelne Krümmung bestimmt sein, die an jedem Ort gleich sein muß, aber von der Zeit abhängen kann; wir schreiben sie als $K(t)$. Wir haben die Metrik eines solchen Raumes konstanter Krümmung schon hergeleitet; (4.3.8) gibt sie in Polarkoordinaten r, θ, ϕ, wobei r dadurch definiert ist, daß der Flächeninhalt der r-Sphäre $4\pi r^2$ ist. Dann ist r jedoch nicht die gesuchte mitbewegte Radialkoordinate, weil die Fläche der r-Kugel nicht mit dem sich ausdehnenden Weltall wächst. Um die richtige Koordinate zu finden, schreiben wir zuerst

$$\blacktriangleright \qquad K(t) \equiv \frac{k}{R^2(t)}, \quad \begin{cases} k = +1 \ (\text{positive Krümmung}) \\ k = 0 \ (\text{flacher Raum}) \\ k = -1 \ (\text{negative Krümmung}) \end{cases} \qquad (6.1.1)$$

wobei $R(t)$ der sogenannte *kosmische Skalenfaktor* ist. (In positiv gekrümmten Welten ($k=+1$) ist es sinnvoll, $R(t)$ den "Weltradius zur Zeit t" zu nennen, weil (4.3.11) zeigt, daß die größte Fläche der Hypersphären $r = \text{const } 4\pi R^2(t)$ beträgt). Wir definieren jetzt eine dimensionslose Koordinate σ durch

$$\blacktriangleright \qquad \sigma \equiv r/R(t), \qquad\qquad\qquad\qquad\qquad\qquad (6.1.2)$$

so daß die räumliche Metrik (4.3.8)

$$\Delta s^2 = R^2(t) \left[\Delta\sigma^2/(1-k\sigma^2) + \sigma^2\Delta\theta^2 + \sigma^2 \sin^2\theta\Delta\phi^2 \right]$$

wird. In diesen Koordinaten ändert sich die Eigendistanz zwischen irgend zwei durch die festen Werte von σ, θ, ϕ definierten Punkten in derselben Weise, und dies ist genau die Eigenschaft, die wir in einem expandierenden Weltall den mitbewegten Koordinaten zuschreiben wollen.

Um die vollständige Metrik zu erhalten, machen wir uns einfach klar, daß entlang der Weltlinie eines mitbewegten Beobachters, bei dem σ, θ und ϕ konstant sind, die Koordinatenzeit t dieselbe sein muß wie die Eigenzeit τ, deshalb gilt

$$\blacktriangleright \qquad \Delta\tau^2 = \Delta t^2 - R^2(t) \left[\Delta\sigma^2/(1-k\sigma^2) + \sigma^2\Delta\theta^2 + \sigma^2\sin^2\theta\Delta\phi^2 \right]/c^2. \quad (6.1.3)$$

Diese Metrik heißt nach den Relativitätstheoretikern, die sie 1934 zuerst herleiteten, Robertson-Walker-Metrik. Es läßt sich zeigen, daß die Weltlinien mit konstanten σ, θ, ϕ Geodätische dieser Raumzeit sind, so daß die mitbewegten Beobachter wirklich frei fallen. Unser kosmisches Koordinatensystem bedeutet keinesfalls eine Rückkehr zur Absolutheit von Raum und Zeit; wir benutzen einfach das natürlichste Bezugssystem, nämlich das, was relativ zu der gemittelten lokalen Materie des Weltalls ruht. Schließlich weisen wir darauf hin, daß wir bei der Ableitung der Gleichung (6.1.3) kein speziell auf die Gravitation bezogenes Argument verwendet haben. Die Robertson-Walker-Metrik folgt allein aus der in vierdimensionaler Sprache beschriebenen Symmetrie des dreidimensionalen Raums.

Wir schauen uns jetzt an, wie einfach die Funktion $R(t)$ die Ausdehnung des Weltalls beschreibt. Stellen wir uns der Einfachheit halber vor, unsere eigene Galaxis, die sich näherungsweise mitbewegt, liege im räumlichen Ursprung $\sigma = 0$, und betrachten wir eine andere Galaxie bei, sagen wir, σ. Ihr Eigenabstand D_p von uns ist zu einer kosmischen Zeit t durch (6.1.3) als

$$\blacktriangleright \qquad D_\mathrm{p} = R(t) \int_0^\sigma \frac{\mathrm{d}\sigma}{\sqrt{(1 - k\sigma^2)}} = \begin{cases} R(t)\sin^{-1}\sigma & (k = 1) \\ R(t)\,\sigma & (k = 0) \\ R(t)\sinh^{-1}\sigma & (k = -1) \end{cases} \qquad (6.1.4)$$

gegeben. Der Abstand ist damit proportional zu dem kosmischen Skalenfaktor $R(t)$, der sich im Lauf der Zeit ändert. Die Eigengeschwindigkeit v_p erhalten wir durch Differentiation nach t, wobei wir berücksichtigen, daß σ als mitbewegte Koordinate konstant ist. Wenn wir die Differentiation nach der Zeit mit einem Punkt bezeichnen, erhalten wir

$$\blacktriangleright \qquad v_\mathrm{p} \equiv \dot{D}_\mathrm{p} = \dot{R}(t) \int_0^\sigma \frac{\mathrm{d}\sigma}{\sqrt{(1 - k\sigma^2)}} = \frac{\dot{R}(t)}{R(t)} D_\mathrm{p}. \qquad (6.1.5)$$

Zu jeder kosmischen Zeit t ist also die Geschwindigkeit einer Galaxis relativ zu uns proportional zu ihrem Eigenabstand von uns. Das ist einfach das Hubble-Gesetz (2.3.3), wobei die Konstante H durch

$$\blacktriangleright \qquad H(t) = \frac{\dot{R}(t)}{R(t)}, \qquad (6.1.6)$$

gegeben wird. Wir sehen, daß die Ausdehnung sich im allgemeinen mit der Zeit ändert; was Astronomen messen, ist der heutige Wert H_0 der Hubble-Konstanten $t \equiv t_0$.

Der Fall positiver Krümmung ($k = 1$) ist faszinierend. Wir erinnern uns aus Abschnitt 4.3, daß so eine *geschlossene Welt* beschrieben wird, deren dreidimensionaler Raum analog zur Kugeloberfläche ist. Wenn die Koordinate von 0 auf 1 anwächst und wieder zurück auf 0 geht, durchfegen die "σ-Kugeln" das ganze Weltall. Der Eigenabstand von σ und O zur Zeit t ist nach (6.1.4) $R(t)\sin^{-1}\sigma$, was bei $2n\pi R(t)$ mehrdeutig ist, wobei n eine beliebige ganze Zahl ist. Die Entfernung zu σ wird sozusagen mit einem Maßstab gemessen, der entlang einer raumartigen Geodätischen liegt, die sich n-mal um die Welt windet. Eine Welt mit positiver Krümmung ist zwar geschlossen, aber unbeschränkt; wie auf der Oberfläche einer Kugel kommt man nie an einen "Rand".

Natürlich können wir zwischen Galaxien kein Maßband legen, deshalb ist der Eigenabstand D_{p} keine meßbare Größe. Der große Vorteil der relativistischen Formulierung ist, daß sie Beziehungen zwischen Größen wie Rotverschiebung, scheinbarer Helligkeit, Anzahlen usw. beschreibt, die meßbar sind. In den nächsten Abschnitten werden wir diese Beziehungen ableiten. Wichtig ist, daß sie alle nur den Skalenfaktor $R(t)$ enthalten.

Wie läßt sich $R(t)$ theoretisch bestimmen? Zur Beantwortung dieser Frage brauchen wir eine kosmische Dynamik, die entweder eine Gravitationstheorie ist, etwa die Einsteins, oder eine Theorie des stationären Universums. Wir werden in Kapitel 7 sehen, daß sich durch verschiedene Skalenfaktoren $R(t)$ charakterisierte Weltmodelle so beschreiben lassen. Es ist Aufgabe der Beobachtungskosmologie, herauszufinden, welches dieser Modelle (wenn überhaupt eines) unsere wirkliche Welt beschreibt.

6.2   Rotverschiebungen und Horizonte

Wir betrachten Licht, das uns (bei $\sigma = 0$) heute, zur Zeit t_0, von einer fernen Galaxie bei $\sigma = \sigma_e$ erreicht (Abbildung 50). Zwei Wellenberge, die bei t_0 und $t_0 + \Delta t_0$ ankommen, wurden bei t_e und $t_e + \Delta t_e$ ausgesandt. Da das Licht entlang einer Null-Geodätischen radial nach innen gelaufen ist, lassen sich diese vier Zeiten mittels der Robertson-Walker-Metrik (6.1.3) mit s_e in Beziehung setzen. Da

$$0 = \Delta t^2 - R^2(t)\,\Delta\sigma^2/c^2(1-k\sigma^2),$$

haben wir

$$\int_{t_e}^{t_0}\frac{\mathrm{d}t}{R(t)} = \frac{1}{c}\int_0^{\sigma_e}\frac{\mathrm{d}\sigma}{\sqrt{(1-k\sigma^2)}} \quad \text{und} \quad \int_{t_e+\Delta t_e}^{t_0+\Delta t_0}\frac{\mathrm{d}t}{R(t)} = \frac{1}{c}\int_0^{\sigma_e}\frac{\mathrm{d}\sigma}{\sqrt{(1-k\sigma^2)}},$$

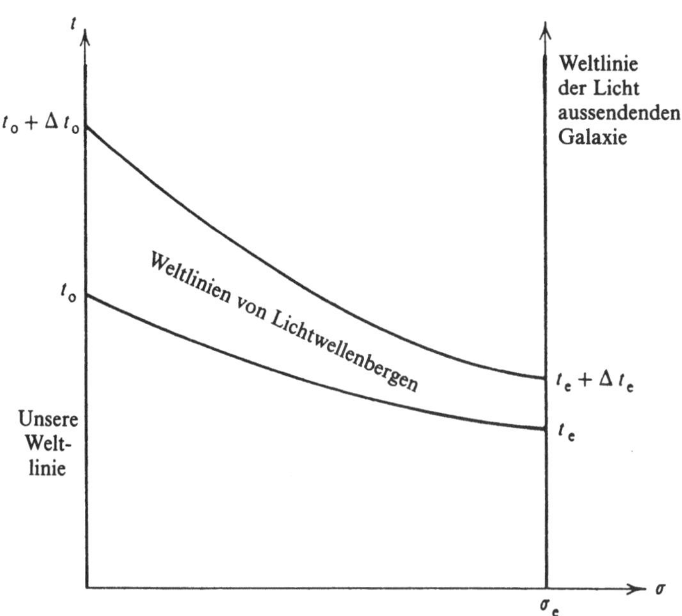

Abbildung 50. Weltlinien zur Berechnung kosmischer Rotverschiebungen

so daß

$$\int_{t_e+\Delta t_e}^{t_o+\Delta t_o} \frac{dt}{R(t)} - \int_{t_e}^{t_o} \frac{dt}{R(t)} = 0.$$

Für alle Art von elektromagnetischer Strahlung von Galaxien sind Δt_e und Δt_0 winzige Bruchteile einer Sekunde, und in so kleinen Zeitspannen ändert sich $R(t)$ kaum. Deshalb gilt

$$\Delta t_0/R(t_0) - \Delta t_e/R(t_e) = 0, \quad \text{or} \quad \Delta t_0/\Delta t_e = R(t_0)/R(t_e).$$

Nun stehen die beobachteten und emittierten Wellenlängen λ_0 und λ_e zu den Perioden Δt_0 und Δt_e in der Beziehung

$$\lambda_0 = c\Delta t_0 \quad \text{and} \quad \lambda_e = c\Delta t_e,$$

so daß die durch Gleichung (2.3.1) definierte Rotverschiebung z durch $R(t_0)$ als

$$z = R(t_0)/R(t_e) - 1 \tag{6.2.1}$$

geschrieben werden kann. In einem expandierenden Weltall ist $R(t_0) > R(t_e)$, so daß z, wie beobachtet, positiv ist. Die Formel (6.2.1) zeigt, daß die Rotverschiebung ein direktes Maß dafür ist, wie weit sich das Weltall seit der Zeit t_e ausgedehnt hat, zu der die Strahlung ausgesandt wurde. (Natürlich ist t_e unbekannt, aber wir werden bald andere beobachtbare Größen durch $R(t)$ ausdrücken und sie zu z in Beziehung setzen.)

Jetzt führen wir eine nützliche mathematische Entwicklung ein. Die meisten beobachteten kosmologischen Rotverschiebungen sind ziemlich klein, so daß t_e (kosmologisch gesprochen) nicht viel früher ist als t_0. Deshalb entwickeln wir $R(t_e)$ nach t_0

$$R(t_e) = R(t_0) + (t_e - t_0)\,\dot{R}(t_0) + \tfrac{1}{2}(t_e - t_0)^2\,\ddot{R}(t_0) + \dots$$

$$\equiv R(t_0)[1 + H_0(t_e - t_0) - \tfrac{1}{2}q_0 H_0^2(t_e - t_0)^2 + \dots],$$

wobei H_0 der heutige Wert der Hubble-Konstanten ist, also

$$\blacktriangleright \qquad H_0 \equiv \dot{R}(t_0)/R(t_0), \qquad\qquad\qquad\qquad (6.2.2)$$

und q_0 der dimensionslose *Verzögerungsparameter*

$$\blacktriangleright \qquad q_0 \equiv -\ddot{R}(t_0)\,R(t_0)/\dot{R}^2(t_0) = -\ddot{R}(t_0)/R(t_0)\,H_0^2. \qquad (6.2.3)$$

(Natürlich ist q_0 positiv, wenn die Ausdehnung des Weltalls sich verlangsamt, wenn $\ddot{R}$ also negativ ist. Wie wir in Kapitel 7 sehen werden, ist dies bei den meisten Weltmodellen der Fall, so daß es angebracht ist, eher einen Verzögerungsparameter als einen Beschleunigungsparameter zu definieren.) Die Rotverschiebung (6.2.1) läßt sich dann nach Potenzen von t_0 - t_e entwickeln,

$$\blacktriangleright \qquad z = H_0(t_0 - t_e) + (1 + \tfrac{1}{2}q_0)\,H_0^2(t_0 - t_e)^2 + \dots, \qquad (6.2.4)$$

und die Laufzeit t_0 - t_e des Lichts umgekehrt als Funktion von z:

$$\blacktriangleright \qquad t_0 - t_e = \frac{1}{H_0}\,[z - (1 + \tfrac{1}{2}q_0)\,z^2 + \dots]. \qquad\qquad (6.2.5)$$

Diese Formeln werden später sehr nützlich sein, aber es sollte nicht vergessen werden, daß sie nur Näherungen sind, die für kleines z gelten. Zunächst nehmen wir die Ergebnisse von Kapitel 7 vorweg und behaupten, daß H_0, q_0 und die heutige Massendichte ρ des kosmischen Gases zusammen mit den Gesetzen der kosmischen Dynamik genügen, um die Gesamtform des skalaren Faktors $R(t)$ vollkommen zu bestimmen.

Wir fragen jetzt: Was ist die Koordinate σ_{oh} des entferntesten Objekts (z.B. einer Galaxie), das wir jetzt sehen können? Diese Koordinate *bestimmt den Teilchenhorizont.* Ein solches Objekt muß sein Licht am Anfang t_{min} des

Weltalls emittiert haben; Bei einigen Modellen ist $t_{min} = -\infty$, bei anderen gilt $t_{min} = 0$. Deshalb erhalten wir aus der Robertson-Walker-Metrik

$$\int_{t_{min}}^{t_0} \frac{dt}{R(t)} = \frac{1}{c} \int_0^{\sigma_{oh}} \frac{d\sigma}{\sqrt{(1 - k\sigma^2)}},$$

oder (vergleiche (6.1.4))

$$\sigma_{oh} = \begin{cases} \sin\left(c \int_{t_{min}}^{t_0} \frac{dt}{R(t)}\right) & (k = 1) \\[2ex] c \int_{t_{min}}^{t_0} \frac{dt}{R(t)} & (k = 0) \\[2ex] \sinh\left(c \int_{t_{min}}^{t_0} \frac{dt}{R(t)}\right) & (k = -1). \end{cases} \qquad (6.2.6)$$

Objekte jenseits von σ_{oh} können wir jetzt nicht sehen. (Dem Licht geht es wie einem Läufer bei einem Rennen, bei dem der Zielpfosten schneller wegläuft, als er laufen kann.) Wenn der Raum flach ist oder negativ gekrümmt, ist es möglich, daß σ_{oh} für bestimmte Formen der Funktion $R(t)$ unendlich ist; ein solches Modelluniversum hat keinen Teilchenhorizont, und wir könnten im Prinzip heute das ganze Weltall sehen. Für ein positiv gekrümmtes Weltall gibt es keinen Teilchenhorizont, wenn

$$c \int_{t_{min}}^{t_0} \frac{dt}{R(t)} \geq \pi;$$

dann können die beobachtbaren Objekte σ-Werte haben, die von 0 bis 1 und wieder zurück bis 0 reichen, und wir sehen die "Antipoden" und damit das gesamte Weltall. (Stellen Sie sich einen Käfer vor, der vom Südpol eines expandierenden Ballons aus versucht, zu einem Beobachter zu krabbeln, der am Nordpol sitzt.) Der Begriff des Teilchenhorizonts präzisiert den Begriff der "Grenze des beobachtbaren Weltalls", den wir in Abschnitt 2.3 als eine Folge des Hubble-Gesetzes behandelten.

Keine physikalische Wirkung kann sich schneller ausbreiten als das Licht. Deshalb stellt der Teilchenhorizont die größte Entfernung dar, von der aus Materie das beeinflußt haben könnte, was jetzt an einem bestimmten Ort passiert. In den Frühzeiten des "Urknall-Weltmodells" waren die Teilchenhorizonte sehr klein. Später wurden die Horizonte größer und die Massen konnten sich in immer größeren mitbewegten Volumina gegenseitig beeinflussen. Dies ist möglicherweise die Erklärung dafür, wie sich die heutige großräumige Homogenität und Isotropie des Weltalls aus einem anfänglichen "Chaos" entwickelte, das Störungen aller Größen enthielt (siehe Abschnitt 8.2).

Wir stellen jetzt eine andere Frage: Was ist die Koordinate σ_{eh} des entferntesten Ereignisses, das jetzt (also zur kosmischen Zeit t_0) passiert, das wir je sehen können? Diese Koordinate gehört zum *Ereignishorizont*. Das Licht von einem solchen Ereignis muß uns erreichen, bevor das Weltall bei t_{max} aufhört; bei den meisten Modellen ist t_{max} unendlich, aber es gibt wichtige Modelle (siehe Kapitel 7), wo die Ausdehnung aufhört und durch eine Kontraktion ersetzt wird, die zu einer endlichen Zeit t_{max} mit einer gewaltigen Implosion endet. Deshalb haben wir

$$\int_{t_0}^{t_{max}} \frac{dt}{R(t)} = \frac{1}{c} \int_0^{\sigma_{eh}} \frac{d\sigma}{\sqrt{(1-k\sigma^2)}},$$

oder (vergleiche (6.1.4))

$$\blacktriangleright \quad \sigma_{eh} = \begin{cases} \sin\left(c\int_{t_0}^{t_{max}} \frac{dt}{R(t)}\right) & (k=1) \\[2ex] c\int_{t_0}^{t_{max}} \frac{dt}{R(t)} & (k=0) \\[2ex] \sinh\left(c\int_{t_0}^{t_{max}} \frac{dt}{R(t)}\right) & (k=-1). \end{cases} \tag{6.2.7}$$

Ereignisse, die jetzt jenseits von σ_{eh} passieren, werden wir niemals sehen. Bei negativ gekrümmten oder flachen Welten, in denen σ_{eh} unendlich ist, oder bei positiv gekrümmten, in denen

$$c\int_{t_0}^{t_{max}} \frac{dt}{R(t)} \geq \pi,$$

sollte jedes Ereignis, das jetzt passiert, irgendwann von uns gesehen werden können.

Der Ereignishorizont stellt die größte Entfernung dar, von der aus Materie jemals das beeinflussen kann, was an irgendeinem bestimmten Ort passiert. Ein Beispiel für einen Ereignishorizont ist die Schwarzschildsphäre $r = r_s$, die wir in Abschnitt 5.6 behandelten.

Später, wenn wir $R(t)$ für verschiedene kosmologische Modelle berechnet haben, werden wir wissen, welche Weltmodelle Horizonte der einen oder anderen Art haben und welche nicht.

6.3 Die Flußdichte

Wir erinnern uns an Abschnitt 2.2.3 und die Untersuchung der Flußdichte *l* eines Körpers (im Folgenden immer eine Galaxie oder Radioquelle) mit der Leuchtkraft *L* im Abstand D_L; wir schreiben die einfache Formel (2.2.5) als

$$\blacktriangleright \qquad l = L/4\pi D_L^2. \qquad\qquad (6.3.1)$$

Die Herleitung beruhte auf dem Energieerhaltungssatz und zog weder die Ausdehnung des Weltalls noch die Raumkrümmung in Betracht. Im Rahmen des auf der Robertson-Walker-Metrik beruhenden homogenen Weltmodells ist es möglich, *l* genau zu berechnen. Die Galaxie habe die kosmische Radialkoordinate σ_e und das von ihr ausgesandte, uns gerade jetzt, zur Zeit t_0 erreichende Licht, sei zur Zeit t_e ausgesandt worden. Das Licht durchquere jetzt die Oberfläche einer großen Hypersphäre, deren Fläche wegen (6.1.2)

$$4\pi R^2(t_0)\, \sigma_e^2$$

ist. Die Flußdichte *l*, die eine Einheitsfläche dieser Kugel durchquert, ist außer durch die Abnahme mit r^{-2} durch zweierlei vermindert: erstens kommt wegen der Rotverschiebung jedes Photon mit einer Energie an, die um einen Faktor $1 + z$ reduziert ist (bedenken wir, daß die Energie eines Photons $h\nu$ ist, wobei *h* die Plancksche Konstante ist und ν die Frequenz); zweitens sehen wir, wenn wir auf Photonen dieselben Überlegungen anwenden, die für Wellenberge zu der Rotverschiebung führten, daß pro jeweiliger Zeiteinheit weniger Photonen aufgefangen als ausgeschickt werden, und zwar auch um einen Faktor $1 + z$. Deshalb ist die Flußdichte

$$\blacktriangleright \qquad l = L/4\pi R^2(t_0)\, \sigma_e^2(1+z)^2. \qquad\qquad (6.3.2)$$

Wenn wir dies mit der Formel (6.2.1) für die Rotverschiebung kombinieren, ergibt sich

$$\blacktriangleright \qquad l = LR^2(t_e)/4\pi\sigma_e^2 R^4(t_0). \qquad\qquad (6.3.3)$$

Wir können σ_e durch t_0 und t_e ausdrücken, weil das Licht entlang einer Null-Geodätischen läuft, so daß

$$\blacktriangleright \qquad l = LkR^2(t_e)/4\pi R^4(t_0)\sin^2\left(c\sqrt{k}\int_{t_e}^{t_0} dt/R(t)\right) \qquad (6.3.4)$$

(vergleiche den Anfang von Abschnitt 6.2 und Gleichung (6.1.4)). Für einen Körper mit bekannter Leuchtkraft *L* führt die Anwendung des einfachen

Gesetzes (6.3.1) auf eine Messung von *l* zum *Helligkeitsabstand* D_L, das, was die Methoden von Abschnitt 2.2.3 wirklich messen. Das genaue Ergebnis (6.3.4) sagt uns, daß

$$\blacktriangleright \qquad D_L = R^2(t_0) \sin\left(c\sqrt{k}\int_{t_e}^{t} \mathrm{d}t/R(t)\right)/R(t_e)\sqrt{k}, \qquad (6.3.5)$$

oder

$$\blacktriangleright \qquad D_L = R^2(t_0)\,\sigma_e/R(t_e). \qquad (6.3.6)$$

Dies ist nicht dasselbe wie der durch (6.1.4) gegebene *Eigenabstand* D_p. Es ist auch nicht dasselbe wie der *Koordinatenabstand* $R(t_0)\,\sigma_e$ oder der *aus der scheinbaren Größe hergeleitete Abstand* oder der *mit Hilfe der Parallaxe gemessene Abstand*. All diese Entfernungen werden jedoch gleich, wenn σ_e, und damit $t_0 - t_e$, klein ist.

Für nicht zu ferne Galaxien ist es zweckmäßig, (6.3.4) nach Potenzen von $t_0 - t_e$ zu entwickeln; wir erhalten nach leichter Umformung

$$l = \frac{L}{4\pi c^2(t_0-t_e)^2}\left[1 - \frac{3\dot{R}(t_0)}{R(t_0)}\,(t_0-t_e)+...\right].$$

Nun verwenden wir die Entwicklung (6.2.5) für $t_0 - t_e$ nach der Rotverschiebung *z*:

$$l = \frac{LH_0^2}{4\pi c^2 z^2}\,[1 + (q_0-1)\,z+...]. \qquad (6.3.7)$$

Das Schöne an diesem Ergebnis ist, daß es die meßbaren Größen *l* und *z* unmittelbar miteinander verknüpft. Wir kennen *L* nicht besonders genau, aber wir können es, wie in Abschnitt 2.2 erklärt, aus der kosmischen Entfernungshierarchie abschätzen. Da wir *L* für Galaxien kennen, die uns so nah sind, daß $(q_0 - 1)z$ vernachlässigt werden kann, können wir H_0 aus der Steigung der Kurve für *l* in Abhängigkeit von z^{-2} bestimmen. Dann können wir unter der Annahme, daß die hellsten Galaxien in Haufen alle das gleich *L* haben, die Methode auf weitere Entfernungen ausdehnen und q_0 aus der Abweichung der Kurve von $l(z^{-2})$ von einer Geraden erhalten. In der Praxis der optischen Astronomie ist es üblicher, *l* und *L* mit Hilfe von (2.2.6) durch die scheinbaren und absoluten Helligkeiten *m* und *M* auszudrücken; aus der Formel (6.3.7) wird dann, nach etwas Umrechnen

$$\blacktriangleright \qquad m - M = 25 - 5\log_{10} H_0 + 5\log_{10} cz + 1.086(1-q_0)\,z\,, \qquad (6.3.8)$$

wobei H_0 in km s^{-1} Mpc^{-1} und c in km s^{-1} gemessen werden.

Versuche, mit Hilfe dieser Formel H_0 und q_0 zu finden, stoßen auf technische Schwierigkeiten. Das Hauptproblem ist der Mangel an Statistiken für Rotverschiebungen $z \gtrsim 0{,}3$. Ferner ist die angenommene Konstanz von L oder M zweifelhaft: Neben dem in Abschnitt 2.2.3 erwähnten Scott-Effekt, der die künstliche Auswahl außerordentlich heller Galaxien betrifft, stellt sich die Frage der *galaktischen Entwicklung*. Das Licht von einer Galaxie mit großer Rotverschiebung wurde zu einer Zeit t_e ausgeschickt, als jene Galaxie viel jünger war, als sie es zur heutigen kosmischen Zeit ist; deshalb könnte sie eine ganz andere Helligkeit gehabt haben als die Galaxien heute. Computermodelle einer sich entwickelnden Galaxie können eine Vorstellung davon geben, wie sich die Leuchtkraft ändert, und ermöglicht eine sehr grobe Korrektur der gemessenen Größen m. Es gibt auch eine Reihe anderer Korrekturen, zum Beispiel für die Absorption innerhalb unserer Galaxis, die m beeinflußt, und die Rotation unserer Galaxis, die sich auf z auswirkt. Wenn alle Korrekturen gemacht sind, ergibt die beste Anpassung an die Kurve für $z(m)$ (Abbildung 6) den Wert (55 ± 7) km s^{-1} Mpc^{-1} für H_0 und für q_0, den Verzögerungsparameter,

$$\blacktriangleright \qquad q_0 = 1 \pm 1. \tag{6.3.9}$$

(Einige neuere indirekte Überlegungen lassen einen kleineren Wert für q_0 vermuten, etwa 0,2 oder 0,3). Die Ungewißheiten sind so groß, daß wir mit Sandage sagen: "Zur Zeit kann nichts davon sehr ernst genommen werden. Wir brauchen für eine befriedigende Lösung viel mehr Haufen, deren Rotverschiebungen größer sind als $z = 0{,}2$". Ein wichtiger vorläufiger Schluß läßt sich aber doch aus den Beobachtungen ziehen: Es ist ziemlich unwahrscheinlich, daß das Steady-State-Modell auf das wirkliche Weltall zutrifft, weil dieses Modell fordert, wie wir in Kapitel 7 zeigen werden, daß q_0 gleich -1 ist.

6.4 Die Galaxiendichte und der dunkle Nachthimmel

Nehmen wir der Einfachheit halber an, daß die Galaxien, aus denen das kosmische Gas besteht, alle dieselbe mittlere Leuchtkraft $L(t)$ haben; sie mag sich im Lauf der Zeit ändern, wir lassen also jetzt die Möglichkeit einer Entwicklung der Galaxien zu. Mit $n(t)$ bezeichnen wir die Zahl der "großen Galaxien" pro Eigenvolumeneinheit; dies ist die "Eigenanzahldichte". Die Anzahl der zwischen den Koordinatenhypersphären σ und $\sigma + d\sigma$ eingeschlossenen Galaxien zur Zeit t ergibt sich aus der Robertson-Walker-Metrik

(6.1.3) als

▶ $n(t) \cdot$(Eigenvolumen zwischen σ und $\sigma + \Delta\sigma$ bei t)

$$= n(t)\, \underbrace{4\pi\sigma^2 R^2(t)}_{\text{Eigenfläche}} . \; R(t)\, d\sigma / \sqrt{(1 - k\sigma^2)}$$

$$= 4\pi n(t)\, R^3(t)\, \sigma^2 d\sigma / \sqrt{(1 - k\sigma^2)}, \tag{6.4.1}$$

wobei $4\pi\sigma^2 R^2(t)$Wenn Galaxien weder geschaffen noch zerstört werden, bleibt diese Zahl konstant, denn σ und $\sigma + d\sigma$ sind mitbewegte Sphären, so daß im Mittel Galaxien ihre Oberfläche nicht durchqueren. Also gilt

▶ $n(t)\, R^3(t) = n(t_0)\, R^3(t_0),$

oder $$n(t) = \frac{R^3(t_0)}{R^3(t)}\, n(t_0). \tag{6.4.2}$$

Diese Formel ist eigentlich selbstverständlich; von Galaxien definierte Volumina dehnen sich wie die dritte Potenz des skalaren Faktors aus, so daß die Dichten mit $R^{-3}(t)$ abnehmen. (Beim stationären Weltmodell gilt (6.4.2) nicht, sondern es wird angenommen, daß die Anzahl der neugeschaffenen Galaxien sich zur Ausdehnung des Weltalls gerade so verhält, daß $n(t)$ konstant ist - siehe Abschnitt 7.3.) Die heutige Galaxiendichte $n(t_0)$ wird auf 1/75 Mpc^{-3} geschätzt.

Der Begriff der Dichte und die Ergebnisse für die Leuchtkraft im letzten Abschnitts ermöglichen uns, eine Bedingung zu formulieren, die kosmologische Modelle erfüllen müssen, damit sich aus ihnen nicht ein strahlend heller Nachhimmel vorhersagen läßt, eine Bedingung also, die das "Olberssche Paradoxon" vermeidet. Offensichtlich darf die Gesamtleuchtkraft l_{tot} aller Galaxien der Welt nicht unendlich sein. Wir berechnen jetzt eine obere Grenze für l_{tot}, wobei wir (6.4.1) und die Helligkeitsformel (6.3.3) verwenden und Absorptionswirkungen, die von der Verdunkelung einer Galaxie durch andere herrühren, vernachlässigen. Die Flußdichte dl_{tot} aller Galaxien zwischen σ_e und $\sigma_e + d\sigma_e$ ist zur heutigen Zeit t_0 das Produkt aus der Anzahl der Galaxien und ihrer jeweiligen Leuchtkraft

$$dl_{tot} = \frac{4\pi n(t_e)\, R^3(t_e)\, \sigma_e^2 d\sigma_e}{\sqrt{(1 - k\sigma_e^2)}} \cdot \frac{L(t_e)\, R^2(t_e)}{4\pi\sigma_e^2 R^4(t_0)},$$

wobei t_e die Zeit ist, zu der von σ_e Licht ausgeschickt wurde, das uns jetzt erreicht. t_e und t_0 sind durch das Geodätengesetz für Lichtbahnen verknüpft:

$$\blacktriangleright \qquad \frac{c\,dt_e}{R(t_e)} = \frac{d\sigma_e}{\sqrt{(1-k\sigma_e^2)}}. \qquad (6.4.3)$$

Wir können also dl_{tot} durch dt_e ausdrücken:

$$dl_{tot} = \frac{cn(t_e)\,L(t_e)\,R^4(t_e)\,dt_e}{R^4(t_0)}.$$

Um l_{tot} zu bestimmen, integrieren wir über die gesamte Vergangenheit des Weltalls, von t_{min} bis heute; das ergibt

$$\blacktriangleright \qquad l_{tot} = \frac{c}{R^4(t_0)} \int_{t_{min}}^{t_0} dt_e\, n(t_e)\, L(t_e)\, R^4(t_e). \qquad (6.4.4)$$

Damit der Nachthimmel nicht taghell ist, darf diese Größe nicht unendlich sein. Wenn Galaxien weder geschaffen noch zerstört werden, können wir wegen (6.4.2) $n(t_e)$ eliminieren und l_{tot} wird

$$\blacktriangleright \qquad l_{tot} = \frac{cn(t_0)}{R(t_0)} \int_{t_{min}}^{t_0} dt_e\, L(t_e)\, R(t_e). \qquad (6.4.5)$$

Für "Urknallmodelle" mit $t_{min} = 0$ ist $R(t_{min})$ nach Definition null und $L(t_e)$ ist immer endlich; das Integral konvergiert also und l_{tot} ist endlich. Dies ist keine hinreichende Bedingung für die Vermeidung des Olbersschen Paradoxons, weil der tatsächliche für l_{tot} berechnete Wert (mit der Korrektur für Absorption) bei allen Wellenlängen kleiner sein muß als die bekannte Intensität des Strahlungshintergrunds. Diese Einschränkung für l_{tot} wirkt sich am meisten im Röntgen- und Radiobereich des Spektrums aus.

Für unendlich alte Welten, bei denen also $t_{min} = -\infty$, ergibt sich die Möglichkeit, daß l_{tot} unendlich sein könnte. Damit (6.4.5) konvergiert, muß für

$$t \to -\infty$$

$$\blacktriangleright \qquad L(t)\, R(t) < \text{const.}/|t| \qquad (6.4.6)$$

sein. Dies wird durch die statischen Modelle verletzt, die untersucht wurden, bevor die Ausdehnung der Welt entdeckt wurde. In diesen Modellen sind n, L und R konstant, und deshalb ist

$$l_{tot} = cnL \int_{-\infty}^{t_0} dt_e = \infty$$

(Absorption reduziert diese berechnete "unendliche" Leuchtkraft auf denselben Wert, der sich für einen Himmel ergibt, der völlig mit Sternen bedeckt ist, aber das Olberssche Problem bleibt.)

6.5 Galaxienzählungen

Wieviele der Galaxien, die wir jetzt sehen, haben ihr Licht später als t_e ausgesandt? Diese Zahl, die wir $N(>t_e)$ nennen, ist nach (6.4.1) und (5.4.3) durch

$$\blacktriangleright \qquad N(> t_e) = \int_{t_e}^{t_0} dt \, \frac{4\pi n(t)\, R^3(t)\, \sigma^2(t)}{\sqrt{(1-k\sigma^2)}} \frac{d\sigma}{dt}$$

$$= 4\pi c \int_{t_e}^{t_0} \frac{dt\, n(t)\, R^2(t)}{k} \sin^2\left(c\sqrt{k} \int_{t}^{t_0} \frac{dt'}{R(t')}\right) \qquad (6.5.1)$$

gegeben. Bei den üblichen Kosmologien mit Galaxienerhaltung ergibt (6.4.2)

$$\blacktriangleright \qquad N(> t_e) = \frac{4\pi c R^3(t_0)\, n(t_0)}{k} \int_{t_e}^{t_0} \frac{dt}{R(t)} \sin^2\left(c\sqrt{k}\int_{t}^{t_0} \frac{dt'}{R(t')}\right). \qquad (6.5.2)$$

Nun ist $N(>t_e)$ auch die Anzahl $N(<z)$ der Galaxien mit Rotverschiebungen kleiner als z, wobei z die durch (6.2.1) gegebene, t_e entsprechende Rotverschiebung ist, weil Galaxien, die *seit* t_e strahlen, Rotverschiebungen *kleiner als z* haben. Außerdem ist $N(>t_e)$ auch die Anzahl $N(>l)$ von Galaxien, deren Flußdichte größer ist als l, wobei l die durch (6.3.) gegebene Flußdichte ist, die t_e entspricht, weil Galaxien, die seit t_e Licht ausschicken, heller erscheinen als l. Die Funktionen $N(<z)$ und $N(>l)$ sind zwei Beziehungen zwischen Paaren beobachtbarer Größen. Leider sind diese Beziehungen in ihrer allgemeinen Form implizit, und explizit können wir nur die Potenzentwicklungen nach kleinem z und großem l gewinnen.

Wir beginnen mit der Entwicklung von $N(>t_e)$ (Gleichung (6.5.2)) für kleines $t_0 - t_e$. Das ergibt

$$N(> t_e) = \frac{4\pi c^3 n(t_0)}{3} (t_0 - t_e)^3 \left[1 + \frac{3H_0}{2}(t_0 - t_e) + \ldots\right].$$

Dann benutzen wir die Rotverschiebungsentwicklung (6.2.5), um $t_0 - t_e$ durch z auszudrücken und erhalten

$$\blacktriangleright \qquad N(< z) = \frac{4\pi c^3 n(t_0)\, z^3}{3 H_0^3}\, [1 - \tfrac{3}{2}(1+q_0)\, z + \ldots]. \qquad (6.5.3)$$

Dies ähnelt stark der in (6.3.7) gegebenen Beziehung zwischen l und z. Im Prinzip lassen sich mit ihr H_0 und der Verzögerungsparameter q_0 bestimmen; die so gefundenen Werte sollten natürlich dieselben sein, die vorher ermittelt wurden, und das würde eine überaus wertvolle Möglichkeit bieten, die Gültigkeit der homogenen, isotropen, auf der Robertson-Walker-Metrik beruhenden Kosmologien zu überprüfen. Leider ist dieses Programm aus den folgenden Gründen noch nicht durchgeführt worden. Bei Galaxien, die in optischen Teleskopen sichtbar sind, ist z leicht zu messen, aber Versuche, verläßliche Anzahlen zu ermitteln, stoßen auf große technische Schwierigkeiten, die vor allem durch Haufenbildung und Dunkelmaterie in unserer eigenen Galaxis bedingt sind. Bei Radioquellen andererseits ist das Abzählen möglich, aber im Radiospektrum sind keine von Quellen herrührenden Linien sichtbar, so daß z nur in jenen Fällen bestimmt werden kann, in denen die Quelle auch optisch erfaßt werden kann. Eine weitere Komplikation ist, daß Galaxien und Radioquellen nicht alle dieselbe Leuchtkraft haben, wie wir angenommen haben; außerdem bleibt die Leuchtkraft einzelner Körper nicht konstant.

Um die Beziehung $N(>l)$ zwischen der Anzahl und der Flußdichte zu finden, setzen wir in (6.5.3) die durch l in (6.3.7) ausgedrückten Werte von z ein. Das gibt

$$\blacktriangleright \qquad N(> l) = \frac{4\pi n(t_0)}{3}\left(\frac{L}{4\pi l}\right)^{\frac{3}{2}}\left[1 - \frac{3H_0}{c}\left(\frac{L}{4\pi l}\right)^{\frac{1}{2}} + \dots\right]. \qquad (6.5.4)$$

Der führende Term dieser Formel ist das euklidische $l^{-3/2}$-Gesetz (2.2.12); es ermöglicht, wie in Abschnitt 2.2.4 behandelt, $n(t_0)$ zu finden. Das Korrekturglied (in dem sich q_0 durch Zufall heraushebt) ist immer negativ, so daß es für schwache Objekte (kleines l) immer weniger Quellen geben sollte, als das $l^{-3/2}$-Gesetz besagt. Dieser Schluß wird durch Beobachtungen an Radioquellen glatt widerlegt: viele Vermessungen von tausenden von Radioquellen stimmen darin überein, daß es *mehr* schwache Quellen gibt, als das $l^{-3/2}$-Gesetz vorhersagt. Die Beobachtungsergebnisse entsprechen gut einem Gesetz der Form

$$\blacktriangleright \qquad N(> l) \approx \text{const.}/l^{1.8}. \qquad (6.5.5)$$

Wie sollen wir das verstehen? Offenbar sind eine oder mehrere der Näherungen, die zu (6.5.4) führten, nicht zulässig. Diese Näherungen besagen, daß Galaxien erhalten bleiben und daß ihre mittlere absolute Leuchtkraft L konstant bleibt. Da sich der Widerspruch bei kleinem l ergibt, was schwachen,

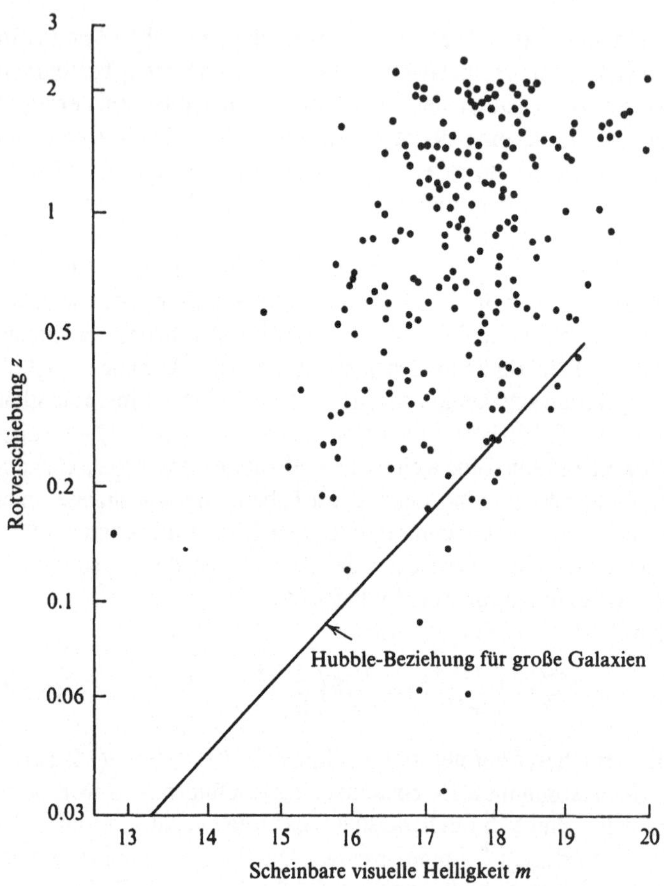

Abbildung 51. Rotverschiebungen bei Quasaren (Reproduktion mit freundlicher Genehmigung von Professor E.M. Burbidge)

fernen Quellen entspricht, deren Strahlung zu einer frühen Zeit t_e in der Geschichte der Welt emittiert wurde, müssen wir schließen, daß die *Radioquellen früher heller und/oder zahlreicher waren als heute.* Die Evolution muß also bei der Interpretation der Beobachtungen berücksichtigt werden (natürlich messen Radio- und optische Teleskope völlig verschiedene Bruchteile der Gesamtleuchtkraft L; das kompliziert die Einzelheiten der Beweisführung, ohne ihre Gültigkeit anzutasten).

Das Experiment sagt uns jedoch mehr als das. Das $l^{-1,8}$-Gesetz, das bei der

Entwicklung von l das erste Korrekturglied $l^{-3/2}$ liefert, kann aus folgendem Grund nicht für sehr kleine Werte von l gelten: die allerschwächsten Quellen lassen sich nicht auflösen und ihre Radiostrahlung bildet einen kontinuierlichen Hintergrund; wenn das Gesetz für diese nicht aufzulösenden Quellen gelten würde, wäre die Hintergrundstrahlung viel stärker, als sie ist. Für die schwächsten auflösbaren Quellen scheint sich das $l^{-1,8}$-Gesetz sogar zu einer geringeren Abhängigkeit zu verändern - etwa $l^{-0,8}$. Das bedeutet, daß die Radioquellen zu einer früheren Zeit als der, für die (6.5.5) gilt, viel schwächer und/oder weniger zahlreich gewesen sein müssen als heute. Beobachtungen an Quasaren stützen diesen Schluß: ihre Rotverschiebungen sind nur selten größer als $z = 2,2$ (Abbildung 51). Das Wesen der Quasare liegt noch im Dunkeln, aber wenn sie extragalaktische Objekte sind, folgt aus diesem Ergebnis, daß sie vor der Zeit t_e, die $z = 2,2$ entspricht, keine wesentliche Strahlung erzeugt haben. (Der genaue Wert von t_e hängt von $R(t)$ und deshalb von dem kosmologischen Modell ab.)

All dieses läßt uns für die Geschichte der Welt nach dem allerersten Anfang (den wir in Kapitel 8 behandeln) folgendes einfache Szenario vermuten: zuerst gab es keine wesentlichen diskreten Strahlungsquellen, dann bildeten sich Galaxien, Radioquellen und Quasare, die während ihrer Kindheit übermäßig heftig strahlten. Seitdem wurden diese Objekte allmählich schwächer. In Abschnitt 7.3 werden wir sehen, daß das entgegengesetzte Bild eines Weltalls in einem immer gleichbleibenden Zustand durch die Beobachtungen von $N(>l)$ widerlegt wird (wir können diese Behauptung nicht auf der Basis von (6.5.4) machen, weil diese Formel unter der Annahme der Erhaltung der Galaxien gemacht wurde, und die wird von der Steady-State-Theorie verletzt).

7 Kosmische Dynamik

7.1 Die Gravitation und das kosmische Gas

Die auf der Robertson-Walker-Metrik (6.1.3) beruhenden homogenen Weltmodelle sind durch ihre Skalenfaktoren $R(t)$ und den "Krümmungsindex" k gekennzeichnet. Wegen (6.1.1) bestimmen diese Größen die Krümmung $K(t)$ des dreidimensionalen Raums zur kosmischen Zeit t. Was bestimmt $R(t)$ und k? Die Antwort lautet: Die Eigengravitation der gesamten in der Welt vorhandenen Materie, weil diese die Art der Ausdehnung bestimmen muß. In einer strengen Ableitung wird der Krümmungstensor der Raumzeit aufgrund der Einsteinschen Feldgleichungen durch den Tensor bestimmt, der die Verteilung der kosmischen Materie beschreibt. Diese Herleitung erfordert jedoch eine Mathematik, die für dieses Buch zu hoch ist. Wir stellen die Verbindung zwischen Krümmung und Materie deshalb mit Hilfe von Überlegungen her, die jenen aus Abschnitt 4.4 ähneln.

Zunächst machen wir uns klar, daß es nicht möglich ist, Formel (4.4.1) zu verwenden, die die Raumkrümmung in der Nähe einer isolierten Masse beschreibt. Der Grund liegt darin, daß dies zu einer *statischen* Schwarzschildschen Raumzeit (5.1.2) führt; ein expandierendes Weltall ist mit Sicherheit nicht statisch. Nichtsdestoweniger können wir den Beweis ähnlich führen, wenn wir die Überlegungen nicht auf die Raumkrümmung (t), sondern auf die Krümmung der *Raumzeit* anwenden. (t) ist als die Krümmung der zweidimensionalen "Fläche" definiert; t und σ variieren, während θ und ϕ konstant sind. Ihre Metrik ist wegen (6.1.3)

$$\Delta \tau^2 = \Delta t^2 - R^2(t)\, \Delta \sigma^2 / c^2 (1 - k\sigma^2).$$

Um $\mathscr{K}(t)$ zu finden, benutzen wir die Gaußsche Krümmungsformel (4.3.5) mit $t = x^1$, $\sigma = x^2$. Das führt zu

$$\blacktriangleright \qquad \mathscr{K}(t) = -\ddot{R}(t)/R(t). \qquad\qquad (7.1.1)$$

Die Materie des Weltalls wird durch die Massendichte $\rho(t)$ beschrieben und verursacht die Krümmung der Raumzeit. In der "möglichst einfachen" allgemeinen Formel ist $\mathscr{K}(t)$ proportional zu $\rho(t)$; wir schreiben deshalb

$$\blacktriangleright \qquad \mathcal{K}(t) = \alpha\rho(t)\, G^l c^m + \text{const.,} \qquad\qquad (7.1.2)$$

wobei die "Konstante" hinzugefügt wurde, um der Möglichkeit Rechnung zu tragen, daß die leere Raumzeit ($\rho = 0$) gekrümmt sein könnte. Wir führen jetzt eine Dimensionsbetrachtung durch: Aus (7.1.1) folgt, daß $\mathcal{K}(t)$ die Dimension (Zeit)$^{-2}$ hat. Wenn α dimensionslos ist, folgt daraus, daß die Potenzen l und m von G und c beziehungsweise 1 und 0 sind. Wir werden bald sehen, daß wir

$$\alpha = 4\pi/3$$

setzen müssen, damit sich im Grenzfall die Newtonsche Theorie ergibt. Schließlich schreiben wir wie üblich die "Konstante" in (7.1.2) als $-\Lambda/3$. Λ hat die Dimension (Zeit)$^{-2}$ und heißt *kosmologische Konstante*. Die Krümmung $\mathcal{K}(t)$ ist dann

$$\blacktriangleright \qquad \mathcal{K}(t) = 4\pi\rho(t)\, G/3 - \Lambda/3. \qquad\qquad (7.1.3)$$

Wenn wir das mit (7.1.1) gleichsetzen, ergibt sich als Bewegungsgleichung für $R(t)$

$$\blacktriangleright \qquad \ddot{R}(t) = -4\pi\rho(t)\, GR(t)/3 + (\Lambda/3)\, R(t). \qquad\qquad (7.1.4)$$

Genau dieselbe Formel folgt aus Einsteins allgemeinen Feldgleichungen. Die kosmologische Konstante Λ ist Gegenstand vieler Kontroversen gewesen. Sie ist eine neue unabhängige Naturkonstante, wie G und c, und sollte sicherlich möglichst vermieden werden. Aber die Form (7.1.2) *mit* der Konstanten ist allgemeiner, und es ist unwahrscheinlich, daß Λ genau null ist. Einstein selbst glaubte fest daran, daß Λ null ist, und nannte die ursprüngliche Einfügung der kosmologischen Konstanten in seine Feldgleichungen den "größten Irrtum meines Lebens". Wäre, so argumentierte er, Λ nicht null, müßte die leere Raumzeit gekrümmt sein, und das widerspräche dem Geist des Machschen Prinzips (Abschnitt 3.5). Wir schließen hier einen Kompromiß, indem wir die kosmologische Konstante berücksichtigen, uns aber das Recht nehmen, sie null zu setzen, wenn es uns paßt. Wegen (7.1.4) ist klar, daß ein positives Λ wie eine negative Dichte ρ wirkt. Da die Gravitationswechselwirkung der Materie die Ausdehnung des Weltalls verlangsamt, muß ein positives Λ sie beschleunigen; deshalb wird $\Lambda R/3$ manchmal *kosmische Abstoßung* genannt.

Gleichung (7.1.4) wird verständlicher, wenn man sich klar macht, daß diese Gleichung exakt aus der Newtonschen Mechanik folgt, wenn Λ Null ist.

Dazu betrachten wir die Galaxien innerhalb einer mitbewegten Sphäre mit Radialkoordinate σ. Wegen (6.1.4) entspricht σ im flachen Newtonschen Raum einem Eigenradius σ $R(t)$. Eine Galaxie auf der Kugeloberfläche wird durch die Massenanziehung im Inneren der Kugel nach innen beschleunigt. Wenn die Galaxie die Masse m hat, ergibt Newtons zweites Gesetz

$$
\begin{aligned}
m \cdot \text{Beschleunigung} \quad &= m\sigma\, \ddot{R}(t) \\
&= \text{nach außen gerichtete Kraft auf} \\
&\quad\ \text{die Galaxie} \\
&= -\frac{Gm \cdot \underline{\text{Masse im Inneren der Kugel}}}{(\sigma R(t))^2} \\
&= -\frac{Gm(4\pi/3)\,\rho(t)\,(\sigma R(t))^3}{(\sigma R(t))^2} \, .
\end{aligned}
$$

Also ist

$$
\ddot{R}(t) = -(4\pi/3)\, G\rho(t)\, R(t),
$$

was für $\Lambda = 0$ identisch ist mit (7.4.1). Dies zeigt, daß unsere Wahl von $\alpha = 4\pi/3$ in (7.1.3) nötig war, wenn wir Verträglichkeit mit der Newtonschen Mechanik haben wollen. Verträglichkeit ist eine Sache, aber Gleichheit eine andere; warum liefert die Newtonsche Mechanik die genaue Lösung dieses Problems? Weil die Bewegung des ganzen kosmischen Gases nach dem kosmologischen Prinzip durch die Bewegung einer beliebigen sehr kleinen Gaskugel beschrieben wird. Die relativen Ausdehnungsgeschwindigkeiten sind in einer solchen kleinen Kugel sehr viel kleiner als c, und die Schwerkräfte in der Kugel sind sehr gering, weil die Masse der Kugel klein ist. Gerade im Grenzfall niedriger Geschwindigkeiten und schwacher Gravitation jedoch gilt die Newtonsche Mechanik. Deshalb bestimmt die Newtonsche Gleichung die Bewegung des ganzen kosmischen Gases. (Selbst die kosmologische Konstante Λ läßt sich in das Newtonsche System eingliedern, wenn zusätzlich zur Schwerkraft eine abstoßende Kraft mit großer Reichweite eingeführt wird, die proportional ist zur Entfernung.) Man darf sich jedoch nicht vorstellen, daß die Anwendbarkeit der Newtonschen Dynamik bedeutet, die allgemeine Relativitätstheorie sei in der Kosmologie überflüssig, denn die Formeln für Rotverschiebung, Leuchtkraft und Anzahlen folgen aus der Kinematik der Lichtsignale, und diese im wesentlichen relativistischen Ergebnisse erfordern ganz unvermeidlich eine nichteuklidische Geometrie.

Als einen ersten Schritt zur Lösung von (7.1.4) eliminieren wir $\rho(t)$ mit Hilfe des Satzes von der Erhaltung der Materie: innerhalb einer mitbewegten Kugel bleibt die Masse konstant, während das Volumen proportional ist zu $R^3(t)$. Also ist

$$\rho(t)\, R^3(t) = \text{const.},$$

oder

$$\blacktriangleright \qquad \rho(t) = \frac{\rho(t_0)\, R^3(t_0)}{R^3(t)} \tag{7.1.5}$$

(vgl. (6.4.2) für die *Anzahldichte* der Galaxien). Jetzt wird (7.1.4) zu

$$\ddot{R}(t) = -\frac{4\pi\rho(t_0)\, R^3(t_0)\, G}{3R^2(t)} + \frac{\Lambda R(t)}{3}.$$

Multiplikation mit $2\dot{R}(t)$ und Integration ergibt

$$\dot{R}^2(t) = \frac{8\pi\rho(t_0)\, R^3(t_0)\, G}{3R(t)} + \frac{\Lambda}{3} R^2(t) + \text{const.}$$

$$= \frac{8\pi}{3} G\rho(t)\, R^2(t) + \frac{\Lambda}{3} R^2 + \text{const.}$$

Die "Konstante" muß proportional zu c^2 sein, weil das die einzige Kombination der Größen c, G und Λ mit der richtigen Dimension (Geschwindigkeit)^2 ist. Die Feldgleichungen der allgemeinen Relativitätstheorie geben ihren genauen Wert als $-kc^2$ an, wobei k der Krümmungsindex der Gleichung (6.1.1) ist. Wir haben also

$$\blacktriangleright \qquad \dot{R}^2(t) = -kc^2 + (8\pi G\rho(t) + \Lambda)\, R^2(t)/3. \tag{7.1.6}$$

In Abschnitt 7.2 werden wir diese Gleichung lösen und die Form von $R(t)$ erhalten. Zunächst jedoch wenden wir (7.1.4) und (7.1.6) (die für alle Zeiten gelten) auf die heutige kosmische Zeit t_0 an. Dann lassen sich $\dot{R}(t_0)$ und $\ddot{R}(t_0)$ durch die Hubble-Konstante H_0 und den Verzögerungsparameter q_0 ausdrücken, der durch die Gleichungen (6.2.2) und (6.2.3) bestimmt ist. Wenn wir die jetzige Massendichte $\rho(t_0)$ mit ρ_0 bezeichnen, haben die Gleichungen (7.1.4) und (7.1.6) die Form

$$\blacktriangleright \qquad \Lambda = 4\pi\rho_0 G - 3q_0 H_0^2, \tag{7.1.7}$$

und

$$\blacktriangleright \qquad k = (R^2(t_0)/c^2)\, [4\pi G\rho_0 - H_0^2(q_0 + 1)]. \tag{7.1.8}$$

Die Größen ρ_0, q_0 und H_0 sind meßbar, so daß Λ aus (7.1.7) berechnet werden kann. Der Term in eckigen Klammern in (7.1.8) läßt sich ebenfalls bestimmen; ist er positiv, ist $k = +1$, und ist er negativ, ist $k = -1$. Wenn k bekannt ist, läßt sich mit (7.1.8) der heutige "Krümmungsradius" $R(t_0)$ der Welt berechnen.

Wir berechnen jetzt unter Verwendung der "besten" heutigen Werte Λ, k und $R(t_0)$. Für H_0 nehmen wir den Wert (2.3.3), für q_0 (6.3.9), und für ρ_0 die in (2.1.2) gegebene von den Galaxien herrührende Massendichte ρ_{gal}; die Werte für ρ_0 und q_0 sind sehr unsicher. Wir erhalten

$$\blacktriangleright \qquad \begin{aligned} \Lambda &= (-0{,}91 \pm 0{,}93){\cdot}10^{-20}\ \text{Jahre}^{-2}, \\ k &= -1, \\ R(t_0) &> 10^{10}\ \text{Lichtjahre} \approx 3{\cdot}10^{9}\text{pc}. \end{aligned} \qquad (7.1.9)$$

Der negative Wert von Λ weist auf *kosmische Anziehung* hin. Wenn der Maßstab wie im Sonnensystem verhältnismäßig klein ist, ist dies sehr schwach, und die entsprechenden Abänderungen der Newtonschen Mechanik führen zu Wirkungen, die unmöglich zu entdecken sind. Der negative Wert von k zeigt ein *offenes* Weltall mit unendlichem Eigenvolumen an. Wir betonen jedoch noch einmal die Unsicherheit der numerischen Ergebnisse; wegen der großen Fehler in q_0 ist nicht auszuschließen, daß k und Λ beide positiv sein könnten.

Ein anderer Weg ist der "rein Einsteinsche" Gesichtspunkt, daß die kosmologische Konstante null sei. Dann zeigt (7.1.7) an, daß die Dichte ρ_0 keine unabhängige Größe mehr ist, sondern durch

$$\blacktriangleright \qquad \rho_0 \overset{(\Lambda=0)}{=} 3q_0 H_0^2/4\pi G = 1{,}1 \cdot 10^{-26}\ \text{kg m}^{-3} \approx 40\,\rho_{gal} \qquad (7.1.10)$$

gegeben ist, wobei wir für H_0 und q_0 wieder die zur Zeit "besten" Werte einsetzen. Dieser große Unterschied zwischen ρ_0 und ρ_{gal} hat zusammen mit der verbreiteten Meinung, daß Λ null sein "sollte", zu der Ansicht geführt, daß es zwischen den Galaxien sehr viel mehr Materie geben könnte als in ihnen. Alle Versuche, diese "fehlende Masse" zu finden, sind jedoch bis jetzt erfolglos gewesen. Wenn wir annehmen, daß diese Masse existiert und Λ deshalb null ist, können wir aus (7.1.8) k und $R^2(t_0)$ bestimmen, da

$$\blacktriangleright \qquad k/R^2(t_0) \overset{(\Lambda=0)}{=} (H_0^2/c^2)\,(2q_0-1). \qquad (7.1.11)$$

Das ergibt

$$k = +1,$$

$$R(t_0) > 1{,}05 \cdot 10^{10} \text{ Lichtjahre} \approx 3{,}2 \cdot 10^9 \text{ pc}. \tag{7.1.12}$$

Deshalb legen die heutigen Daten ein *geschlossenes* Weltall nahe, wenn die kosmologische Konstante null ist, obwohl k negativ wäre und das Weltall *offen*, wenn q_0 kleiner als 0,5 wäre, was sicherlich bei $q_0 = 1 \pm 1$ nicht ausgeschlossen ist. Wenn q_0 nur 0,0025 wäre, gäbe es das Problem der "fehlenden Masse" nicht, weil dann aus (7.1.10) die Vorhersage $\rho_0 \approx \rho_{gal}$ folgen würde. Wir können jetzt sehen, warum die Bemühungen, H_0, q_0 und ρ_0 genauer zu messen, für die Beobachtungsastronomie so wichtig sind. Die heutigen Daten sagen uns nicht einmal mit Gewißheit, ob das Weltall offen oder geschlossen ist oder ob es eine kosmische Anziehung oder Abstoßung gibt. Bei der folgenden Untersuchung der Weltmodelle enthalten die meisten unserer Rechnungen Ungewißheiten von 100 Prozent oder mehr, aber da diese Rechnungen sowieso nur als Illustration gemeint sind, geben wir keine Fehlergrenzen an.

7.2   Die Zeitentwicklung von Weltmodellen

Der kosmische Skalenfaktor $R(t)$ liefert eine vollständige Beschreibung der aus der allgemeinen Relativitätstheorie und dem kosmologischen Prinzip abgeleiteten homogenen Weltmodelle. Zur Bestimmung von $R(t)$ können wir die Gravitationsgleichung (7.1.6) und den Erhaltungssatz (7.1.5) benutzen und erhalten

$$\begin{aligned}
\dot{R}^2(t) &= 8\pi G \rho_0 \, R^3(t_0)/3R(t) - kc^2 + (\Lambda/3)\, R^2(t) \\
&= A(R(t)). \tag{7.2.1}
\end{aligned}$$

Dies ist die Friedmann-Gleichung, die zuerst 1922 systematisch hergeleitet und untersucht wurde. Nun lassen sich Λ, ρ_0, $R(t_0)$ und k im Prinzip aus zur heutigen Zeit t_0 gemachten Beobachtungen herleiten. Deshalb ist die Funktion $A(R)$ völlig bekannt, und wir können für $R(t)$ wie folgt eine implizite Gleichung gewinnen:

$$\frac{dR}{dt} = \sqrt{(A(R))}, \; dt = \frac{dR}{\sqrt{(A(R))}},$$

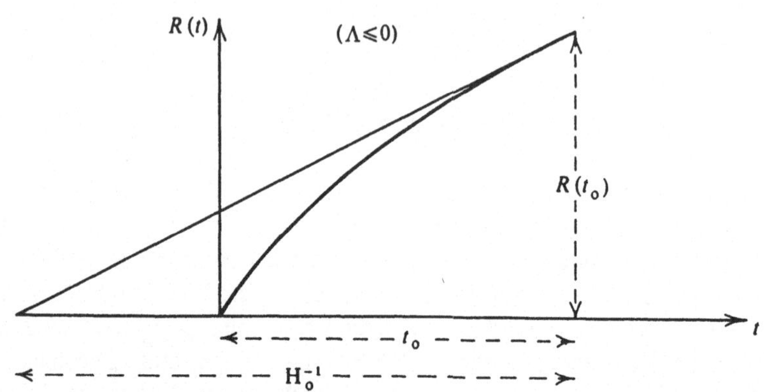

Abbildung 52. Die Ausdehnung des Weltalls vom "Urknall" an

so daß

$$t - t_1 = \int_{R(t_1)}^{R(t)} \frac{dR}{\sqrt{(A(R))}}. \tag{7.2.2}$$

Das Integral läßt sich allgemein durch elliptische Funktionen lösen, aber das Ergebnis ist nicht leicht zu verstehen. Deshalb untersuchen wir $R(t)$ zuerst qualitativ und arbeiten dann die Einzelheiten für einige Spezialfälle aus. Es ist nützlich, die Beschleunigung $\ddot{R}(t)$ der Ausdehnung des Weltalls zu betrachten. Wegen (7.1.4) und (7.1.5) ist sie durch

$$\ddot{R}(t) = -4\pi\rho_0 G R^3(t_0)/3R^2(t) + (\Lambda/3)\, R(t). \tag{7.2.3}$$

gegeben.

Zuerst untersuchen wir die *Vergangenheit* der Modelle. Wenn die kosmologische Konstante Λ *negativ* ist oder *verschwindet*, ist $\ddot{R}$ für alle R negativ. Deshalb ist der Graph der Funktion $R(t)$ konkav bezüglich der t-Achse (Abbildung 52). Zu einer früheren Zeit muß die Kurve deshalb die t-Achse geschnitten haben - R muß also null gewesen sein und die Dichte ρ unendlich. Diesen Moment nennt man natürlich den "Ursprung der Welt" und setzt den entsprechenden Wert von t gleich null. Die heutige kosmische Zeit t_0 ist deshalb das "Alter der Welt". Weil $\ddot{R}$ negativ ist, war $\dot{R}$ in der Vergangenheit größer und die Kontraktion in der Vergangenheit schneller, als wenn $\dot{R}$ immer seinen heutigen Wert gehabt hätte. Deshalb ist das Weltall *jünger* als $1/H_0$, d.h.

$$t_0 < 1/H_0. \tag{7.2.4}$$

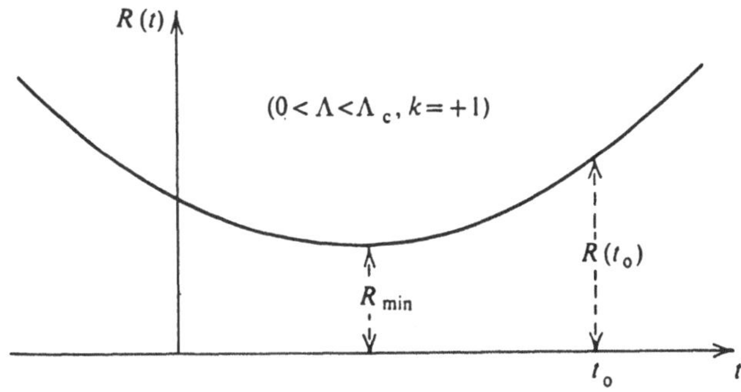

Abbildung 53. Die Ausdehnung des Weltalls, nachdem es sich auf einen endlichen "Radius" zusammengezogen hat

Eine wichtige Einschränkung für Modelle dieser Art ergibt sich daraus, daß t_0 nicht zu klein sein darf, sonst gäbe es einen Konflikt mit astrophysikalischen und geophysikalischen Ergebnissen: Wir würden eine Welt beschreiben, die jünger ist als das, was sie enthält!

Wenn Λ positiv ist, ist $\ddot{R}$ nicht immer negativ, und $R(t)$ kann in der Vergangenheit ein endliches positives Minimum R_{min} gehabt haben. Das Weltall könnte sich also auf eine endliche Dichte zusammengezogen und dann zu seinem heutigen Zustand ausgedehnt haben. Bei einem Minimum von $R(t)$ ist die "Geschwindigkeit" $\dot{R}(t)$ null. Das Weltall muß also nicht immer aus einem unendlich dichten Zustand heraus explodiert sein, wenn die Funktion $A(R)$ in (7.2.1) eine Nullstelle hat. Wenn k entweder 0 oder -1 ist, sind alle Terme in $A(R)$ positiv, so daß $A(R)$ keine Nullstelle hat und das Weltall mit einem "Urknall" begonnen haben muß (es gibt einige wenige Spezialfälle, bei denen dies vor unendlich langer Zeit geschah). Der einzige verbleibende Fall ist der mit $k = +1$ (Abbildung 53). Dann kann $\ddot{R}$ null sein, wenn das einzige Minimum von $A(R)$ negativ ist. Dieses Minimum muß, wie leicht nachzurechnen ist, bei R_c eingetreten sein, wobei

$$\blacktriangleright \qquad R_c^3 = 4\pi G\rho_0 R^3(t_0)/\Lambda, \qquad\qquad (7.2.5)$$

und der entsprechende Wert von A

$$\blacktriangleright \qquad A(R_c) = (4\pi G\rho_0 R^3(t_0))^{\frac{2}{3}} \Lambda^{\frac{1}{3}} - c^2 \qquad\qquad (7.2.6)$$

ist, so daß ein "Urknall" nur vermieden werden kann, wenn $\Lambda < \Lambda_c$ ist, wobei

$$\blacktriangleright \qquad \Lambda_c = c^6/(4\pi G\rho_0 R^3(t_0))^2. \qquad\qquad (7.2.7)$$

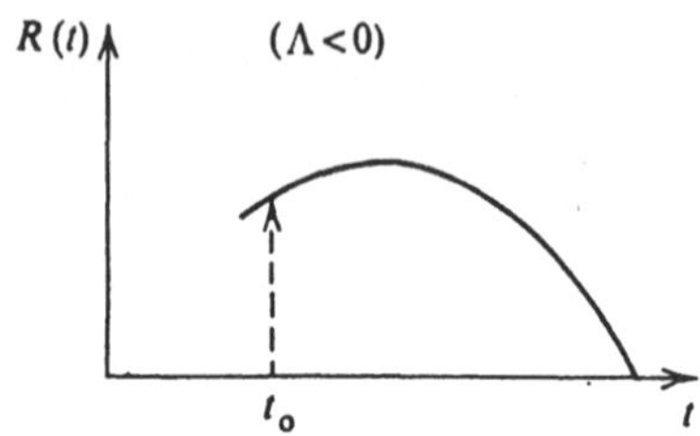

Abbildung 54. Das Weltall dehnt sich zunächst aus und kollabiert dann

gilt. Deshalb sind von allen auf (7.2.1) beruhenden Friedmann-Modellen die einzigen Weltmodelle, die nicht mit einem Zustand unendlicher Dichte beginnen, jene, für die $k = +1$, $0 < \Lambda < \Lambda_c$ ist.

Mit ähnlichen Methoden läßt sich die *zukünftige Entwicklung* der Modelle untersuchen. Wenn Λ *negativ* ist, zeigt (7.2.3), daß $\ddot{R}$ immer negativ ist, und die konvexe Kurve für $R(t)$ muß die t-Achse sowohl in der Zukunft wie auch in der Vergangenheit schneiden. Deshalb muß sich die heutige Ausdehnung verlangsamen und aufhören. worauf eine Phase der Kontraktion beginnt, die mit einer gewaltigen Implosion endet (Abbildung 54). Wenn Λ *null* ist, ist $\ddot{R}$ für endliche R negativ, aber null, wenn R unendlich ist; deshalb ist es möglich, daß sich die Expansion allmählich verlangsamt, ohne daß ihr je eine Kontraktion folgt. Wir werden gleich den Fall $\Lambda = 0$ genauer untersuchen und entdecken, daß der Endkollaps vermieden wird, wenn $k = -1$ oder null ist, aber nicht, wenn k = +1 ist.

Wenn Λ *positiv* ist, braucht $\ddot{R}$ nicht negativ zu sein, und wir müssen $\ddot{R}$ mit Hilfe von (7.2.1) untersuchen. Wenn k gleich -1 oder null ist, kann $\dot{R}$ nicht verschwinden, und deshalb geht die Ausdehnung immer weiter. Wenn $k = +1$ ist, ist es möglich, daß $\dot{R}$ verschwindet, wenn $\Lambda < \Lambda_c$, wobei Λ_c durch (7.2.7) gegeben ist; dann kann auf die Expansion eine Kontraktion folgen.

Diese allgemeinen Eigenschaften von Weltmodellen lassen sich in Abbildung 55 zusammenfassen. Der unmarkierte Bereich $0 < \Lambda < \Lambda_c$ für $k = +1$ entspricht Welten, die mit einem Urknall angefangen oder aufgehört haben oder auch nicht, je nach den heutigen Bedingungen.

Wir untersuchen jetzt spezielle Friedmann-Modelle genauer. Wir betrachten Welten, deren kosmologische Konstante Λ null ist (Fall A), Welten mit flachem Raum ($k = 0$, Fall B), leere Welten ($\rho = 0$, Fall C) und statische Welten (Fall D).

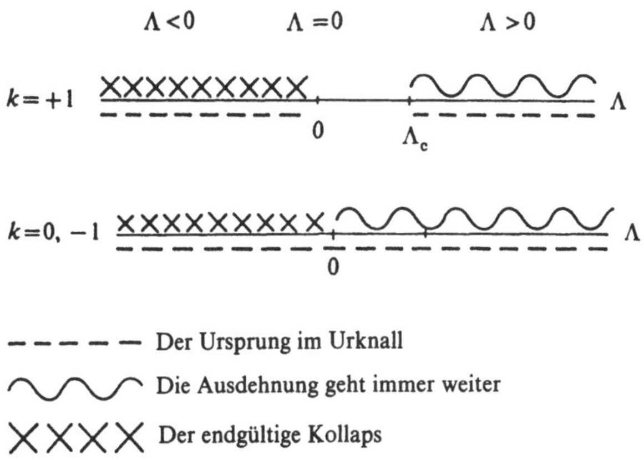

$$\Lambda < 0 \qquad \Lambda = 0 \qquad \Lambda > 0$$

$k = +1$

$k = 0, -1$

– – – – – Der Ursprung im Urknall

∿∿∿ Die Ausdehnung geht immer weiter

✕✕✕✕ Der endgültige Kollaps

Abbildung 55. Anfang und Ende verschiedener Weltmodelle für verschiedene Λ und k

Fall A: $\Lambda = 0$. Dies ist der wichtigste Fall. Da alle Welten mit $\Lambda = 0$ in einem Urknall entstanden sind, können wir die Lösung (7.2.2) von (7.2.1) als

$$\blacktriangleright \qquad t = \int_0^{R(t)} \frac{dR}{\sqrt{(8\pi G\rho_0 R^3(t_0)/3R - kc^2)}}$$

$$= \begin{cases} \dfrac{R_m}{c}\left\{ \arcsin\sqrt{\dfrac{R}{R_m}} - \sqrt{\left[\dfrac{R}{R_m}\left(1 - \dfrac{R}{R_m}\right)\right]} \right\} & (k = +1) \\[2ex] \dfrac{2R_m}{3c}\left(\dfrac{R}{R_m}\right)^{\frac{3}{2}} & (k = 0) \\[2ex] \dfrac{R_m}{c}\left\{ \sqrt{\left[\dfrac{R}{R_m}\left(1 + \dfrac{R}{R_m}\right)\right]} - \operatorname{arcsinh}\sqrt{\dfrac{R}{R_m}} \right\} & (k = -1) \end{cases} \quad (7.2.8)$$

schreiben. Die Entfernung R_m ist

$$\blacktriangleright \qquad R_m = 8\pi G\rho_0 R^3(t_0)/3c^2 = 2q_0 c/H_0|2q_0 - 1|^{\frac{3}{2}} \quad (k \neq 0)$$
$$= R^3(t_0) H_0^2/c^2 \qquad (k = 0), \qquad (7.2.9)$$

wobei wir (7.1.10) und (7.1.11) benutzt haben.

Die flachen ($k = 0$) und offenen ($k = -1$) Welten dehnen sich immerzu aus, während die geschlossene Welt ($k = +1$) sich bis zur Zeit t_m zu einem größten Krümmungsradius R_m ausdehnt und dann zurück in die dichte Phase bei $2t_m$ fällt (Abbildung 56). Wie wir in Abschnitt 7.1 sahen, lassen die heutigen

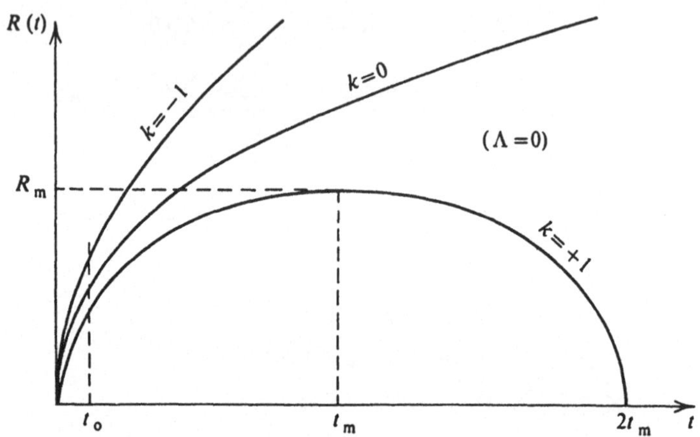

Abbildung 56. Entwicklung von Weltmodellen ohne kosmologische Konstante

Daten ein geschlossenes Weltall vermuten, wenn Λ null ist. R_m wird in diesem Fall durch (7.2.9) mit $q_0 \sim +1$ als

▶ $\qquad R_m \approx 2c/H_0 = 3{,}6 \cdot 10^{10}$ Lichtjahre $= 1{,}3 \cdot 10^{10}$ pc $\qquad\qquad$ (7.2.10)

gegeben. Das Alter t_m des Universums im Zustand größter Ausdehnung ergibt sich aus (7.2.8) als

▶ $\qquad t_m = \pi R_m/2c = 5{,}7 \cdot 10^{10}$ Jahre $\qquad\qquad\qquad\qquad$ (7.2.11)

Zwischen der Geburt und dem Tod dieses Weltalls vergeht eine Zeit $2t_m$ von $11{,}4 \cdot 10^{10}$ Jahren.

Was ist das heutige Alter t_0 dieser drei Welten mit verschwindender kosmologischer Konstante? Um das herauszufinden, setzen wir in (7.2.8) $R = R(t_0)$. Wenn $k = +1$ ist, erhalten wir mit Hilfe von (7.2.10)

▶ $\qquad t_0 = \dfrac{2q_0}{H_0|2q_0-1|^{\frac{3}{2}}}\left[\arcsin\sqrt{\dfrac{2q_0-1}{2q_0}} - \dfrac{1}{2q_0}\sqrt{(2q_0-1)}\right]$

$\qquad\qquad = 10^{10}$ Jahre $\sim t_m/6,$ $\qquad\qquad\qquad\qquad\qquad$ (7.2.12)

wobei wir für q_0 den heute "besten" Wert, nämlich 1 genommen haben. Nehmen wir jedoch an, der wahre Wert von $q_0^{1/2}$ sei 1/2 (was sehr wohl innerhalb der Fehlergrenzen liegt), so daß der Raum des gemittelten Weltalls flach ist. Dann wäre wegen (7.2.8) und (7.2.9) das heutige Weltalter

$$\blacktriangleright \qquad t_0 = \frac{2R_{\mathrm{m}}}{3c}\left(\frac{R(t_0)}{R_{\mathrm{m}}}\right)^{\frac{3}{2}} = \frac{2}{3H_0} = 1{,}2\cdot 10^{10}\ \text{Jahre}. \qquad (7.2.13)$$

Schließlich nehmen wir an, daß die heutige Materiedichte ρ_0 wirklich den in Galaxien beobachteten Wert ρ_{gal} hat. Wegen (7.1.10) würde das bedeuten, daß q_0 nicht 1, sondern $1/40 = 0{,}025$ betrüge. Das Weltall wäre dann *offen* ($k = -1$) und sein Alter wegen (7.2.8) und (7.2.9)

$$\blacktriangleright \qquad t_0 = \frac{2q_0}{H_0|2q_0-1|^{\frac{3}{2}}}\left[\frac{\sqrt{(|2q_0-1|)}}{2q_0} - \text{arc sinh}\sqrt{\frac{|2q_0-1|}{2q_0}}\right] \sim \frac{1}{H_0}$$

$$= 1{,}8\cdot 10^{10}\ \text{Jahre}. \qquad (7.2.14)$$

Keiner dieser drei Werte für t_0 ist so klein, daß er astro- und geophysikalischen Aussagen über das Alter der Welt widerspricht, womit alle drei Modelle haltbar sind.

Einstein selbst meinte, es gäbe einen zwingenden theoretischen Grund, k gleich $+1$ zu wählen: das Weltall ist dann geschlossen, und es bereitet keine Schwierigkeit zu verstehen, wie alle in ihm enthaltene Materie die Trägheitseigenschaften irgendeines Bereichs der Raumzeit bestimmt - mit anderen Worten, man sieht dann klar und unzweifelhaft eine Anwendung von Machs Prinzip. Für $k = 0$ oder -1 aber ist die Welt offen, und bei der Lösung der Einsteinschen Feldgleichungen gibt es Schwierigkeiten mit "Grenzbedingungen im Unendlichen", die durch anscheinend willkürliche Konventionen behoben werden müssen. Wie wir sahen, weisen die heute zugänglichen Daten tatsächlich auf eine geschlossene Welt hin, falls $\Lambda = 0$ ist (was Einstein auch glaubte). Mit diesen Einschränkungen ist die Vorhersage der allgemeinen Relativitätstheorie eindeutig: das Weltall explodierte aus einem hochkondensierten Zustand und wird schließlich zusammenfallen. Wheeler sagte mit Recht: "Niemals hat eine Vorhersage mehr Ehrfurcht eingeflößt".

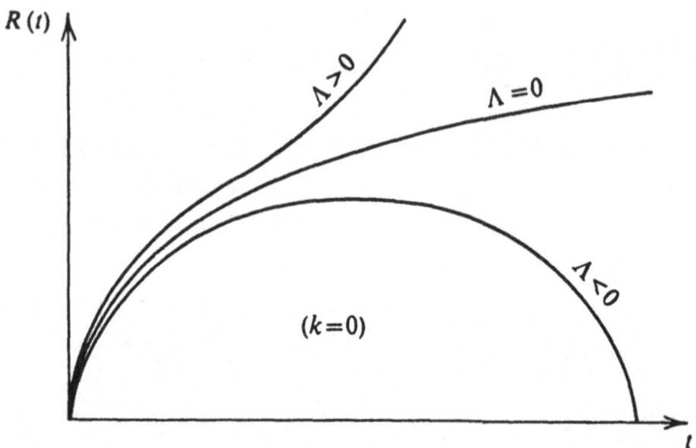

Abbildung 57. Entwicklung von Weltmodellen mit flachem Raum

Fall B: $k = 0$. Diese Weltmodelle mit flachen Räumen begannen alle mit einem kondensierten Zustand ($R = 0$), so daß (7.2.1) die Lösungen

$$
t = \int_0^{R(t)} \frac{dR}{\sqrt{(8\pi G\rho_0\, R^3(t_0)/3R + \Lambda R^2/3)}}
$$

$$
= \begin{cases}
\dfrac{2}{\sqrt{(3\Lambda)}} \text{ arc sinh} \left[\left(\dfrac{R(t)}{R(t_0)} \right)^{\frac{3}{2}} \sqrt{\dfrac{\Lambda}{8\pi G\rho_0}} \right] & (\Lambda > 0) \\[4mm]
\dfrac{(R(t)/R(t_0))^{\frac{3}{2}}}{\sqrt{(6\pi G\rho_0)}} & (\Lambda = 0) \\[4mm]
\dfrac{2}{\sqrt{(3|\Lambda|)}} \text{ arc sin} \left[\left(\dfrac{R(t)}{R(t_0)} \right)^{\frac{3}{2}} \sqrt{\dfrac{|\Lambda|}{8\pi G\rho_0}} \right] & (\Lambda < 0)
\end{cases}
\tag{7.2.15}
$$

hat. In diesem Fall kann $R(t)$ explizit als

$$
R(t) = \begin{cases}
R(t_0) \left(\dfrac{8\pi G\rho_0}{\Lambda} \right)^{\frac{1}{3}} \sinh^{\frac{2}{3}} (\tfrac{1}{2}t\sqrt{(3\Lambda)}) & (\Lambda > 0) \\[4mm]
R(t_0)\, (6\pi G\rho_0)^{\frac{1}{3}}\, t^{\frac{2}{3}} & (\Lambda = 0) \\[4mm]
R(t_0) \left(\dfrac{8\pi G\rho_0}{|\Lambda|} \right)^{\frac{1}{3}} \sin^{\frac{2}{3}} (\tfrac{1}{2}t\sqrt{(3|\Lambda|)}) & (\Lambda < 0)
\end{cases}
\tag{7.2.16}
$$

geschrieben werden (Abbildung 57).

Um dies zur Interpretation der Beobachtungen verwenden zu können, berechnen wir aus (7.1.7) Λ, wobei wir mit Hilfe von (7.1.8) mit $k=0$ entweder ρ_0 oder q_0 eliminieren, je nachdem, welcher Wert als weniger genau bekannt angesehen wird. Das ergibt

$$\blacktriangleright \qquad \Lambda = H_0^2(1-2q_0) = 3H_0^2 - 8\pi\rho_0 G. \qquad (7.2.17)$$

Wenn wir $q_0 = 1$ annehmen, ist $\Lambda = -H_0^2$ so daß wir aus (7.2.16) ablesen, daß das Weltall schließlich kollabiert. Das heutige Alter ergibt sich aus (7.2.15) und (7.1.8) als

$$\blacktriangleright \qquad t_0 = \frac{2}{H_0\sqrt{(3|1-2q_0|)}} \arcsin\sqrt{\frac{|1-2q_0|}{2(q_0+1)}}$$

$$\sim \frac{0.6}{H_0} = 1{,}1\cdot10^{10} \text{ Jahre.} \qquad (7.2.18)$$

Wenn wir andererseits annehmen, daß die Dichte ρ_0 genauer bekannt ist als q_0, und daß $\rho_0 = \rho_{gal}$ ist, ergeben (7.1.10) und (7.2.17) $\Lambda = +2{,}9H_0^2$, was wegen (7.2.16) einem sich immer weiter ausdehnenden Weltall entspricht, dessen jetziges Alter

$$\blacktriangleright \qquad t_0 = \frac{2}{H_0\sqrt{(\,3\cdot2{,}9\,)}} \text{ arc sinh} \sqrt{\frac{2.9}{7.8/40}} = \frac{1.5}{H_0} = 2{,}7\cdot10^{10} \text{ Jahre} \qquad (7.2.19)$$

beträgt.

Fall c: $\rho = 0$. Dies ist die Klasse der *leeren* Welten, aber sie könnten dem wirklichen Weltall sehr ähneln, wenn es keine "fehlende Masse" gibt und $\rho_0 = \rho_{gal}$, da ρ_{gal} so klein ist, daß die Galaxien einfach als "Probekörper" angesehen werden können, deren wechselseitige Gravitationsanziehung vernachlässigt werden kann. Wir bemerken, daß Λ_c, wie es in (7.2.7) definiert ist, unendlich ist, so daß wir erwarten, daß das Weltall für $k = +1$ und $\Lambda > 0$ nicht mit einem Urknall begonnen hat. Und tatsächlich ergibt sich aus (7.2.2) $R(t)$ als

$$t = \int_{c\sqrt{(3/\Lambda)}}^{R(t)} \frac{dR}{\sqrt{(\Lambda R^2/3 - c^2)}} = \left(\sqrt{\frac{3}{\Lambda}}\right) \text{ arc cosh} \left(\frac{R(t)}{c}\sqrt{\frac{\Lambda}{3}}\right),$$

also

$$R(t) = c \left(\sqrt{\frac{3}{\Lambda}} \right) \cosh \left(t \sqrt{\frac{\Lambda}{3}} \right), \tag{7.2.20}$$

und dieses Modell beginnt wirklich seine Ausdehnung nicht von $R = 0$, sondern von einem endlichen Minimalwert $R = c\sqrt{(3/\Lambda)}$ aus.

Es ist jedoch realistischer, den Fall $\Lambda < 0$, $k = -1$ zu betrachten, der als (7.1.7) und (7.1.8) für $\rho_0 = 0$ folgt, wenn $q_0 > 0$ (wie die Beobachtungen nahelegen). Dann gibt (7.2.2)

$$t = \int_0^{R(t)} \frac{dR}{\sqrt{(c^2 - |\Lambda| R^2/3)}}$$
$$= \left(\sqrt{\frac{3}{|\Lambda|}} \right) \arcsin \left(\frac{R(t)}{c} \sqrt{\frac{|\Lambda|}{3}} \right), \tag{7.2.21}$$

oder

$$R(t) = c \left(\sqrt{\frac{3}{\Lambda}} \right) \sin \left(t \sqrt{\frac{|\Lambda|}{3}} \right). \tag{7.2.22}$$

Dies ist wieder ein Urknall-Weltall, das schließlich kollabiert. Um Beobachtungsdaten nutzen zu können, lesen wir aus (7.1.7) und (7.1.8) ab, daß

$$R(t_0) \sqrt{|\Lambda|} = \frac{c}{H_0 \sqrt{(q_0 + 1)}} \sqrt{(3q_0)} \, H_0 = c \sqrt{\frac{3q_0}{q_0 + 1}},$$

so daß das Alter t_0 für $R = R(t_0)$ aus (7.2.21) erhalten werden kann. Das ergibt

$$t_0 = \frac{1}{H_0 \sqrt{q_0}} \arcsin \sqrt{\frac{q_0}{q_0 + 1}} = \frac{0.8}{H_0} \sim 1{,}4 \cdot 10^{10} \text{ Jahre.} \tag{7.2.23}$$

Fall D: *Statische Modelle.* Sie sind lediglich von historischem Interesse, weil das Weltall nicht statisch ist, sondern sich ausdehnt. Das war jedoch 1916 nicht bekannt, und deshalb war es für Einstein nur natürlich, eine statische Lösung seiner Gleichungen des ersten Weltmodells der allgemeinen Relativitätstheorie zu suchen. Um eine solche Lösung zu finden, führte er die kosmologische Konstante Λ ein. In einem statischen Weltall sind R und ρ Konstanten, $\dot{R}$ und $\ddot{R}$ also null. Dann folgt aus (7.2.3)

$$\Lambda = 4\pi\rho_0 G, \tag{7.2.24}$$

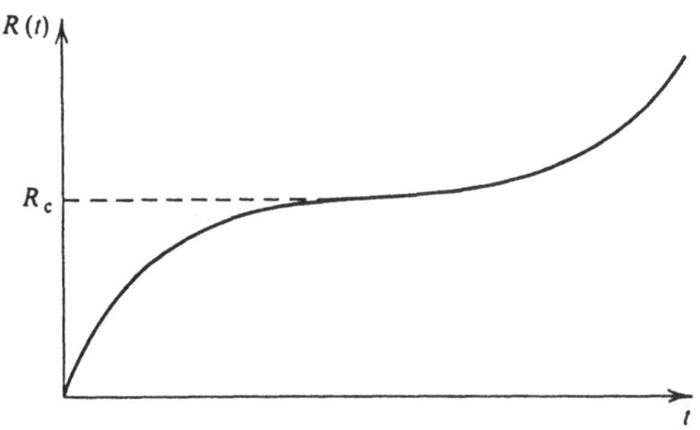

Abbildung 58. Entwicklung des Weltmodells von Eddington-Lemaître

und damit aus (7.2.1)

$$k/R^2 = 4\pi\rho_0 G/c^2,$$

also

▶ $\qquad k = +1,\ R = c/\sqrt{(4\pi\rho_0 G)},$ $\qquad\qquad$ (7.2.25)

wobei R der konstante Wert des Skalenfaktors ist. (Diese Ergebnisse folgen auch aus (7.1.7) und (7.1.8), wenn man sich klar macht, daß die Hubble-Konstante in einem statischen Weltall verschwindet.) Wenn wir den Wert ρ_{gal} für ρ_0 verwenden, erhalten wir für dieses Modell

$$\Lambda = +(6{,}1\cdot10^{10}\ \text{Jahre})^{-2}$$
$$R = 6{,}1\cdot10^{10}\ \text{Lichtjahre} = 1{,}8\cdot10^{10}\ \text{pc}. \qquad (7.2.26)$$

Unsere Reise durch die verschiedenen relativistischen Weltmodelle ist nicht vollständig; wir haben noch nicht im Einzelnen jene Friedmann-Modelle untersucht, in denen alle drei Terme in (7.2.1) nicht verschwinden. Ein interessantes Modell dieser Art (an dem Eddington und Lemaitre gearbeitet haben) ist das "Inflexions-" oder "Dackelmodell" (Abbildung 58), bei dem Λ etwas größer ist als Λ_c (Gleichung (7.2.7)) und $k = +1$; dann hat die Kurve $R(t)$ einen Wendepunkt bei R_c (siehe Gleichungen (7.2.3) und (7.2.5)), an dem R klein ist. Deshalb gibt es in diesem Modell eine lange Zeit, in der $R(t)$ nahezu gleich R_c ist; Strahlung, die während dieser Zeit ausgestrahlt wird, würde von uns mit fast derselben Rotverschiebung empfangen (Gleichung (6.2.1)), und

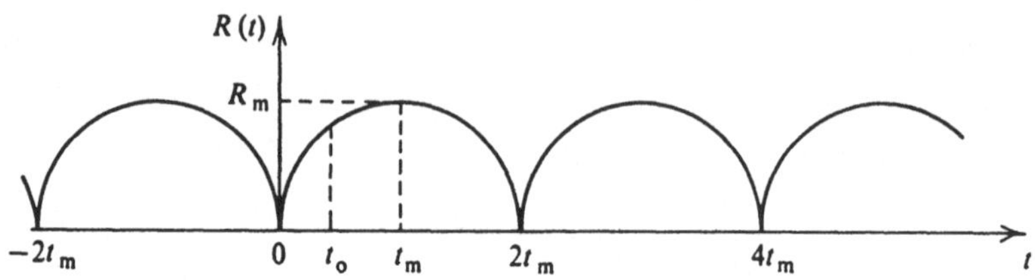

Abbildung 59. Oszillierendes Weltmodell

das könnte, so wurde behauptet, die Häufung der an Quasaren beobachteten Rotverschiebung bei $z = 2{,}2$ erklären (Abbildung 51). (Diese Erklärung wird jetzt für falsch gehalten.) Eine weitere Eigenschaft dieses Weltmodells ist, daß sein Alter H_0^{-1} wesentlich übersteigen kann; vor 1950 ergab eine Unterschätzung der kosmischen Entfernungen, daß H_0^{-1} kleiner als das bekannte Alter der Elemente und Sterne war, und das Eddington-Lemaitre-Modell wurde oft herangezogen, wenn ein Modell gebraucht wurde, bei dem das Weltall nicht jünger ist als seine Bestandteile.

Ein Kennzeichen fast aller Weltmodelle (ausgenommen einige mit $0 < \Lambda < \Lambda_c$) ist eine Explosion aus einem ursprünglich sehr dichten Zustand - vielleicht sogar einer Singularität - mit $R = 0$. Die physikalische Natur dieses frühen, dichten Zustands ist das Thema von Kapitel 8. Wir deuten jetzt eine mögliche Antwort auf die Frage an: Was war vor dem Urknall? Der Explosion bei $t = 0$ könnte ein Kollaps vorangegangen sein, und wir können uns sogar eine ganze Reihe von zyklischen Explosionen und Kontraktionen (Abbildung 59) im Fall jener Welten vorstellen, für die $R(t)$ zwei Nullstellen haben kann (z.B. $\Lambda = 0$, $k = +1$); jeder Zyklus dauert eine Zeit $2t_m$. Dies sind die *oszillierenden Weltmodelle*. Heute stellen solche Modelle die Extreme kosmologischer Spekulation dar. In welchem Maß sind die Zyklen gleich? Wie ähnlich ist die Welt zur Zeit $t_0 + 2t_m$ unserer eigenen? Wie sind die Umkehrvorgänge zur Zeit 0, $2t_m$, $4t_m$, ... physikalisch zu verstehen? Bleiben Λ und k erhalten? Sind die physikalischen Gesetze vor und nach jedem "Abprallen" gleich?

Es wird sogar erwogen, daß die Zeit in den Phasen *rückwärts läuft*, in denen sich das Weltall zusammenzieht. Das ist nicht so absurd, wie es auf den ersten Blick erscheint. Der *"Zeitpfeil"* - also der Unterschied zwischen Vergangenheit und Zukunft - tritt in den grundlegenden physikalischen Gesetzen der (klassischen, relativistischen oder Quanten-) Mechanik oder des Elektromagnetismus nicht auf. Diese Gesetze sind zeitsymmetrisch, also invariant unter der Transformation t → - t. Asymmetrie tritt zuerst im zweiten

Hauptsatz der Thermodynamik auf, der besagt, daß die Entropie eines isolierten Systems, das nicht im Gleichgewicht ist, immer zunimmt; die Richtung der wachsenden Entropie definiert einen "thermodynamischen Zeitpfeil". Beim Übergang zum Gleichgewicht werden immer Teilchen oder *Strahlung* freigesetzt, welche nach außen entweicht und in den Tiefen des Weltraums verloren geht. Die zeitlich umgekehrte Lösung der Maxwellschen Gleichungen, bei der eine Welle auf einen Körper hin zusammenläuft, kommt fast nie vor; die Richtung der Wellenausbreitung definiert also einen "elektrodynamischen Zeitpfeil". Mit ähnlichen Überlegungen, wie sie bei der Untersuchung der Dunkelheit des Nachthimmels gemacht wurden, wird behauptet, daß die *Ausdehnung des Weltalls* (die einen "kosmologischen Zeitpfeil" definiert) Strahlung "verloren" gehen läßt. Das würde nach sich ziehen, daß Licht in einer kontrahierenden Phase von Sternen absorbiert und von Augen emittiert wird, und daß die Entropie abnehmen und die Zeit rückwärts laufen würde. Ganz abgesehen von den logischen Schwierigkeiten mit diesem Argument ist es schwierig zu sehen, durch welche physikalischen Vorgänge sich in dem dünnen, maximal ausgedehnten Weltall zur Zeit t_m das Vorzeichen der Geschwindigkeit, mit der sich die Entropie ändert, plötzlich umkehren sollte. Die heutige Meinung ist, daß es keine gut begründeten Beziehungen zwischen den drei oben beschriebenen "Zeitpfeilen" gibt.

7.3 Die Theorie vom stationären Universum (Steady-State-Modell)

Diese Theorie gründet auf dem *perfekten kosmologischen Prinzip*, das besagt, das geglättete Weltall sei unveränderlich und räumlich homogen. In Bondis Worten: "Geographie ist nicht wichtig und Geschichte auch nicht". Von allen homogenen auf der Robertson-Walker-Metrik (6.1.3) beruhenden Kosmologien ist das Steady-State-Modell das einfachste, weil es fordert, daß alle Beobachter dieselben konstanten Werte für gemittelte Größen wie Ausdehnung, Verzögerungsparameter, Raumkrümmung, Materiedichte und Galaxiendichte messen. Die wichtigste empirische Motivation für die Einführung des Modells war, daß es ein unendlich altes Weltall beschreibt und so das Problem vermeidet, das frühe Beobachtungen stellten, aus denen zu folgen schien, daß H_0^{-1} kleiner war als das Alter der Elemente und Sterne (wir sprachen im Zusammenhang mit dem Eddington-Lemaitre-Modell davon - Abbildung 58). Es ist eine bemerkenswerte Tatsache, die zuerst Bondi und

Gold 1948 erkannten, daß das perfekte kosmologische Prinzip genügt, um die Form des kosmischen Skalenfaktors $R(t)$ zu bestimmen: die von der Hubble-Konstanten beschriebene Ausdehnung des Weltalls muß immer mit derselben Geschwindigkeit H_0 geschehen, die wir heute messen. Deshalb ergibt (6.1.6)

$$H_0 = H(t) = \dot{R}(t)/R(t),$$

oder

▶ $\qquad R(t) = A \exp(H_0 t),$ \hfill (7.3.1)

wobei A eine Konstante ist. Wegen (6.1.6) ist dann die Raumkrümmung

$$K(t) = k/R^2(t) = (k/A^2) \exp(-2H_0 t).$$

Aber $K(t)$ muß konstant sein, und das ist nur möglich, wenn

▶ $\qquad k = 0.$ \hfill (7.3.2)

Der Raum des Steady-State-Modells ist also *flach*. Das bedeutet nicht, daß die *Raumzeit* flach ist, und in der Tat zeigt (7.1.1), daß ihre Krümmung durch

▶ $\qquad \mathscr{K} = -\ddot{R}(t)/R(t) = -H_0^2$ \hfill (7.3.3)

gegeben ist.

Der Verzögerungsparameter q_0 läßt sich leicht aus der Definition (6.2.3) berechnen; er ergibt sich als

▶ $\qquad q_0 = -\ddot{R}/RH_0^2 = -1.$ \hfill (7.3.4)

Dieser Wert von q_0 bringt die Steady-State-Theorie in Konflikt mit den Beobachtungen der scheinbaren Helligkeiten und Rotverschiebungen von Galaxien. Wie in Abschnitt 6.3 besprochen, paßt zu diesen Beobachtungen am besten $q_0 \sim 1$ (siehe auch Abbildung 6). Dieser Schluß basiert auf den Gleichungen (6.3.7) und (6.3.8), die ihrerseits unter der Annahme hergeleitet werden, daß die mittlere absolute Leuchtkraft L einer Galaxie zeitunabhängig ist. In evolutionären Modellen, wie sie in Abschnitt 7.2 beschrieben wurden, ist diese Annahme höchst zweifelhaft. Tatsächlich zeigt die Analyse der Galaxienzählungen in Abschnitt 6.5, daß es nötig ist, die Entwicklung von Radioquellen durch Korrekturen zu berücksichtigen. Das Steady-State-Modell kann jedoch eine mögliche Unstimmigkeit mit dem Experiment nicht dadurch vermeiden, daß es für mögliche Änderungen in L plädiert, weil das den Grundforderungen des Modells widersprechen würde; natürlich entwickeln sich einzelne Quellen und sterben wieder, aber neue verdichten sich ständig, und der Mittelwert von L ist konstant.

Jetzt betrachten wir die *Massendichte* ρ. Wenn die Masse erhalten bleibt, muß sich ihre Dichte gemäß (7.1.5) mit der Zeit ändern; mit $R(t)$ muß sich auch ρ ändern. Aber $R(t)$ ändert sich im Steady-State-Modell wegen (7.3.1) *tatsächlich*. Das perfekte kosmologische Prinzip erfordert jedoch, daß ρ konstant ist. Wenn wir also das Steady-State-Modell aufrechterhalten wollen, müssen wir den Grundsatz der Materie-Erhaltung aufgeben und fordern, daß *Materie* in einem solchen Maße *geschaffen* wird, daß die Dichte in einem expandierenden Weltall konstant bleibt. Dies war der Ansatz, den Hoyle 1948 verfolgte; er fügte der Bewegungsgleichung (7.1.4) der allgemeinen Relativitätstheorie einen "Erzeugungsterm" hinzu und löste nach $R(t)$ auf, wodurch er eine andere Herleitung des Ergebnisses (7.3.1) erhielt.

Wenn so ständig Materie geschaffen wird, bleibt die Anzahldichte n der Quellen konstant. Wir können deshalb, wenn wir die Anzahlen N(>l) von Quellen mit Flußdichte größer als l mit Hilfe der Steady-State-Theorie interpretieren wollen, nicht die Formel (6.5.4) benutzen, weil sie aufgrund der Annahme hergeleitet wurde, daß $n(t)$ dem Erhaltungsgesetz (6.4.2) gehorcht. Um N(>l) für ein Steady-State-Modell zu erhalten, gehen wir von der allgemeinen Formel (6.5.1) für N(>l_e) aus - also von der Anzahl der heute sichtbaren Quellen, die ihre Strahlung nach der kosmischen Zeit t_e emittierten. Wenn wir $n(t) = n =$ konstant setzen und (7.3.1) für $R(t)$ nehmen, erhalten wir

$$N(> t_{\rm e}) = 4\pi n c^3 \int_{t_{\rm e}}^{t_0} {\rm d}t (A \exp(H_0 t))^2 \left[\int_t^{t_0} \frac{{\rm d}t'}{A} \exp(-H_0 t') \right]^2$$

$$= \frac{4\pi n c^3}{H_0^2} \int_{t_{\rm e}-t_0}^{0} {\rm d}\tau (\exp(+H_0\tau) - 1)^2.$$

Entwicklung nach kleinem $t_{\rm e} - t_0$ ergibt

$$N(> t_{\rm e}) = \frac{4\pi n c^3}{3} (t_0 - t_{\rm e})^3 \left[1 - \frac{3H_0}{4} (t_0 - t_{\rm e}) + \dots \right].$$

Wir benutzen jetzt die Rotverschiebungsentwicklung (6.2.5) mit $q_0 = -1$ und erhalten als Anzahl der Quellen mit Rotverschiebung kleiner als z:

$$\blacktriangleright \qquad N(< z) = \frac{4\pi n c^3 z^3}{3 H_0^3} \left(1 - \frac{9z}{4} + \dots \right). \qquad (7.3.5)$$

Dies ist das Analogon zu (6.5.3) in der Steady-State-Theorie. Schließlich erhalten wir $N(>l)$, indem wir z unter Benutzung von (6.3.7) durch l mit $q_0 = -1$ als Funktion von l schreiben. Das ergibt

$$\blacktriangleright \qquad N(>l) = \frac{4\pi n}{3}\left(\frac{L}{4\pi l}\right)^{\frac{3}{2}}\left[1 - \frac{21 H_0}{4c}\left(\frac{L}{4\pi l}\right)^{\frac{1}{2}} + \dots\right]. \qquad (7.3.6)$$

Diese Formel ist in der Theorie des stationären Universums das Analogon zu (6.5.4). Wie bei (6.5.4) ist das Korrekturglied negativ, so daß es weniger schwache Quellen geben sollte als das elementare $l^{-3/2}$-Gesetz vorhersagt. Wie wir in Abschnitt 6.5 sahen, lassen die Beobachtungen genau das Gegenteil vermuten. In zeitabhängigen Modellen wird dies als ein Hinweis darauf gedeutet, daß die mittlere Leuchtkraft L der Quellen sich im Lauf ihrer Entwicklung ändert. Die Steady-State-Theorie verbietet diesen Schluß, weil die *mittlere* Leuchtkraft L durch die Entstehung von Materie konstant gehalten werden muß, die sich zu neuen Quellen kondensiert, um die erloschenen zu ersetzen. Mehr als die Messungen von q_0 haben die Ergebnisse der Quellenzählungen die meisten Kosmologen überzeugt, daß die Steady-State-Theorie bei all ihrer Eleganz und Einfachheit nicht länger haltbar ist. In Kapitel 8 werden wir sehen, wie stark die Mikrowellenhintergrundstrahlung auf ein sich entwickelndes Weltall hinweist und damit ein weiteres Argument gegen die Steady-State-Theorie liefert.

7.4   Kosmologien mit veränderlicher Gravitationsstärke

Dirac entwickelte 1938 eine Kosmologie, die auf einer bemerkenswerten numerischen Übereinstimmung zwischen den Grundgrößen der Physik beruht. Im *kosmologischen* Maßstab sind die wichtigen Größen die Hubble-Konstante H_0 und die Gravitationskonstante G. Im *mikroskopischen* Maßstab sind die wichtigen Größen das Plancksche Wirkungsquantum h und die Elementarladung e und Masse m_p des Protons; aus diesen können wir, wenn wir den "Einheitenumrechnungsfaktor" ε_0 (Dielektrizitätskonstante des Vakuums) einbeziehen, die Kombination

$$h^3 \varepsilon_0 / m_\mathrm{p}^3 e^2$$

bilden, die dieselbe Dimension hat wie G/H_0 (Masse^{-1} Länge^3 Zeit^{-1}). Das dimensionslose Verhältnis dieser mikroskopischen und makroskopischen Größen ist

$$\blacktriangleright \qquad \frac{G}{H_0} : \frac{h^3\epsilon_0}{m_{\mathrm{p}}^3 e^2} = 1,3. \qquad\qquad (7.4.1)$$

Wenn wir den enormen Umfang der Zahlenwerte der verschiedenen Größen bedenken, liegt das erstaunlich nahe an eins. Statt e könnten wie mittels der Beziehung

$$\frac{e^2}{4\pi\epsilon_0 hc} \approx 137$$

die Lichtgeschwindigkeit einführen, oder wir könnten behaupten, daß in (7.4.1) $4\pi\epsilon_0$ auftreten sollte statt nur ϵ_0. Aber was wir auch machen, das Verhältnis von G/H_0 zu dieser Kombination mikroskopischer Größen bleibt von der Größenordnung eins. (Es gibt eine andere dimensionslose Kombination mikroskopischer Größen und G, die H_0 nicht enthält, nämlich

$$\frac{Gm_{\mathrm{p}}^2\epsilon_0}{e^2} \, ,$$

deren Wert - etwa 10^{-35} - sich sehr von eins unterscheidet.) Dirac meinte nun, die Beziehung (7.4.1) sei vielleicht kein reiner Zufall, sondern könne eine tiefe und noch nicht erklärte Beziehung zwischen kosmischer und mikroskopischer Physik darstellen.

In den meisten Weltmodellen ändert sich jedoch die Hubble-"Konstante" im Lauf der Zeit, so daß sich dann, wenn (7.4.1) ein Naturgesetz darstellt, eine oder mehrere der Grund"konstanten" G, h, m_{p} und e im Lauf der Zeit ändern müssen. Dieser Schluß ist nicht zwingend: für oszillierende Welten ließe sich behaupten, daß (7.4.1) nicht $1/H_0$ enthalten sollte, sondern die Dauer $2t_{\mathrm{m}}$ eines Zyklus von Explosion bis Implosion; die Gleichung würde dann wirkliche Naturkonstanten miteinander verbinden. Trotzdem ist es interessant, die Möglichkeit zu verfolgen, daß (7.4.1) so richtig ist, wie es dasteht, daß also die "Konstanten" keine Konstanten sein können. Das Einfachste wäre, ein veränderliches G anzunehmen und h, m_{p} und e fest zu lassen. Der Grund dafür ist, daß jede Variation in den mikroskopischen Konstanten zur Folge haben würde, daß Atom- und Kernphysik und damit die Struktur der Materie und ihrer Chemie in der Vergangenheit anders waren, und es gibt keinerlei Hinweise (etwa in den Spektren entfernter Galaxien), daß das so war. Deshalb nehmen wir an, daß die Gravitations"konstante" $G(t)$ proportional ist zur Hubble-"Konstante" $H(t)$. Nun ist $H(t)$ ungefähr reziprok zu t, dem Weltalter (wenn wir annehmen, die Zeit würde vom Augenblick der Geburt an gerechnet). Diracs Theorie sagt deshalb

▶ $G(t) \propto 1/t$ (7.4.2)

voraus.

Dieses Ergebnis läßt sich auch anders gewinnen. Wenn es zwischen den Galaxien "fehlende Masse" gibt, die eine Dichte von etwa 40 ρ_{gal} hat, dann zeigt (7.1.10), daß die heutige Dichte ρ_0 zu G und H_0 in der Beziehung

▶ $\rho_0 G / H_0^2 \sim \frac{1}{4}$.   (7.4.3)

steht. Dies ist eine weitere zahlenmäßige Übereinstimmung, diesmal zwischen rein kosmologischen Zahlen, und Dirac nahm an, daß auch sie ein Grundgesetz darstellte und deshalb auch gilt, wenn sich das Weltall gemäß (7.1.5) ausdehnt und ρ abnimmt. Deshalb ist

$$\frac{\rho(t)\,G(t)}{H^2(t)} \propto \frac{1}{R^3(t)} \cdot G(t) \cdot \frac{R^2(t)}{\dot{R}^2(t)} = \frac{G(t)}{R(t)\,\dot{R}^2(t)} = \text{const.}$$

Die ursprüngliche Beziehung (7.4.1) gibt

$$\frac{G(t)}{H(t)} = \frac{G(t)\,R(t)}{\dot{R}(t)} = \text{const.}$$

$G(t)$ läßt sich eliminieren und wir erhalten

$$R^2(t)\,\dot{R}(t) = \text{const.}$$

so daß

$$R(t) \propto t^{\frac{1}{3}}.$$

Einmalige Differentiation ergibt

▶ $H(t) = 1/3t,$ (7.4.4)

woraus (7.4.2) folgt.

Wir vergleichen jetzt Diracs Kosmologie mit der Beobachtung. Aus (6.2.3) erhalten wir für q_0 den Wert +2. Das ist nach der heutigen Schätzung von 1 ± 1 gerade eben möglich. Aus (7.4.4) erhalten wir für das jetzige Alter der Welt den Wert

▶ $t_0 = 1/3H_0 = 6 \cdot 10^9$ Jahre.   (7.4.5)

Das würde jedoch bedeuten, daß das Weltall jünger ist als die Elemente, deren Alter aus Häufigkeitsverhältnissen der Endprodukte radioaktiver Zerfälle auf 10^{10} Jahre bestimmt wurde. (Diese Verfahren hängen von Kernprozessen ab und werden deshalb von einem veränderlichen G nicht beeinflußt.) Diracs Welt ist also nicht alt genug.

Wir suchen weitere Hinweise und untersuchen, welche Folgen es hätte, wenn G in der Vergangenheit größer gewesen wäre als heute. Erstens hätten dann die Sterne heller sein müssen, im Wesentlichen, weil sie schneller strahlen müßten, damit der Strahlungsdruck den Gravitationskollaps aufhalten könnte. Näherungstheorien für den Strahlungstransport und die Energieerzeugung zeigen, daß die Leuchtkraft $L(t)$ dann zur Zeit t um einen Faktor $(G(t)/G(t_0))^8$ größer gewesen wäre als bei konstantem G. Außerdem wäre die Entfernung $r_\oplus(t)$zwischen Erde und Sonne um einen Faktor $G(t)/G(t_0)$ kleiner gewesen. Deshalb wäre die Flußdichte $l(t)$ der Sonnenstrahlung um einen Faktor

$$\frac{l(t)}{l(t_0)} = \frac{L(t)/4\pi r_\oplus^2(t)}{L(t_0)/4\pi r_\oplus^2(t_0)} = \left(\frac{G(t)}{G(t_0)}\right)^{10}$$

größer gewesen als sie jetzt ist. Das bedeutet, daß die Temperatur $T(t)$ der Erdoberfläche höher gewesen wäre als heute, denn da die Erde mit der von der Sonne empfangenen Strahlung im Gleichgewicht ist, erhalten wir mit Hilfe des Stefanschen Gesetzes

$$\text{Gesamte ausgestrahlte Leistung} \propto l \propto T^4.$$

Wir haben also

$$\blacktriangleright \qquad \frac{T(t)}{T(t_0)} = \left(\frac{l(t)}{l(t_0)}\right)^{\frac{1}{4}} = \left(\frac{G(t)}{G(t_0)}\right)^{2,5} = \left(\frac{t_0}{t}\right)^{2,5}, \qquad (7.4.6)$$

da $G(t) \propto t^{-1}$. Wir nehmen jetzt in Übereinstimmung mit (7.4.5) an, daß das Erdalter $5\cdot10^9$ Jahre beträgt. Das bedeutet, daß die Erde vor tausend Millionen Jahren etwa vier Fünftel ihres heutigen Alters hatte, und wir erhalten damit, wenn wir die heutige Temperatur als 300 K annehmen,

$$T(4\cdot10^9 \text{ Jahre}) = (4/5)^{2,5}\cdot T(t_0) = 1,75T(t_0) \approx 530\text{K}$$

Das ist viel zu heiß, als daß sich Leben entwickeln könnte. Selbst wenn wir die heutige Temperatur als 273 K ansetzen, hätte alles Wasser an den Oberflächen noch vor sechshundert Millionen Jahren gekocht. Wir schließen daraus, daß es schwierig ist, Diracs Kosmologie mit den Daten der Geophysik und Paläontologie in Einklang zu bringen.

Die Annahme, die Stärke der Gravitation sei veränderlich, ist Grundlage einer voll relativistischen Theorie, die vor allem von Jordan, Brans und Dicke entwickelt wurde. Die Theorie arbeitet mit einer Raumzeit und Geodätischen und ergibt homogene Weltmodelle mit Robertson-Walker-Metrik. Die Feldgleichungen, die Materie und Raumkrümmung verbinden, sind jedoch nicht länger "möglichst einfach", wie in Einsteins Theorie, sondern verwenden eine zusätzliche Naturkonstante ω, die eine Änderung von G mit der Zeit bewirkt. Dabei wurde ω nicht etwa *ad hoc* eingeführt, um die allgemeine Relativitätstheorie schwieriger zu machen; vielmehr hoffte man, daß die Brans-Dicke-Theorie das Machsche Prinzip zufriedenstellend in die Relativitätstheorie einbeziehen könne. (Es ist noch immer ungeklärt, in welchem Maße die Einsteinsche Theorie das kann.) Präzisionsexperimente wie die Messungen der Radarechoverzögerungen, die Shapiro durchführte (Abschnitt 5.5), haben den möglichen Wertebereich für ω so eingeschränkt, daß die Beobachtungen keine Unterscheidung zwischen den Theorien von Brans-Dicke und Einstein ermöglichen. Deshalb muß jede Veränderung von G extrem klein sein, so daß die neue Theorie die zahlenmäßige Übereinstimmung (7.4.1) nicht erklären kann. Außerdem würde es praktisch unmöglich sein, geophysikalische Wirkungen zu entdecken.

8 Am Anfang

8.1 Kosmische Schwarzkörperstrahlung

Das Weltall enthält Strahlung in Form von Photonen, die sich in alle Richtungen mit allen Frequenzen bewegen. Die kosmische Expansion führt folgendermaßen zu einer Abnahme der Energiedichte $\epsilon_r(t)$ dieser Strahlung: die Anzahldichte der Photonen nimmt mit $R^{-3}(t)$ ab, (weil sich Volumina wie $R^3(t)$ ausdehnen), und die Energie der einzelnen Photonen nimmt wie $R^{-1}(t)$ ab (wegen der Rotverschiebung der Frequenz). Deshalb nimmt $\epsilon_r(t)$ wie $R^{-4}(t)$ ab, also gilt

$$\blacktriangleright \qquad \epsilon_r(t) = \frac{\epsilon_r(t_0)\, R^4(t_0)}{R^4(t)}. \qquad\qquad (8.1.1)$$

Die äquivalente *Massendichte* $\rho_r(t)$ ist

$$\blacktriangleright \qquad \rho_r(t) = \frac{\epsilon_r(t)}{c^2}, \qquad\qquad (8.1.2)$$

und nimmt deshalb auch wie $R^{-4}(t)$ ab.

Nach (7.1.5) nimmt die Massendichte $\rho(t)$ der "kalten" *Materie* im Weltall mit $R^{-3}(t)$ ab. Wenn wir in der Zeit zurückgehen, nimmt also die Strahlungsdichte schneller zu als die Massendichte, so daß es, wie klein auch ρ_r heute ist, eine Zeit t_E gegeben haben muß, zu der Strahlungs- und Massendichte gleich waren. Zu der Zeit galt dann

$$\rho(t_E) = \frac{\rho_0\, R^3(t_0)}{R^3(t_E)} = \rho_r(t_E) = \frac{\rho_r(t_0)\, R^4(t_0)}{R^4(t_E)},$$

also

$$\blacktriangleright \qquad \frac{R(t_0)}{R(t_E)} = \frac{\rho_0}{\rho_r(t_0)}. \qquad\qquad (8.1.3)$$

Vor der Zeit t_E war ρ_r größer als ρ; der Zeitraum $0 < t < t_E$ wird deshalb die *strahlungsdominierte* Epoche der Welt genannt. Der Inhalt des von der Strahlung bestimmten Weltalls heißt Urmaterie oder Urstoff oder auch Hyle oder Ylem (nach dem griechischen Wort "hyle", was das noch Ungeformte bezeichnet).

Wie wir sehen werden, gibt es gute Gründe für die Annahme, daß zu der Zeit, als die Strahlung vorherrschte, Strahlung und Materie bei der (gleichen) Temperatur $T_r(t)$ in einem Wärmegleichgewicht waren. Deshalb muß die Strahlung ein *Schwarzkörperspektrum* gehabt haben. Mit der Ausdehnung des Weltalls nahm die mittlere Photonenenergie mit $R^{-1}(t)$ ab, so daß die Temperatur, die proportional zu dieser mittleren Energie ist, auch wie $R^{-1}(t)$ abgenommen haben sollte. Zur Zeit t_E begann die *materiedominierte* Epoche der Welt. Wie wir später sehen werden, waren seit etwa dieser Zeit Strahlung und Materie nicht mehr im Wärmegleichgewicht; $T_r(t)$ brauchte nicht mehr gleich der Temperatur $T_m(t)$ der Materie zu sein. Der Übergang von der Epoche, in der die Strahlung vorherrschte, zu jener, in der die Materie Oberhand hatte, ist theoretisch im Einzelnen untersucht worden. Diese Untersuchung legt nahe, daß bei der Entkopplung der Materie von der Strahlung um die Zeit t_E keine wesentliche Verzerrung des Schwarzkörperspektrums erfolgte. Wenn die Strahlung ihre Schwarzkörper-Charakteristiken *nach* t_E behält (wenn sie nicht mehr mit der Materie gekoppelt ist), dann muß $T_r(t)$ auch weiterhin proportional zu $R^{-1}(t)$ sein, so daß

$$\blacktriangleright \qquad T_r(t) = T_{ro}\, \frac{R(t_0)}{R(t)}, \qquad\qquad\qquad (8.1.4)$$

wobei T_{ro} die heutige Strahlungstemperatur ist.

Wir beweisen jetzt, daß die Strahlung tatsächlich ein Schwarzkörperspektrum behält, wenn die Photonenzahl erhalten bleibt. Diese Zahl könnte nur durch Wechselwirkungen mit Materie wesentlich geändert werden, aber es läßt sich leicht berechnen, daß die Anzahl der Elementarteilchen (Nukleonen, Elektronen usw.) viel kleiner ist ($\sim 10^{-10}$) als diejenige der Photonen - obwohl heutzutage die Materie als Energieform und durch die Gravitation überwiegt. Nach dem Planckschen Gesetz ist die Zahl $dN(t)$ der Photonen mit Frequenzen zwischen ν und $\nu + d\nu$ in einem Raumvolumen $V(t)$ zur kosmischen Zeit t

$$\blacktriangleright \qquad dN(t) = \frac{8\pi\nu^2 V(t)\, d\nu}{c^3\, (\exp\,(h\nu/kT_r(t)) - 1)}. \qquad\qquad (8.1.5)$$

Nach dem Erhaltungssatz bleibt die Zahl der Photonen pro Volumen im Lauf der Zeit gleich; ein mitbewegter Beobachter würde sehen, daß genauso viele Photonen durch die gedachte Oberfläche in das Volumen eindringen, wie sie es verlassen. Zu einer anderen Zeit t' hat die ursprüngliche Gruppe von

Photonen dann rotverschobene Frequenzen

$$\nu' = \frac{\nu R(t)}{R(t')}, \quad d\nu' = d\nu \frac{R(t)}{R(t')},$$

und das Volumen hat sich zu

$$V(t') = V(t) \frac{R^3(t')}{R^3(t)}$$

ausgedehnt. Deshalb gilt für diese Photonen

$$dN(t') = dN(t) = \frac{\frac{8\pi}{c^3}\left(\frac{\nu'R(t')}{R(t)}\right)^2 V(t')\frac{R^3(t)}{R^3(t')}d\nu'\frac{R(t')}{R(t)}}{\exp(h\nu'R(t')/R(t)\,T_r(t)\,k)-1}$$

$$= \frac{8\pi V(t')\,\nu'^2\,d\nu'}{c^3(\exp(h\nu'/kT_r(t'))-1)},$$

wobei die neue Temperatur

$$T_r(t') = T_r(t)\,R(t)/R(t')$$

beträgt. Die Strahlung behält also ihr Schwarzkörperspektrum selbst dann, wenn sie nicht mehr im Gleichgewicht mit der Materie ist; sie dehnt sich adiabatisch mit dem Weltall aus und kühlt sich in Übereinstimmung mit Gleichung (8.1.4) ab. Die Energiedichte $\varepsilon_r(t)$ läßt sich aus (8.1.5) gewinnen, wenn wir $V(t) = 1$ setzen und integrieren:

$$\varepsilon_r(t) = \int dN h\nu = \frac{8\pi h}{c^3}\int_0^\infty d\nu\,\nu^3/(\exp(h\nu/kT_r(t)-1)).$$

Das ist ein Standardintegral, und die endgültige Formel für $\varepsilon_r(t)$ ist

$$\blacktriangleright \qquad \varepsilon_r(t) = 8\pi^5 k^4 T_r^4(t)/15c^3h^3 \equiv aT_r^4(t), \qquad\qquad (8.1.6)$$

wobei k die Boltzmannsche und a $(= 7{,}5\cdot 10^{-16}\,\mathrm{J\,m^{-3}\,K^{-4}})$ die Stefan-Boltzmannsche Konstante ist. Dies ist in völliger Übereinstimmung mit (8.1.1), weil entsprechend (8.1.4) T_r proportional zu R^{-1} ist.

Diese theoretische Diskussion läßt vermuten, daß das Weltall Schwarzkörperstrahlung enthalten sollte, und gegenwärtig gibt es Hinweise darauf, daß das zutrifft. Die erste Beobachtung der kosmischen Mikrowellenhintergrundstrahlung durch Penzias und Wilson 1965 war die wichtigste kosmologische

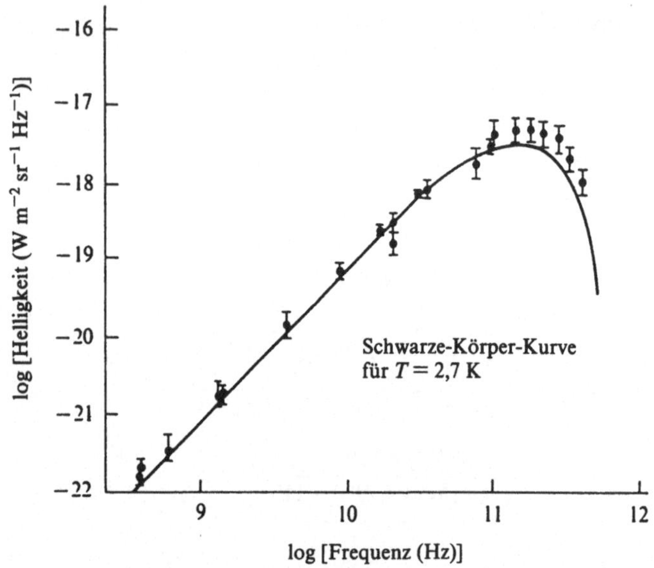

Abbildung 60. Spektrum der kosmischen Hintergrundstrahlung

Entdeckung, seit Hubble die Ausdehnung des Universums beweisen konnte. Die bis jetzt erhaltenen Daten werden in Abbildung 60 zusammengefaßt. Der Hochfrequenzteil der Kurve ist schwierig zu messen, denn die Frequenzen der entsprechenden Strahlung liegen außerhalb des Bereichs, für den die Atmosphäre durchlässig ist. Deshalb untersucht zur Zeit eine sehr durchdachte Reihe von Experimenten mit Ballonen und Raketen die Frequenzverteilung jenseits des Maximums der Schwarzkörperkurve. Die vorliegenden Daten passen jedoch sehr genau auf ein Schwarzkörperspektrum mit der Temperatur

$$T_{\mathrm{ro}} = 2,7 \text{ K}. \tag{8.1.7}$$

Das bedeutet, daß der größte Teil der Strahlung Wellenlängen im Bereich von Millimetern hat - d.h. die Strahlung liegt im Mikrowellenbereich des Spektrums. Aus (8.1.6) erhalten wir als heutigen Wert der Energiedichte

$$\epsilon_{\mathrm{r}}(t_0) = aT_{\mathrm{ro}}^4 = 4 \cdot 10^{-14} \text{ J m}^{-3}. \tag{8.1.8}$$

Die äquivalente Massendichte $\rho_{\mathrm{r}}(t_0)$ ist wegen (8.1.2)

$$\rho_{\mathrm{r}}(t_0) = 4,5 \cdot 10^{-31} \text{ kg m}^{-3}, \tag{8.1.9}$$

so daß die Strahlungsdichte nur etwa ein Tausendstel des gegenwärtig akzeptierten Wertes (2.1.2) für die Massendichte ρ_0 ausmacht und das Weltall unserer Zeit wirklich von der Materie beherrscht wird. Natürlich enthält die Welt nicht nur Mikrowellen, sondern alle Arten von Strahlung; diese ist jedoch nicht mit einem Schwarzkörperspektrum verteilt und nicht annähernd so stark wie die Mikrowellenhintergrundstrahlung. (Die gesamte nicht-thermische Energiedichte ist auf weniger als $\varepsilon_r(t_0)/100$ geschätzt worden.) Es hat Versuche gegeben, die Theorie des stationären Weltalls zu retten, indem man der Mikrowellenstrahlung viele diskrete ferne Quellen zuschrieb, aber all diese Erklärungen machen *ad hoc*-Annahmen über die Spektren dieser Quellen. Insgesamt glauben die meisten Kosmologen, daß die Mikrowellenstrahlung wirklich ein thermisches Spektrum hat und ein adiabatisch gekühlter, rotverschobener Rest des ursprünglichen Feuerballs ist.

Die Entdeckung der Hintergrundstrahlung eröffnete die faszinierende Möglichkeit, die Geschwindigkeit der Erde relativ zum kosmischen Gas zu messen, also relativ zur mittleren Bewegung der lokalen Materie der Welt. Einem mitbewegten Beobachter würde die Strahlung nach Definition isotrop erscheinen. Deshalb würde ein anderer Beobachter, der sich relativ zum ersten bewegt, die von vorn kommende Strahlung blauverschoben und die von hinten kommende Strahlung rotverschoben sehen. Anders gesagt, die Temperatur der Schwarzkörperstrahlung würde richtungsabhängig sein. Eine solche Anisotropie ist auch gefunden worden, und es wird geschlossen, daß die Erde sich relativ zum kosmischen Gas mit einer Geschwindigkeit von etwa einigen hundert Kilometern pro Sekunde bewegt. Wir betonen, daß diese Bewegung nicht "absolut" oder "relativ zum Äther" ist, sondern relativ zu dem wohl definierten Bezeugssystem, in dem die kosmische Materie im Mittel lokal in Ruhe ist.

Wir untersuchen jetzt den Übergang von der strahlungdominierten zur materiedominierten Epoche. Wenn wir die Werte (8.1.9) und (2.1.2) für $\rho_r(t_0)$ und ρ_0 in (8.1.3) einsetzen, erhalten wir

$$\blacktriangleright \qquad R(t_0)/R(t_E) \approx 700. \qquad\qquad (8.1.10)$$

(Wir haben (2.1.2) benutzt, den niedrigsten Wert für ρ_0; wenn es "fehlende Materie" gibt, ist $R(t_0)/R(t_E)$ größer als 700.) Die Übergangstemperatur $T_r(t_E)$ ist wegen (8.1.4)

$$\blacktriangleright \qquad T_r(t_E) \approx 1900 \text{ K}. \qquad\qquad (8.1.11)$$

(Wieder ist $T_r(t_E)$ größer als dieser Wert, wenn es "fehlende Materie" gibt.) Nun ist dieser Wert von 1900 K zufällig von derselben Größenordnung wie 4000 K, und für einen höheren Wert, so wurde berechnet, wäre ein dünnes Wasserstoffgas fast vollständig ionisiert. Die Übergangsperiode $t \approx t_E$ zwischen den von Strahlung und Masse beherrschten Ären ist also die *Rekombinationsära*, in der das Plasma freier Elektronen und Protonen zu neutralem Wasserstoff kondensiert. Das Plasma ist jedoch für Strahlung viel undurchlässiger als der neutrale Wasserstoff (der praktisch durchlässig ist). Deshalb war die Wechselwirkung der Materie mit der Strahlung vor t_E viel stärker als heute, und das ist die Grundlage unserer Annahme, daß Strahlung einst mit der Materie im Gleichgewicht war und so ein Schwarzkörperspektrum annahm.

In der strahlungsdominierten Epoche ist eine auf der allgemeinen Relativitätstheorie beruhende Dynamik besonders einfach. Die entscheidende Gleichung ist (7.1.6); für kleines t ist $R(t)$ auch klein und $\rho(t)$ groß, und die Terme, die den Krümmungsindex und die kosmologische Konstante enthalten, sind vernachlässigbar. Wir haben damit für die frühe Geschichte aller explodierender Modelle

$$\dot{R}^2(t) = 8\pi G\rho(t)\, R^2(t)/3.$$

Dies ist eine relativistische Gleichung, so daß $\rho(t)$ als die Gesamtdichte von Materie *und Strahlung* verstanden werden muß; für $t \ll t_E$ dominiert ρ_r. Wir können also mit Hilfe von (8.1.2) und (8.1.6) ρ_r als Funktion von T_r schreiben und (8.1.4) dazu benutzen, um R und damit R' durch T_r auszudrücken; wir erhalten die Gleichung

$$\dot{T}_r^2 = (8\pi Ga/3c^2)\, T_r^6,$$

deren Lösung

$$\blacktriangleright \qquad T_r(t) = (3c^2/32\pi Ga)^{\frac{1}{4}}/\sqrt{t} \qquad\qquad (8.1.12)$$

ist. Für die Strahlungsdichte erhalten wir

$$\blacktriangleright \qquad \rho_r(t) = 3/32\pi Gt^2. \qquad\qquad (8.1.13)$$

Es ist hervorzuheben, daß diese Formeln für den Frühzustand der Materie keine Konstanten enthalten, die angepaßt werden müssen; sie sind unabhängig von den Werten für Λ und k. Für den kosmischen Skalenfaktor ergibt sich mit (8.1.4) und (8.1.12)

$$\blacktriangleright \qquad R(t) = R(t_0)\, T_{r0}(32\pi Ga/3c^2)^{\frac{1}{4}} \sqrt{t}. \qquad\qquad (8.1.14)$$

Es ist genau genommen nicht korrekt, diese Formeln für die Übergangszeit $t \approx t_E$ anzuwenden, weil die Materie dann nicht mehr vernachlässigt werden kann, und weil außerdem die Terme in (7.1.6), die Λ und k enthalten, wichtig werden könnten. Wenn wir jedoch nur an groben Abschätzungen interessiert sind, können wir (8.1.12) und (8.1.11) nach t_E lösen und erhalten

$$\blacktriangleright \qquad t_E = \left(\sqrt{\frac{3c^2}{32\pi Ga}} \right) \frac{1}{T_r^2(t_E)} \approx 6 \cdot 10^{13}\,\text{s} \approx 2 \cdot 10^6\,\text{Jahre} \qquad (8.1.15)$$

Wenn wir 10^{10} Jahre als eine grobe Näherung für das Weltalter nehmen, ist es klar, daß das Weltall nur einen zehntausendstel Teil seiner Geschichte von Strahlung dominiert wurde. Dies ist sogar wahrscheinlich noch eine Überschätzung: wenn "fehlende Masse" entdeckt würde, wäre der Wert $T_r(t_E)$ größer und t_E kleiner.

8.2 Galaxienbildung

Bis jetzt haben wir die "homogenen" Weltmodelle untersucht, jene Modelle also, in denen kosmische Materie und Strahlung homogen verteilt sind. In der Größenordnung von weniger als zehn Megaparsec ist die Materie jedoch in Form von Sternen und Galaxien sehr inhomogen verteilt. In diesem Abschnitt erwägen wir die Frage: Woher kommen die Galaxien? Die meisten Theorien nehmen an, daß Galaxien sich durch Kondensation infolge der Gravitationswechselwirkung bilden, aber das Problem ist, den Verlauf dieser Kondensation plausibel zu beschreiben, und insbesondere zu verstehen, warum die Massen der Galaxien in dem Bereich liegen, der heute gemessen wird ($10^6 M_\odot$ bis etwa $10^{12} M_\odot$) und insbesondere, warum es eine scharfe obere Grenze gibt. Seit kurzem erst beginnen sich die Umrisse einer befriedigenden Theorie abzuzeichnen.

Galaxien haben sich vermutlich aus schon zu Beginn bestehenden Inhomogenitäten der Dichteverteilung kondensiert. Wie sind diese Inhomogenitäten entstanden? Wurde eine zunächst glatte Urmaterie "von Gottes Finger erregt", oder gehörten die Inhomogenitäten zu den Anfangsbedingungen des Urknalls? Welche anderen Möglichkeiten gibt es? Wenn wir uns die Elementarteilchen der Materie in der Welt zunächst gleichförmig verteilt denken, würden in jedem Maßstab rein statistische Schwankungen vorkommen, aus denen sich schließlich Materie kondensiert. Die Entwicklung von - höchst unwahrscheinlichen - Schwankungen galaktischer Dimensionen ($\sim 10^{68}$ Teil-

chen) würde jedoch extrem langsam sein, und man hat berechnet, daß das
Weltall viel zu jung ist, als daß dies Modell plausibel sein könnte. Gegen jede
Theorie, die eine ursprünglich homogene Materie annimmt, läßt sich zudem
ein grundsätzlicher Einwand machen: aus ihr folgt, daß Bereiche des Univer-
sums, die noch nicht aufeinander wirken konnten, trotzdem, ohne jeden
Grund, dieselbe Dichte haben. Um das zu sehen, betrachten wir die mitbeweg-
te Koordinate σ_{oh} des Teilchenhorizonts, die in Abschnitt 6.2 eingeführt wurde
(Gleichung 6.2.6)); für kurze Zeiten, so lesen wir aus (8.1.14) ab, ist

$$\sigma_{oh} \propto t^{\frac{1}{2}}.$$

Die Größe des beobachtbaren Weltalls, und damit der Bereich der kausalen
Beeinflussung, beginnt mit null und wächst ständig. (Die Masse M_{oh} der
Materie innerhalb des Teilchenhorizonts zur kosmische Zeit t läßt sich leicht
aus

$$M_{oh} = (c^3 t/G) \sqrt{(t/t_E)}$$

berechnen und entspricht einer großen galaktischen Masse, wenn $t \sim 0,1$ Jahr.)
Aus diesen Gründen wird jetzt beträchtliche Mühe auf die Untersuchung von
Modellen verwandt, die "anfänglich völlig chaotisch" sind, also Modelle,
deren Anfangsdichte zunächst in jedem Maßstab Inhomogenitäten aufweist,
die nach einem bis jetzt noch unbekannten Gesetz verteilt sind. Einige obere
Schranken für die Stärke der Anfangsinhomogenitäten (besonders im größeren Maßstab) werden durch den Grad der beobachteten Isotropie der Mikrowellenhintergrundstrahlung gesetzt: große Dichteunterschiede könnten mit
großen Unterschieden in der Temperatur der Urmaterie verbunden gewesen
sein, die heute noch in fossiler Form als Anisotropien der Mikrowellenstrahlung beobachtbar wären.

Wir nehmen deswegen an, daß zu einer Zeit (vielleicht $t = 0$) im frühen
Weltall in jedem Maßstab schwache Dichteschwankungen existierten. Welche physikalischen Prozesse bestimmten ihre Entwicklung? Im wesentlichen
drei: die *Gravitation* ist eine Quelle der *Instabilität*, die bewirkt, daß eine
Inhomogenität, die dichter ist als der Hintergrund, zur Kontraktion neigt und
noch dichter wird (Abbildung 61(*a*)). Der *Druck des kosmischen Gases*
verursacht *Schwingungen*, die eine Inhomogenität als akustische Wellen
auseinander laufen läßt (Abbildung 61(*b*)), analog zu Wellen, die entstehen,
wenn die Wasserfläche eines Teichs gestört wird. Die *Photonenreibung*
verursacht *Dämpfung* und läßt eine Inhomogenität zerfallen; sie kommt durch
Zusammenstöße von Photonen mit Plasmateilchen zustande (Abbildung 61(*c*)).

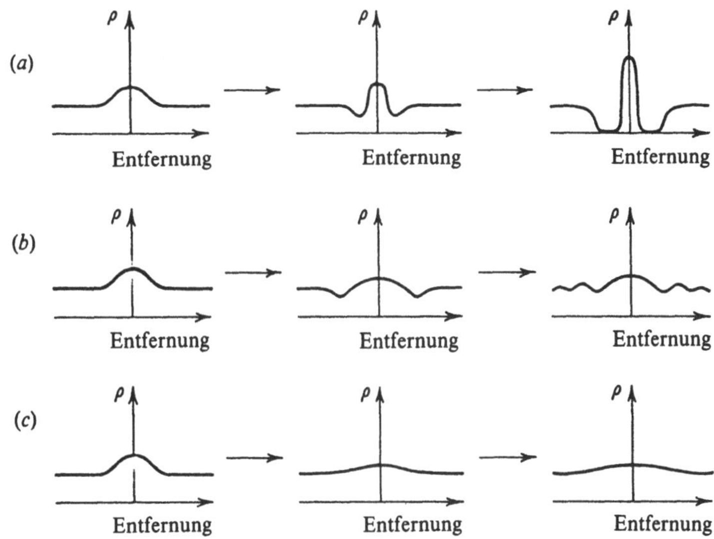

Abbildung 61. Drei Effekte tragen zur Entwicklung von Inhomogenitäten der Dichte bei: (*a*) Instabilitäten der Gravitation; (*b*) Schwankungen des kosmischen Gasdrucks; (*c*) durch Photonenreibung verursachte Dämpfung

Wir untersuchen zunächst den Wettstreit zwischen der durch die Schwerkraft bewirkten Instabilität und den Druckschwankungen für eine Inhomogenität der Masse M (dies bezieht sich auf Masse in Form von Materie, nicht von Strahlung). Die Theorie wurde zuerst 1902 von Jeans aufgestellt. Wenn M eine bestimmte kritische Masse M_J (die "Jeans-Masse") übersteigt, ist die Inhomogenität instabil und zieht sich zusammen, weil die von dem Gasdruck herrührenden elastischen Rückstellkräfte schwächer sind als die Eigenanziehung der Masse. Wenn M kleiner ist als M_J, dominieren die elastischen Kräfte und die Dichte schwingt. Offenbar hängt M_J vom Zustand des Gases ab, also von seiner Dichte, Temperatur und davon, ob es strahlungs- oder materiedominiert ist. Wir schätzen jetzt M_J als Funktion der Zeit ab.

Eine Inhomogenität mit "Radius" r ähnelt dann, wenn sie schwingt, einer Schallwelle mit Wellenlänge r. Die typische "Rückstellzeit" ist die Periode r/v der Welle, wobei v die Schallgeschwindigkeit im Gas ist. Wenn r/v größer ist als die charakteristische Zeit, in der die Störung sich unter ihrer eigenen Schwerkraft zusammenzieht, ist die Störung instabil und zieht sich zusammen; sonst schwingt sie. Die charakteristische Zeit für die Kontraktion kann nur von G, r und der *Gesamt*dichte (Materie und Strahlung) ρ_{tot} abhängen; in der Tat ist die einzige Funktion mit der Dimension "Zeit", die sich aus diesen Größen konstruieren läßt, das Produkt aus einer Konstanten mit $(Gv_{tot})^{-1/2}$; zufällig enthält es r nicht. Wir setzen die "Konstante" gleich eins (eine genaue Betrachtung gibt $\pi^{1/2}$). Die Bedingung für die Kontraktion ist

$$r/v > 1/\sqrt{(G\rho_{tot})},$$

so daß die Jeans-Masse

$$\blacktriangleright \qquad M_J = 4\pi\rho v^3/3(G\rho_{tot})^{\frac{1}{2}} \tag{8.2.1}$$

beträgt, wobei ρ nur die Materiedichte angibt. Zur Berechnung von M_J brauchen wir v; wenn p der Gasdruck ist (der über die Zustandsgleichung von ρ_{tot} und T abhängt), dann ist

$$\blacktriangleright \qquad v = \sqrt{\frac{dp}{d\rho_{tot}}}. \tag{8.2.2}$$

Wir behandeln die von Strahlung und Materie beherrschten Epochen getrennt. In der *von Strahlung beherrschten* Epoche ($t < t_E$) ist die Materiedichte vernachlässigbar, und wir haben

$$\rho_{tot} \approx \rho_r = aT_r^4/c^2,$$

wobei wir (8.1.2) und (8.1.6) benutzt haben. Die Zustandsgleichung ist

$$p = \rho_r c^2/3;$$

das läßt sich folgendermaßen begründen: ein Drittel der Strahlung bewegt sich mit Geschwindigkeit c in jede beliebige Richtung, so daß der Druck, also der pro Zeiteinheit auf die Flächeneinheit übertragene Impuls, das Produkt aus der passierenden Materie und c ist, also $(1/3\,\rho_r{\cdot}c){\cdot}c$, was wir zeigen wollten. Aus (8.2.2) berechnen wir als Schallgeschwindigkeit in dem Photonengas

$$v = \sqrt{\frac{dp}{d\rho}} = \frac{c}{\sqrt{3}},$$

und die Jeans-Masse (8.2.1) ist

$$M_J = \frac{4\pi\rho c^3}{3(3GaT_r^4/c^2)^{\frac{1}{2}}} \approx \frac{\rho c^6}{T_r^6(Ga)^{\frac{1}{2}}}.$$

Um die Materiedichte ρ in der Strahlungsära zu finden, verwenden wir (7.1.5) und (8.1.4) und erhalten

$$\rho(t) \overset{(t\,<\,t_{\mathrm{E}})}{=} \rho(t_{\mathrm{E}}) \frac{R^3(t_{\mathrm{E}})}{R^3(t)} = \frac{\rho(t_{\mathrm{E}})\,T_{\mathrm{r}}^3(t)}{T_{\mathrm{r}}^3(t_{\mathrm{E}})} = \frac{\rho_{\mathrm{r}}(t_{\mathrm{E}})\,T_{\mathrm{r}}^3(t)}{T_{\mathrm{r}}^3(t_{\mathrm{E}})} = \frac{aT_{\mathrm{r}}(t_{\mathrm{E}})\,T_{\mathrm{r}}^3(t)}{c^2},$$

so daß M_{J} zu

$$\blacktriangleright \qquad M_{\mathrm{J}} = \frac{c^4 T_{\mathrm{r}}(t_{\mathrm{E}})}{G^{\frac{3}{2}} a^{\frac{1}{2}} T_{\mathrm{r}}^3} \tag{8.2.3}$$

wird.

Während sich das Weltall ausdehnt und die Strahlung abkühlt, nimmt M_{J} (wie T_{r}^{-3}) zu, und sein Maximalwert ist am Ende der Strahlungsära

$$\blacktriangleright \qquad M_{\mathrm{J}}^{\left(\substack{\text{Strahlungs-}\\\text{dominiert}}\right)(t\,=\,t_{\mathrm{E}})} = \frac{c^4}{G^{\frac{3}{2}} a^{\frac{1}{2}} T_{\mathrm{r}}^2(t_{\mathrm{E}})} \approx 6{\cdot}10^{48}\ \mathrm{kg} \approx 3{\cdot}10^{18}\ M_{\odot}, \tag{8.2.4}$$

wobei wir $T_{\mathrm{r}}(t_{\mathrm{E}})$ als 2000 K gesetzt haben. Dieser Wert für M_{J} übertrifft bekannte galaktische Massen beträchtlich. Eine Inhomogenität von galaktischer Größe - eine "Protogalaxie" - würde nach einer instabilen, kontrahierenden Anfangsphase die meiste Zeit der Strahlungsära in einem Zustand akustischer Schwingungen verbringen.

In der *von Materie beherrschten Epoche* ($t > t_{\mathrm{E}}$) ist die Strahlungsdichte vernachlässigbar und $\rho_{\mathrm{tot}} \approx \rho$. Wir können die Materie als ein ideales Gas einatomigen Wasserstoffs behandeln, mit dem Verhältnis $\gamma = 5/3$ der spezifischen Wärme und der Zustandsgleichung

$$p = \frac{\rho k T_{\mathrm{m}}}{m_{\mathrm{H}}}.$$

wobei m_{H} die Masse eines Wasserstoffatoms ist und T_{m} die Temperatur der Materie ist, die von T_{r} zu unterscheiden ist. Die Schallgeschwindigkeit ist also

$$v = \sqrt{\frac{\mathrm{d}p}{\mathrm{d}\rho}} = \sqrt{\frac{kT_{\mathrm{m}}}{m_{\mathrm{H}}}}.$$

(wenn wir der Einfachheit zuliebe isotherme Schwingungen annehmen), und M_{J} ist wegen (8.2.1)

$$M_{\mathrm{J}} = \frac{4\pi}{3}\left(\frac{kT_{\mathrm{m}}}{Gm_{\mathrm{H}}}\right)^{\frac{3}{2}} \frac{1}{\rho^{\frac{1}{2}}}.$$

T_{m} und ρ werden vorteilhaft durch die Strahlungstemperatur T_{r} ausgedrückt:

Dazu machen wir uns zunächst klar, daß die Ausdehnung der Materie adiabatisch ist, so daß

$$T_{\mathrm{m}} \cdot \mathrm{Volumen}^{\gamma-1} = \mathrm{constant},$$

also

$$\frac{T_{\mathrm{m}}}{\rho^{\gamma-1}} = \frac{T_{\mathrm{m}}}{\rho^{\frac{2}{3}}} = \mathrm{constant} = \frac{T_{\mathrm{r}}(t_{\mathrm{E}})}{\rho(t_{\mathrm{E}})^{\frac{2}{3}}} \, ,$$

(da $T_{\mathrm{r}} = T_{\mathrm{m}}$ nach Definition bei $t = t_{\mathrm{E}}$) und

$$T_{\mathrm{m}} = T_{\mathrm{r}}(t_{\mathrm{E}}) \left(\frac{\rho}{\rho(t_{\mathrm{E}})} \right)^{\frac{2}{3}}.$$

Dann erinnern wir uns daran, daß $T_{\mathrm{r}} \propto R^{-1}$ ist, während $\rho \propto R^{-3}$ gilt, so daß sich

$$\rho(t) = \rho(t_{\mathrm{E}}) \left[\frac{T_{\mathrm{r}}(t)}{T_{\mathrm{r}}(t_{\mathrm{E}})} \right]^3.$$

ergibt. Damit gilt schließlich für M_{J}

$$\blacktriangleright \qquad M_{\mathrm{J}} = \frac{4\pi}{3} \left(\frac{kT_{\mathrm{r}}}{Gm_{\mathrm{H}}} \right)^{\frac{3}{2}} \frac{1}{\rho(t_{\mathrm{E}})^{\frac{1}{2}}}. \qquad\qquad (8.2.5)$$

Während sich das materiedominierte Weltall ausdehnt und abkühlt, nimmt M_{J} (wie $T_{\mathrm{r}}^{3/2}$) ab, und sein Höchstwert M_{J} ist zu Beginn von Materie beherrschten Epoche

$$\blacktriangleright \qquad M_{\mathrm{J}}^{\left(\substack{\text{Materie-} \\ \text{dominiert}} \right) (t=t_{\mathrm{E}})} = \frac{4\pi}{3} \left(\frac{kT_{\mathrm{r}}(t_{\mathrm{E}})}{Gm_{\mathrm{H}}} \right)^{\frac{3}{2}} \frac{1}{\rho^{\frac{1}{2}}(t_{\mathrm{E}})} \approx 6 \cdot 10^{35} \ \mathrm{kg} \approx 3 \cdot 10^{5} \ M_{\odot},$$
$$(8.2.6)$$

wobei wir $\rho(t_{\mathrm{E}})$ mit Hilfe des Erhaltungsgesetzes (7.1.5) berechnet und den Kontraktionsfaktor $R(t_{\mathrm{E}})/R(t)_0 = 10^{-3}$ und die heutige Massendichte $\rho_0 = 3 \cdot 10^{-28} \ \mathrm{kg \ m^{-3}}$ gesetzt haben. Dieser Wert für M_{J} ist viel kleiner als die Masse einer normalen Galaxie, so daß alle Protogalaxien, die bis t_{E} überleben, danach frei kontrahieren würden. Das Verhalten der Jeans-Masse als Funktion von T_{r} (was im frühen Weltall wegen Gleichung (8.1.12) proportional zu $t^{1/2}$ ist) wird in Abbildung 62 graphisch dargestellt.

Wir müssen noch einen weiteren Effekt berücksichtigen, nämlich die in der Strahlungsära von der *Photonenreibung* bewirkte Dämpfung (Abbildung 61(c)). Diese entsteht folgendermaßen: die enge Kopplung zwischen Materie und Strahlung vor t_{E} wird durch Kollision zwischen Photonen und Elektronen

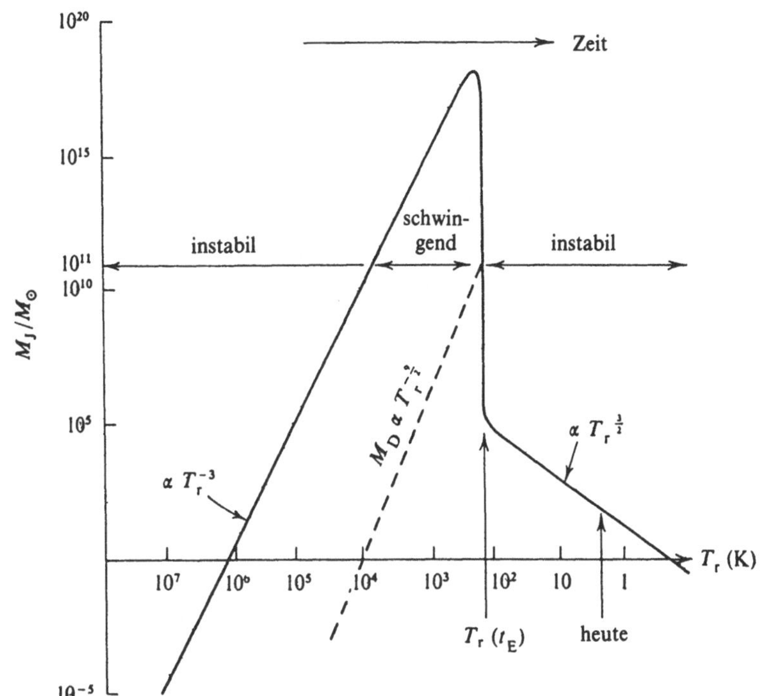

Abbildung 62. Die Entwicklung der Jeansmasse M_J und der kleinsten, nicht durch die Photonenreibung gedämpften Masse M_D, während sich das kosmische Gas ausbildet

aufrechterhalten (Protonen sind viel schwerer, so daß bei Zusammenstößen mit ihnen viel weniger Energie übertragen wird). Wenn Inhomogenitäten vorliegen, ist das durch diese "Comptonstreuung" aufgebaute Gleichgewicht nicht vollkommen, und die Strahlung gleicht eine Inhomogenität der Materie in der (linearen) Dimension X etwa in der Zeit aus, in der ein Photon mehrere Male (etwa $5X$) durch X diffundiert. Wenn also das Weltall das Alter t ($<t_E$) hat, sind alle Inhomogenitäten kleiner als $X(t)$ weggedämpft, wobei $X(t)$ ein Fünftel der Entfernung ist, die ein Photon in der Zeit t zurücklegt. Weil diese Photonenbewegung zufällig erfolgt, ist diese Entfernung $L\sqrt{N}$, wobei L die mittlere freie Weglänge des Photons zwischen Zusammenstößen ist und N die

Gesamtzahl der Zusammenstöße. Photonen laufen mit Lichtgeschwindigkeit c, so daß

$$X(t) \approx \tfrac{1}{8}L\sqrt{N} = \tfrac{1}{8}L\sqrt{(ct/L)} = \tfrac{1}{8}\sqrt{(Lct)}.$$

Aus der kinetischen Theorie folgt

$$L = 1/n_e(t)\,\sigma = m_H/\rho(t)\,\sigma,$$

wobei n_e die Anzahldichte der Streuteilchen (also Elektronen) zur Zeit t ist und σ der Streuquerschnitt, der für Zusammenstöße zwischen Photonen und Elektronen den "Thomson"-Wert

$$\sigma = e^4/6\pi\epsilon_0^2 m_e^2 c^4 = 6{,}65\cdot10^{-29}\,\mathrm{m}^2$$

hat. Die kleinsten Masseinhomogenitäten $M_D(t)$, die bis zur Zeit t ungedämpft überlebt haben, sind

$$\blacktriangleright \qquad M_D(t) = \frac{4\pi\rho(t)}{3}\left(\frac{X(t)}{2}\right)^3 = \frac{4\pi}{3\cdot10^3\rho(t)^{\frac{1}{2}}}\left(\frac{m_H\,ct}{\sigma}\right)^{\frac{3}{2}}. \qquad (8.2.7)$$

Wenn t anwächst, werden größere Masseninhomogenitäten $M(t)$ durch Dämpfung ausgeglichen, bis am Ende der Strahlungsära die kleinste ungedämpfte Masse

$$\blacktriangleright \qquad M_D(t_E) = \frac{4\pi}{3\cdot10^3\rho(t_E)^{\frac{1}{2}}}\left(\frac{m_H\,ct_E}{\sigma}\right)^{\frac{3}{2}} \approx 2\cdot10^{42}\,\mathrm{kg} \approx 10^{12}M_\odot$$
$$(8.2.8)$$

ist. Dieser Wert kommt dem Massenwert einer durchschnittlichen großen Galaxie erfreulich nahe. Die Entdeckung von Dunkelmaterie würde den Wert von $M_D(t_e)$ jedoch stark reduzieren (wenn ρ_0 um einen Faktor α wächst, wird $M_D(t_e)$ um einen Faktor α^7 verringert). Als eine Funktion der Temperatur verändert sich $M_D(t)$ wie $T_r^{-9/2}$, und das wird in Abbildung 62 gezeigt. Nach t_E hört die Dämpfung durch Photonenreibung auf, weil die Rekombination stattgefunden hat und die Materie für Strahlung durchlässig geworden ist.

Wir können die theoretischen Ergebnisse folgendermaßen zusammenfassen: alle ursprünglichen Inhomogenitäten mit Massen, die kleiner sind als die einer normalen Galaxie, werden während der Strahlungsära weggedämpft. Größere Massen überleben bis in die Ära der Materie und ziehen sich unter dem Einfluß der Schwerkraft frei zusammen. Diese Schlüsse werden durch gründlichere Rechnungen bestätigt, die die Möglichkeit in Betracht ziehen, daß die Rekombination nicht zu der Zeit t_E zu passieren braucht, in der ρ und ρ_r gleich sind. Die Theorie gibt nur eine *kleinste* ungedämpfte Masse an;

warum beobachten wir keine Galaxien mit Massen, die viel größer sind als $10^{12}M_\odot$? Wahrscheinlich würden bei jeder vernünftigen Verteilung der ursprünglichen Inhomogenitäten die Dichteschwankungen umso schwächer sein, je größer ihre Ausdehnung ist, so daß Galaxien mit Massen, die viel größer sind als $10^{12}M_\odot$, vermutlich nicht nur sehr selten sind, sondern sich auch so langsam zusammenziehen, daß sie noch nicht kondensiert sind.

Wir wenden uns jetzt der Theorie der Galaxien*form* zu (siehe das Frontispiz). Es ist recht einfach zu erklären, warum sie oft eher flach sind wie ein Pfannkuchen und nicht sphärisch. Wir brauchen nur anzunehmen, daß die ursprüngliche Irregularität in diesen Fällen einen *Drehimpuls* um eine Achse, etwa die z-Achse, hatte. Während sich die Galaxie unter ihrer Eigenanziehung zusammenzieht, bleibt der Drehimpuls *erhalten*, da auf die Galaxie kein äußeres Drehmoment wirkt. Damit sich ein solches wirbelndes Objekt zur z-Achse hin zusammenzieht, muß an ihr Arbeit geleistet werden. Um das einzusehen, betrachten wir einen Stern der Masse m in der Nähe des Randes der Galaxie. Wir nehmen an, daß er zur Zeit t mit der Geschwindigkeit v auf einer Kreisbahn mit Radius r läuft. Sein Drehimpuls L und seine kinetische Energie K sind dann

$$L = mrv, \quad K = mv^2/2 = L^2/2mr^2.$$

Wenn die Kontraktion weitergeht, nimmt r ab, während L konstant bleibt. Deshalb nimmt K zu - der Drehimpuls wirkt wie eine abstoßende Kraft, die sich der Kontraktion widersetzt. Die Zunahme von K erfordert Arbeit, die durch das Gravitationspotential

$$V_{\text{grav}} = -GmM_g/r$$

geliefert wird, wobei M_g die Masse der Galaxie ist.

Nun nimmt die erforderliche Energie wie r^2 zu, aber die zur Verfügung stehende Gravitationsenergie nimmt nur wie r^1 zu, so daß es einen Radius r_g geben muß, bei dem die Schwerkraft die Kontraktion nicht länger bewirken kann. Der Wert für r läßt sich aus der Bedingung berechnen, daß $K + V_{\text{grav}}$ einen Extremwert hat, daß es also keine Radialkraft gibt. Es ist also

$$\frac{\mathrm{d}}{\mathrm{d}r}\left(\frac{L^2}{2mr^2} - \frac{GM_g m}{r}\right) = 0 \quad \text{wenn} \quad r = r_g,$$

oder

$$-\frac{L^2}{mr_g^3} + \frac{GM_g m}{r_g^2} = 0,$$

also

▶ $\qquad r_g = L^2/GM_g m^2.$ (8.2.9)

Aber $L = mv_g r_g$, wobei v_g die Geschwindigkeit eines Sterns am Rand einer kontrahierten Galaxie ist. Wenn wir diese Formel für L in (8.2.9) einsetzen, erhalten wir einfach wieder die Formel (2.2.9), die wir benutzt haben, um M_g aus Messungen der Winkelgeschwindigkeit zu gewinnen. Jetzt nehmen wir $L = \mathscr{L}/N$, $m = M_\odot$ und $M_g = NM_\odot$, wobei $\mathscr{L}$ der Drehimpuls der ganzen Galaxie ist und N die Anzahl ihrer Sterne. (8.2.9) wird

▶ $\qquad r_g = \mathscr{L}^2/GM_\odot^3 N^3.$ (8.2.10)

Damit haben wir den Endradius einer Galaxie, die sich aus einer Fluktuation der Masse $NM_\odot$ und *des Gesamt*drehimpulses $\mathscr{L}$ bildete.

Es gibt jedoch keine solche "Zentrifugalbarriere", die der Kontraktion *entlang* der z-Achse Einhalt gebietet, so daß dieser Teil des Kollaps fast vollständig ist. Deshalb sollten Galaxien scheibenförmig sein, wenn sie sich aus Fluktuationen ergeben, die einen Drehimpuls haben, und das wird oft beobachtet.

Wie ist es mit den Spiralarmen von Galaxien? Wir verstehen sie nicht gut. Beim Betrachten der auf dem Frontispiz gezeigten Spiralen scheint es wahrscheinlich, daß die Arme mit einer Art Wirbelbewegung verbunden sind. Wirbel sind die elementaren Bestandteile von *Turbulenzen*, und es hat viele Kosmologien gegeben (angefangen mit denen von Kepler und Descartes) in denen das Weltall als ein Analogon zu einer wirbelnden Flüssigkeit gesehen wurde. Die Aufstellung solcher Theorien stößt jedoch aus folgendem Grund auf ungeheure mathematische Schwierigkeiten: Zur Zeit des Übergangs t_E fällt die Schallgeschwindigkeit plötzlich von $c/\sqrt{3}$ auf den viel kleineren Wert $\sqrt{(kT_E/m)} \sim 4 \cdot 10^3 \, \mathrm{m\ s^{-1}}$. Wirbel mit Unterschallgeschwindigkeiten in der Strahlungsära können also in der Epoche der Materie Überschallwirbel sein. Leider steckt die Theorie der Überschallturbulenz noch in den Kinderschuhen, und die strenge Anwendung auf die Entwicklung galaktischer Strukturen liegt in der Zukunft. Ein vielversprechender Bereich der Unterschallturbulenztheorie ist jedoch jener, der mit der Entwicklung von Irregularitäten zu tun hat: kleinere Wirbel entziehen oft größeren Energie und wachsen auf deren Kosten, und dies könnte ein weiterer Grund dafür sein, warum es keine Galaxien gibt, die wesentlich größer sind als $10^{12} M_\odot$.

8.3 Die Urmaterie

Bis zum Alter t_{E} von etwa 10^6 Jahren war das Weltall von Strahlung beherrscht, und die Geschichte der Materie wurde hauptsächlich vom Feuerball der Photonen bestimmt. Unter der vernünftigen Annahme, daß die Urmaterie nur aus Elementarteilchen bestand, folgt, daß sich alle Kerne, Atome usw., die es jetzt gibt, später entwickelt haben müssen. Wir haben schon gesehen, wie die Temperatur T_r des Feuerballs etwa zur Zeit t_{E} unter 4000 K fiel und damit Elektronen und Protonen ermöglichte, sich zu atomarem Wasserstoff zu vereinigen. Es wird heute angenommen, daß die Bildung von Atom*kernen* viel früher begann. Der erste Schritt ist, ausgehend vom Wasserstoff, die Synthese des *Helium*.

Dies kann Ergebnis mehrerer Kernreaktionen sein, so etwa

$$p+n \quad D\ (= \text{Deuterium} = {}^2\text{H}),$$

$$
\begin{aligned}
&\text{und}\quad D+n \quad T\ (= \text{Tritium} = {}^3\text{H}),\ T+p \\
&\text{oder}\quad D+p \quad {}^3\text{He}, \qquad\qquad {}^3\text{He} + n \longrightarrow\ {}^4\text{He}+\text{Energie} \\
&\text{oder}\quad D+D \quad n + {}^3\text{He} \quad T+p
\end{aligned}
$$

Deuterium ist ein wesentlicher Bestandteil bei der Produktion großer Mengen Helium. Die Bindungsenergie des Deuterium ist 2,2 MeV, und wenn die Wärmeenergie kT_r der Feuerballphotonen größer ist als das, werden alle Deuteronen sehr rasch photodissoziiert. Helium kann also erst erzeugt werden, wenn die Temperatur unter

$$T_r = 2.2\ \text{MeV}/k \sim 10^{10}\ \text{K}$$

fällt. Dies geschieht zu einer Zeit t, die durch die Gleichung (8.1.12) bestimmt ist, die wir auch als

$$\blacktriangleright \qquad t = \left(\frac{3}{32\pi Ga}\right)^{\frac{1}{2}} \frac{c}{T_r^2} = 2.3 \left(\frac{10^{10}}{T_r}\right)^2 \text{s} \tag{8.3.1}$$

schreiben können, wobei T_r in Kelvin gemessen wird. Deshalb konnte die Kernsynthese beginnen, als das Weltall zwei Sekunden alt war.

Vor dieser Zeit war die Photonenenergie kT_r größer als etwa 1 MeV. Das ist genau die Energie, die für die Elektron-Positron-Paarerzeugung nötig ist (die Ruhenergie des Elektrons ist 0,511 MeV). Deshalb wurde der Feuerball bis zum Alter t von etwa 2s von Elektronen und Positronen überflutet. In Gegenwart dieser Teilchen können Neutronen und Protonen sich ineinander umwandeln. In einem Fast-Gleichgewicht, wie es damals vorlag, wird das Verhältnis r von Neutronen zu Protonen durch den Unterschied ihrer Ruhenergien $\Delta mc^2 = 1{,}294$ MeV bestimmt und durch den Boltzmannfaktor

$$\blacktriangleright \qquad r = \exp\left(-\Delta mc^2/kT_r\right) = 0{,}22 \quad \text{für} \quad T_r = 10^{10}\,\text{K} \qquad (8.3.2)$$

gegeben.

Zwei Neutronen und zwei Protonen sind nötig, um einen ^{4}He Kern zu erzeugen. Wenn die Kernsynthese vollständig ist, sind alle Neutronen aufgebraucht, so daß die Zahl der ^{4}He Kerne zu $r/2$ proportional ist. Die Zahl der übriggebliebenen Protonen (^{1}H) ist proportional zu $1 - r$. Die Masse von ^{4}He ist viermal so groß wie die von ^{1}H, so daß der *Massenanteil* von Helium durch diese einfache Überlegung als

$$\blacktriangleright \qquad \frac{^4\text{He}}{^4\text{He}+\,^1\text{H}} = \frac{4\cdot r/2}{(4\cdot r/2)+[1\cdot(1-r)]} = \frac{2r}{1+r} = 36\ \text{Prozent} \qquad (8.3.3)$$

vorhergesagt wird. Genauere Rechnungen sind ausgeführt worden, die all die verschiedenen zu ^{4}He führenden Fusionsreaktionen berücksichtigen und auch die wechselnden Geschwindigkeiten des Photozerfalls des Deuterons und die Paarerzeugung der Elektronen und Positronen, wenn der Feuerball sich ausdehnt und abkühlt; es stellt sich heraus, daß sich die Synthese hauptsächlich bei der etwas niedrigeren Temperatur von 10^9 K abspielt, wenn das Weltall etwa 200 s alt ist. Das Ergebnis ist eine Vorhersage für den Massenanteil des Helium von 27%. Eine Reihe verschiedenartiger Beobachtungen deutet darauf hin, daß der wirkliche kosmische Anteil etwa 25% beträgt, aber die Interpretation der Daten ist kompliziert, und diese Zahl wird keineswegs von allen Kosmologen akzeptiert. Wenn das "Heliumproblem" gelöst ist und der Wert von 25% bestätigt wird, bedeutet das einen Triumph für die Urknalltheorie.

Wie steht es mit schwereren Elementen? Es ist schwierig zu sehen, wie Fusion im Feuerball eine große Anzahl von Kernen erzeugt haben könnte, die schwerer sind als ^{4}He, weil es keine stabilen "intermediären" Kerne mit den Atomgewichten 5 und 8 gibt. Deshalb wird allgemein angenommen, daß die geringe heutige Häufigkeit schwerer Elemente viel später entstand als die des Helium, und zwar als ein Ergebnis der Verbrennung von Wasserstoff in *Sternen*. Natürlich erzeugt das auch mehr Helium, aber der Betrag wird im Vergleich zu dem im Feuerball erzeugten als klein geschätzt.

Wir betrachten jetzt den Urstoff in den ersten Momenten des Urknalls. Wir haben gesehen, daß es vor $t \sim 2\,$s außer Photonen große Mengen von Elektronen und Positronen gab. Zu noch früherer Zeit war die Temperatur groß genug, daß auch schwerere Teilchen-Antiteilchen-Paare entstehen konnten. So haben Myonen zum Beispiel eine Ruhenergie von etwa 100 MeV und deshalb muß es μ^+/μ^- Paare vor

$$T_r = \text{Energie} /k \sim 10^{12} K, \; t \sim 2\cdot10^4 \text{ s}$$

gegeben haben. Protonen und Antiprotonen, mit Ruhenergien von etwa 10^3 MeV, existierten vor

$$T_r \sim 10^{13} K, \; t \sim 2\cdot10^{-6} \text{ s}$$

in großen Mengen. In jenen ersten Augenblicken gab es wesentlich mehr Elementarteilchen als jetzt, und die Zahl der Teilchen und Antiteilchen war fast gleich. Fast, aber nicht ganz. Wenn die Zahlen *genau* gleich gewesen wäre, wäre die spätere Paarvernichtung sicher fast vollständig gewesen, und es würde heute praktisch keine Materie mehr geben. Man hat bei diesem "symmetrischen heißen Urknallmodell" berechnet, daß die heutige Anzahldichte von Nukleonen nur etwa 10^{-18} von der der Photonen wäre, während die Beobachtung auf einen Wert über 10^{-10} hinweist, und das bedeutet, daß das Verhältnis von Nukleonen zu Antinukleonen anfangs 10^{-8} war. Dies jedoch bringt wieder ein Problem mit sich: Warum war in die Urmaterie eine kleine Asymmetrie eingebaut? Wir kennen die Antwort nicht. Eine Vermutung ist, die Mengen von Materie und Antimaterie seien gleich gewesen, und das, was heute übrig ist, sind Bereiche von Materie und Antimaterie, die irgendwie getrennt wurden und den verschiedenen Stadien der Vernichtung entkamen. Es sind mehrere Trennungsmöglichkeiten durchdacht worden, und es ist vorstellbar, daß Materie und Antimaterie sich in Regionen trennten, die später zu Galaxien und Antigalaxien kondensierten. Beobachtungen konnten in der primären kosmischen Strahlung keine Antinukleonen entdecken und fanden nur einen sehr kleinen Fluß von γ-Strahlen von der Art, wie sie bei der Vernichtung in solchen Bereichen vorhergesagt wird, wo Materie und Antimaterie sich vermischen.

Schließlich betrachten wir den ersten Anfang, $t = 0$. Die relativistischen Gleichungen (8.1.13) und (8.1.14) sagen uns, daß das Weltall mit einer Singularität unendlicher Dichte ρ_r und verschwindendem kosmischen Skalenfaktor R begann. Die Natur dieser Singularität ist für geschlossene Welten ($k = +1$) anders als für flache ($k = 0$) oder offene ($k = -1$). Wenn $k = +1$ ist, gibt es eine endliche Menge Materie und Strahlung, die in ein Anfangsvolumen null gepackt sind; dieser "Punkt" jedoch enthält den ganzen Raum - es gibt nichts, was "draußen" ist. Für k gleich 0 oder -1, ist die Gesamtmenge der Materie und Strahlung unendlich wie das Eigenvolumen, und die Anfangssingularität ist deshalb "überall". Nun ist die Anfangssingularität eine Folge der Gleichungen der allgemeinen Relativitätstheorie, und diese Theorie kann bei sehr hoher Dichte und Druck versagen. Die wahrscheinlichste Möglichkeit ist, daß *Quanteneffekte* die Lokalisierung in beliebig kleinen Räumen verhindern. (Man bedenke, daß der erste Triumph der Quantenmechanik die Lösung des Problems des elektromagnetischen Zusammenstürzens des Atoms war, das klassisch strahlende Elektronen verursachen würden, die auf Spiralbahnen in den Kern hineinfallen.) Wir schätzen jetzt die Zeit t_Q ab, zu der diese Quanteneffekte passieren würden. Die Ausdehnung des Weltalls wird durch die Hubble-Konstante beschrieben, die für die von Strahlung beherrschte Ära durch (8.1.14) als

$$H(t) = \frac{\dot{R}(t)}{R(t)} = \frac{1}{2t}$$

gegeben ist. Diese Expansionsrate kann nicht größer sein als die Kreisfrequenz ω der Wellenfunktionen der Elementarteilchen zur Zeit t; ω ist durch

$$\hbar\omega = \text{Energie} = kT$$

gegeben, also ist

$$\omega = \frac{kT_r}{\hbar} = \frac{k}{\hbar}\left(\frac{3c^2}{32\pi Ga}\right)^{\frac{1}{4}}\frac{1}{\sqrt{t}},$$

wobei wir (8.1.12) benutzt haben. Die allgemeine Relativitätstheorie läßt sich nicht anwenden, wenn $\omega < H(t)$, also $t < t_Q$ und $T_r > T_{r,Q}$, wobei

$$\blacktriangleright \qquad t_Q = \frac{\hbar^2}{4k^2}\left(\frac{32\pi Ga}{3c^2}\right)^{\frac{1}{2}} = \pi\left(\frac{\hbar G}{45c^5}\right)^{\frac{1}{2}} \sim 10^{-43}\,\text{s},$$

$$T_{r,Q} \sim 5\cdot10^{31}\,\text{K} \tag{8.3.4}$$

ist. Wenn diese Überlegung zutrifft, hat sich das Weltall von einem *endlichen* R an ausgedehnt, das durch

$$\blacktriangleright \qquad R(t_Q) = \frac{R(t_0)\,T_r(t_0)}{T_{r,Q}} \sim 10^{-21}\,\text{Lichtjahre} \sim 10^{-5}\,\text{m} \tag{8.3.5}$$

gegeben ist. Die Geschichte der Weltmaterie ist in Tabelle 4 zusammengefaßt.

Tabelle 4

Zeit t(s)	Geschehen	
0		
$10^{-43} = t_Q$	Quantenchaos	
$2 \cdot 10^{-6}$	Vernichtung von Nukleonen	strahlungsdominierte Epoche
$2 \cdot 10^{-4}$	Vernichtung von Myonen	
2	Vernichtung von Elektron-Positronpaaren	
200	Heliumkernsynthese	
$10_{14} \sim t_E$	Bildung von Wasserstoffatomen	materiedominierte Epoche
$10_{18} \sim t_0$	Heute	

In diesem Abschnitt haben wir die Extrapolation unserer physikalischen Gesetze bis zum Äußersten getrieben. Ist das entstandene Weltbild so sehr "Science Fiction", wie Brillouin glaubte, oder sollten wir die Worte wiederholen, die W.S. Gilbert 1885 in "Der Mikado" sagt?

Ich nämlich bin eine besonders erhabene und außergewöhnliche Persönlichkeit vor-adamitischer Abstammung ... Ich kann meine Herkunft bis ins Protoplasma eines primordialen Atomglobuls zurückverfolgen.

ANHANG A

Die Benennung astronomischer Objekte

Die Stellungen von Objekten am Himmel werden durch zwei Winkel bestimmt, die Deklination und Rektaszension heißen. Wenn wir uns alle Objekte auf die Oberfläche einer Kugel (die "Himmelsphäre") projiziert denken, entsprechen diese beiden Winkel der geographischen Länge und Breite, mit denen wir auf der Erdoberfläche einen Ort definieren. Die Himmelsphäre ist in Sternbilder oder Konstellationen ("Zusammen-Strahlende") eingeteilt, die den Ländern der Erde entsprechen. Die Konstellationen enthalten auffallende Sterngruppierungen wie etwa den Großen Bären (Ursa Major) oder den Orion; diese Sterne brauchen dynamisch nichts miteinander zu tun zu haben, denn ihre Entfernungen von uns können ganz verschieden sein. Innerhalb eines Sternbildes werden die Objekte im wesentlichen entsprechend ihrer Helligkeit mit einem griechischen Buchstaben α, β...ω bezeichnet und schwächere Objekte mit einer Zahl 1, 2... . So bezeichnet "61 Cygni" das "Objekt Nummer 61 im Sternbild Cygnus (Schwan)". Galaxien und andere nicht sternartig aussehende Objekte wie Nebel (Gaswolken) in unserer Galaxis haben eine eigene Nomenklatur: die uns nächste Galaxie, der "Andromedanebel" im Sternbild Andromeda, zum Beispiel heißt "M31" - als 31. Objekt des alten Messier-Katalogs - oder auch "NGC 224" -als 224. Objekt im *New General Catalogue*. In den Katalogen werden all diese Objekte natürlich durch ihre "Himmelskoordinaten", also Deklination und Rektaszension, genau festgelegt.

ANHANG B

Theorema egregium

Theorema egregium, "hervorragender Satz" hat Gauß seine Herleitung der Krümmungsformel (4.3.5) überschrieben. Diese Formel stellt den eigentlichen Kern der Differentialgeometrie von Flächen dar und ist auch die Grundlage unserer vereinfachten Behandlung der allgemeinen Relativitätstheorie. Eine vollständige und strenge Ableitung wäre sehr lang, deshalb stellen wir nur den Grundgedanken der Überlegung dar. Für allgemeine rechtwinklige Koordinaten x^1 und x^2 auf der Fläche wird die Metrik (4.1.7) zu

$$\Delta s^2 = g_{11}(x^1, x^2)\,(\Delta x)^2 + g_{22}(x^1, x^2)\,(\Delta x^2)^2. \tag{B.1}$$

Wir müssen also die Krümmung K an einem Punkt P der Fläche als Funktion der Ableitungen von g_{11} und g_{22} berechnen.

K wird durch die Gleichung (4.3.3) als Funktion des Umfangs C eines kleinen geodätischen Kreises mit Mittelpunkt P definiert. Wir definieren zunächst wie folgt *geodätische Polarkoordinaten* r, ϕ: wir zeichnen die von P ausgehenden Geodätischen und bezeichnen sie mit dem Winkel ϕ, den sie in P mit der positiven x^1 Achse bilden; es ist also $0 \ \pi < 2\pi$. Die "radiale" Koordinate r ist der von P aus entlang den Geodätischen gemessene Abstand. Der geometrische Ort aller Punkte mit demselben Wert von r ist ein geodätischer Kreis, und es läßt sich zeigen, daß alle geodätischen Kreise zu den Geodätischen senkrecht sind, die sie schneiden. Die Metrik ist damit in diesen Koordinaten

$$\Delta s^2 = \Delta r^2 + r^2 f(r, \phi)\,\Delta \phi^2, \tag{B.2}$$

wobei $f(r, \phi)$ eine Funktion ist, deren Form von der Fläche abhängt und deren Wert bei P eins sein muß, so daß r und ϕ sich in der "unendlich kleinen" Umgebung von P auf gewöhnliche Polarkoordinaten reduzieren. Auf einem geodätischen Kreis mit dem Radius a variiert ϕ zwischen 0 und 2π, während r den konstanten Wert a hat. Deshalb ist der Umfang

$$C = \int \Delta s = a \int_0^{2\pi} (\sqrt{f(a, \phi)})\,d\phi. \tag{B.3}$$

Wir werden sehen, daß sich $f(a, \tau)$ an der Stelle P als

$$f(a, \phi) = 1 + a^2 q + \dots \tag{B.4}$$

entwickeln läßt, wobei q eine Konstante ist. Deshalb gilt

$$C = a \int_0^{2\pi} (1 + a^2 q/2 + \dots)\, \mathrm{d}\phi = 2\pi a + \pi a^3 q + \dots, \tag{B.5}$$

so daß die Krümmung wegen (4.3.3)

$$K = -3q \tag{B.6}$$

ist.

Wir müssen jetzt q durch g_{11} und g_{22} ausdrücken. Dazu setzen wir den Ausdruck (B.1) für Δs^2 in Abhängigkeit von x_1 und x_2 in den Ausdruck (B.2) ein, der r und ϕ enthält. In einem ersten Schritt definieren wir durch

$$\xi \equiv (\sqrt{g_{11}(x_P^1, x_P^2)})\,(x^1 - x_P^1), \quad \eta \equiv (\sqrt{g_{22}(x_P^1, x_P^2)})\,(x^2 - x_P^2) \tag{B.7}$$

in einer Umgebung von P *fastkartesische* Koordinaten ξ und η, wobei x_P^1 und x_P^2 die Koordinaten von P sind. Dann ist

$$\Delta s^2 = \gamma_1(\xi, \eta)\, \Delta \xi^2 + \gamma_2(\xi, \eta)\, \Delta \eta^2, \tag{B.8}$$

wobei

$$\left.\begin{aligned}
\gamma_1(\xi, \eta) &= g_{11}(x^1, x^2)/g_{11}(x_P^1, x_P^2); \\
\gamma_2(\xi, \eta) &= g_{22}(x^1, x^2)/g_{22}(x_P^1, x_P^2); \\
\gamma_1(0, 0) &= \gamma_2(0, 0) = 1.
\end{aligned}\right\} \tag{B.9}$$

ξ und η sind unbekannte Funktionen von r und ϕ; um sie zu finden, schreiben wir (B.8) als

$$\Delta s^2 = \gamma_1(\xi, \eta)\left[\frac{\partial \xi}{\partial r}\Delta r + \frac{\partial \xi}{\partial \phi}\Delta \phi\right]^2 + \gamma_2(\xi, \eta)\left[\frac{\partial \eta}{\partial r}\Delta r + \frac{\partial \eta}{\partial \phi}\Delta \phi\right]^2 \tag{B.10}$$

und setzen die Koeffizienten von Δr^2, $\Delta \phi\, \Delta r$ und $\Delta \phi^2$ denen in (B.2) gleich. Das ergibt

$$1 = \gamma_1(\xi, \eta)\left(\frac{\partial \xi}{\partial r}\right)^2 + \gamma_2(\xi, \eta)\left(\frac{\partial \eta}{\partial r}\right)^2, \quad a$$

$$0 = \gamma_1(\xi, \eta)\frac{\partial \xi}{\partial r}\frac{\partial \xi}{\partial \phi} + \gamma_2(\xi, \eta)\frac{\partial \eta}{\partial r}\frac{\partial \eta}{\partial \phi}, \quad b \qquad \text{(B.11)}$$

$$r^2 f(r, \phi) = \gamma_1(\xi, \eta)\left(\frac{\partial \xi}{\partial \phi}\right) + \gamma_2(\xi, \eta)\left(\frac{\partial \eta}{\partial \phi}\right)^2. \quad c$$

Die ersten zwei Gleichungen bestimmen $\xi(r, \phi)$ und $\eta(r, \phi)$, die dritte ergibt $f(r, \phi)$ und damit, wegen (B.4) und (B.6) auch K. Wir brauchen ξ und η nur in der Nähe von P, deshalb schreiben wir

$$\left.\begin{array}{l} \xi \equiv r \cos \phi + \tfrac{1}{2}r^2 \psi_1(\phi) + \tfrac{1}{3}r^3 \chi_1(\phi) + \ldots \\[2mm] \eta \equiv r \sin \phi + \tfrac{1}{2}r^2 \psi_2(\phi) + \tfrac{1}{3}r^3 \chi_2(\phi) + \ldots \end{array}\right\} \qquad \text{(B.12)}$$

Wir entwickeln auch die metrischen Funktionen $\gamma_i(\xi, \eta)$, $(i = 1,2)$ in der Form

$$\gamma_i(\xi, \eta) = 1 + r A_i(\phi) + r^2 B_i(\phi) + \ldots, \qquad \text{(B.13)}$$

wobei

$$\left.\begin{array}{l} A_i(\phi) = \cos \phi \, \gamma_{i\xi} + \sin \phi \, \gamma_{i\eta}, \\[2mm] B_i(\phi) = \tfrac{1}{2}(\psi_1(\phi)\, \gamma_{i\xi} + \psi_2(\phi)\, \gamma_{i\eta} + \cos^2 \phi \, \gamma_{i\xi\xi} + \sin^2 \phi \, \gamma_{i\eta\eta} \\[2mm] \qquad\qquad + 2 \sin \phi \cos \phi \, \gamma_{i\xi\eta}), \end{array}\right\} \qquad \text{(B.14)}$$

wenn wir die Abkürzung

$$\gamma_{i\xi} \equiv \frac{\partial \gamma_i(0, 0)}{\partial \xi} \text{ etc.} \qquad \text{(B.15)}$$

einführen. Beim Einsetzen von (B.12) und (B.13) in (B.11a) und (B.11b) heben sich alle von r freien Terme auf. Wenn wir die Terme mit r und r^2 null setzen, erhalten wir aus (B.11a)

$$\left.\begin{array}{l} 0 = A_1 \cos^2 \phi + 2\psi_1 \cos \phi + A_2 \sin^2 \phi + 2\psi_2 \sin \phi, \qquad\qquad a \\[2mm] 0 = B_1 \cos^2 \phi + 2\psi_1 A_1 \cos \phi + \psi_1^2 + 2\chi_1 \cos \phi + B_2 \sin^2 \phi \\[2mm] \qquad\qquad + 2\psi_2 A_2 \sin \phi + \psi_2^2 + 2\chi_2 \sin \phi. \quad b \end{array}\right\} \qquad \text{(B.16)}$$

und aus (B.11b)

$$\left. \begin{aligned}
0 &= \tfrac{1}{2}\cos\phi\,\psi_1' - \sin\phi\,\psi_1 - A_1\sin\phi\cos\phi + \tfrac{1}{2}\sin\phi\psi_2' \\
&\qquad\qquad\qquad\qquad + \cos\phi\psi_2 + A_2\sin\phi\cos\phi, \quad a \\[6pt]
0 &= \tfrac{1}{3}\cos\phi\chi_1' - \sin\phi\chi_1 - B_1\sin\phi\cos\phi - \sin\phi A_1\psi_1 \\
&\quad + \tfrac{1}{2}\cos\phi\psi_1'A_1 + \tfrac{1}{2}\psi_1'\psi_1 + \tfrac{1}{3}\sin\phi\chi_2' + \cos\phi\chi_2 \\
&\quad + B_2\sin\phi\cos\phi + \cos\phi A_2\psi_2 + \tfrac{1}{2}\sin\phi\psi_2'A_2 + \tfrac{1}{2}\psi_2'\psi_2. \quad b
\end{aligned} \right\} \quad \text{(B.17)}$$

(Der Strich bedeutet die Ableitung nach ϕ.) Durch Differenzieren und Einsetzen in diese Gleichungen ergeben sich die Funktionen $\psi_1(\phi)$, $\psi_2(\phi)$, $\chi_1(\phi)$ und $\chi_2(\phi)$, die in der Entwicklung (B.12) von ξ und η auftreten.

Wenn wir ξ und η kennen, finden wir als nächstes mit Hilfe von (B.11c) $f(r, \phi)$. Wir benutzen die Entwicklung

$$f(r, \phi) \equiv 1 + rp(\phi) + r^2 q(\phi) + \dots, \tag{B.18}$$

und setzen Potenzen von r in (B.11c) gleich. Die Glieder mit r^2 heben sich auf, während die mit r^3 und r^4

$$p(\phi) = -\sin\phi\psi_1' + \sin^2\phi A_1 + \cos\phi\psi_2' + \cos^2\phi A_2, \tag{B.19}$$

$$\begin{aligned}
q(\phi) = \tfrac{1}{4}\psi_1'^2 &- \tfrac{2}{3}\chi_1'\sin\phi - \tfrac{1}{3}A_1\psi_1'\sin\phi + B_1\sin^2\phi \\
&+ \tfrac{1}{4}\psi_2'^2 + \tfrac{2}{3}\chi_2'\cos\phi + A_2\psi_2'\cos\phi + B_2\cos^2\phi
\end{aligned} \tag{B.20}$$

ergeben. Das Lösen der Gleichungen (B.17) und das Einsetzen in (B.19) und (B.20) ist außerordentlich mühsam. Beträchtliche Vereinfachungen ergeben sich, wenn ein bestimmter Winkel gewählt wird, etwa $\phi = 0$, für den ψ_1, ψ_2, χ_1 und χ_2 und damit p und q berechnet werden. Selbst dann bedeckt die Rechnung noch mehrere Papierseiten. Für p erhalten wir den Wert null. Dieses Ergebnis enthält keinen Hinweis auf die spezielle Eigenschaft von $f = 0$, nämlich daß diese Richtung der positiven ξ-Achse entspricht; deshalb muß für alle Winkel

$$p(\phi) = 0 \tag{B.21}$$

gelten. Für q erhalten wir den Wert

$$q = \tfrac{1}{8}\gamma_{2\xi\xi} + \tfrac{1}{8}\gamma_{1\eta\eta} - \tfrac{1}{12}\gamma_{1\eta}^2 - \tfrac{1}{12}\gamma_{2\xi}^2 - \tfrac{1}{12}\gamma_{1\xi}\gamma_{2\xi} - \tfrac{1}{12}\gamma_{1\eta}\gamma_{2\eta}. \tag{B.22}$$

Darin treten ξ und η symmetrisch auf, deshalb muß die Formel für alle ϕ gelten. Diese Ergebnisse rechtfertigen die Entwicklung (B.4).

Um die Krümmung zu bestimmen, benutzen wir (B.6) und erhalten

$$K = -\tfrac{1}{2}(\gamma_{2\xi\xi} + \gamma_{1\eta\eta}) + \tfrac{1}{4}(\gamma_{1\eta}^2 + \gamma_{2\xi}^2 + \gamma_{1\xi}\gamma_{2\xi} + \gamma_{1\eta}\gamma_{2\eta}). \tag{B.23}$$

Der letzte Schritt besteht in der Rücktransformation von γ_1, γ_2, ξ, η zurück zu g_{11}, g_{22}, x^1, x^2, wobei wir (B.7) ausnutzen; ein typisches Glied ist

$$\gamma_{2\xi\xi} \equiv \frac{\partial^2 \gamma_2}{\partial \xi^2} = \frac{\partial^2 (g_{22}(x^1, x^2)/g^{22}(x_{P}^1, x_{P}^2))}{\partial(x^1)^2 \times g_{11}(x_{P}^1, x_{P}^2)} = \left[\frac{1}{g_{11}g_{22}} \frac{\partial^2 g_{22}}{\partial(x^1)^2}\right]_{\substack{x^1 = x_{P}^1 \\ x^2 = x_{P}^2}}$$

$$\tag{B.24}$$

Die anderen Glieder in (B.23) transformieren sich entsprechend, und das Endergebnis ist genau die Gaußsche Krümmungsformel (4.3.5), nämlich

$$K = \frac{1}{2g_{11}g_{22}} \left\{ -\frac{\partial^2 g_{11}}{\partial(x^2)^2} - \frac{\partial^2 g_{22}}{\partial(x^1)^2} + \frac{1}{2g_{11}}\left[\frac{\partial g_{11}}{\partial x^1}\frac{\partial g_{22}}{\partial x^1} + \left(\frac{\partial g_{11}}{\partial x^2}\right)^2\right] \right.$$

$$\left. + \frac{1}{2g_{22}}\left[\frac{\partial g_{11}}{\partial x^2}\frac{\partial g_{22}}{\partial x^2} + \left(\frac{\partial g_{22}}{\partial x^1}\right)^2\right]\right\}. $$

$$\tag{B.25}$$

Aufgaben

1. Zeigen Sie, wie die mittlere Entfernung $r_\oplus$ der Erde von der Sonne berechnet werden kann, wenn die Umlaufzeiten $T_\oplus$ und T_δ von Erde und Mars und die Entfernung R zwischen Erde und Mars bei ihrer größten Annäherung bekannt sind. (Nehmen Sie Kreisbahnen an.)

2. Welches ist die größte Entfernung, die sich mittels der Parallaxenmethode mit dem größten Teleskop der Welt (Spiegeldurchmesser 5m) bestimmen läßt?

3. Ein Stern hat die absolute Helligkeit M. Was ist seine absolute Leuchtkraft L?

4. Das größte Teleskop der Welt kann ein Objekt gerade noch entdecken, dessen scheinbare Helligkeit m gleich 22,7 ist. Könnten wir die Sonne entdecken, wenn sie am fernen Rand der Galaxis wäre? (Vernachlässigen Sie die Absorption.)

5. Betrachten Sie eine idealisierte Galaxie, deren Masse fast ganz in einem sphärischen Kern gleichmäßiger Dichte konzentriert ist. Zeigen Sie, daß die Bahngeschwindigkeit $v(r)$ eines Sterns in einer Entfernung r vom Mittelpunkt (a) $v(r)$ proportional zu r ist, wenn r im Inneren des Kerns ist und (b) $v(r)$ proportional zu $r^{-1/2}$ ist, wenn r außerhalb des Kerns ist.

6. Schätzen Sie, wie groß die durch die Gravitation bedingte Rotverschiebung z von Licht ist, das eine Galaxie verläßt, nachdem es von einem Stern an der "Oberfläche" des Kerns ($\sim$ 1000 pc vom Mittelpunkt) ausgesandt wurde. Nehmen Sie an, dieser Kern enthielte 10^9 "Sonnen".

7. Wie viele Wasserstoffatome müßten pro Kubikmeter und Sekunde entstehen, damit die Dichte des expandierenden Weltalls konstant ihren heutigen Wert $\rho \sim 10^{-28}$ kg m^{-3} behielte?

8. Welcher relative Ladungsunterschied zwischen Elektron und Proton würde bewirken, daß die elektrostatische Abstoßung zwischen Erde und Mond die Gravitationsanziehung zwischen diesen Körpern gerade aufhöbe? Nehmen Sie an, Erde und Mond bestünden aus Wasserstoff, um grob schätzen zu können.

9. Nehmen Sie an, die träge Masse m_I stimme nicht mit der schweren Masse m_g überein; was wäre dann die Periode T eines einfachen Pendels der Länge l in einer Entfernung r vom Mittelpunkt einer sphärischen Masse M_g?

10. Stellen Sie sich vor, Massen könnten beiderlei Vorzeichen haben (also auch abstoßen, nicht nur anziehen). Untersuchen Sie die Bewegung von zwei Objekten, die anfangs in Ruhe waren und sich dann unter der Wirkung ihrer wechselseitigen Gravitationskräfte bewegen, wenn die Massen (a) gleich und positiv sind, (b) gleich und negativ sind, (c) entgegengesetzt gleich sind. Verletzt der Fall (c) den Impulserhaltungssatz?

11. Auf einen Körper der Masse m wirkt ein Körper der Masse M im Abstand r. M hat relativ zu m die Beschleunigung a. Um dem Machschen Prinzip zu genügen, muß die von M auf m ausgeübte Kraft einen Teil $\mathbf{F}$ enthalten, der proportional ist zu ma. Leiten Sie mit Hilfe von Dimensionsbetrachtungen die einfachste Formel für den Betrag von $\mathbf{F}$ ab.

12. Ein Satellit umläuft die Erde auf einer Kreisbahn. In dem Satelliten werden zwei Objekte gleichzeitig aus der Ruhe relativ zum Satelliten losgelassen, wobei ein Objekt um Δr über dem anderen liegt. Nach einem Umlauf liegen die Objekte nicht mehr auf derselben Vertikalen. Was ist ihre relative horizontale Verschiebung? (Sie zeigt die Abweichung eines "Laboratoriums" endlicher Größe von einem idealen lokalen Inertialsystem an.)

13. Licht wird im Vakuum in der Nähe der Erdoberfläche horizontal ausgesandt und fällt frei unter dem Einfluß der Schwerkraft. Um welche vertikale Strecke ist es gefallen, wenn es 1 km zurückgelegt hat?

14. Berechnen Sie durch direkte Transformation kartesischer Koordinaten die Komponenten $g_{\mu\nu}$ des metrischen Tensors in einem ebenen dreidimensionalen Raum in (a) sphärischen Polarkoordinaten, (b) Zylinderkoordinaten.

15. Zeigen Sie, daß die gerade Weltlinie, die zwei raumartig zueinander liegende, benachbarte Ereignisse verbindet, weder die Verbindung größter noch die kleinster Eigenlänge ist.

16. Wie kann ein Körper im Raum auf einer geraden Bahn laufen und doch eine gekrümmte Weltlinie haben?

17. Zeigen Sie, daß die Winkelsumme in einem sphärischen Dreieck zwischen 180° und 900° liegt.

18. Zeigen Sie, daß sich die Krümmung K einer Kugel durch den Flächeninhalt von Kreisen mit Radius a in der Form

$$K = (12/\pi) \lim_{a \to 0} [(\pi a^2 - A)/a^4].$$

ausdrücken läßt.

19. Zeigen Sie mit Hilfe der Gaußschen Krümmungsformel (4.3.5), daß für eine Ebene $K = 0$ ist, wenn in ebenen Polarkoordinaten gerechnet wird, und daß $K = 1/R^2$ ist für eine Kugel mit Radius R, wenn in sphärischen Polarkoordinaten gerechnet wird.

20. Berechnen Sie die Krümmung $K(r)$ einer Fläche mit der Metrik

$$\Delta s^2 = f(r)\, \Delta r^2 + r^2 \Delta \phi^2.$$

21. Berechnen Sie den Umfang U und das Volumen V einer Hyperkugel mit Eigenradius a in einem dreidimensionalen Raum konstanter Krümmung K.

22. Eine isolierte Masse M liegt im räumlichen Ursprung des Bezugssystems. Die Krümmung K einer geodätischen raumartigen Fläche, die durch den Ursprung geht, beträgt an einem Punkt mit der Radialkoordinate r

$$K = qMG^i c^j r^k,$$

wobei q dimensionslos ist. Bestimmen Sie die Indizes i, j und k.

23. Wie groß ist der Schwarzschildradius (a) einer Galaxie (in Parsec), (b) eines Protons (in Metern)?

24. Berechnen Sie im Rahmen der Newtonschen Mechanik die Entweichge-schwindigkeit für die Oberfläche der Schwarzschildsphäre, die einen masse-reichen Körper umgibt.

25. Berechnen Sie die Radialkoordinate, mit der Licht auf einer Kreisbahn um einen Körper der Masse M läuft, mit Hilfe (*a*) der Newtonschen Mechanik, (*b*) der allgemeinen Relativitätstheorie. Geben Sie Ihre Antwort als ein Vielfa-ches des Schwarzschildradius an.

26. Beweisen Sie das Ergebnis (5.5.6).

27. Zeigen Sie, daß der jetzige Eigenabstand der fernsten sichtbaren Galaxie

$$D = cR(t_o) \int_{t_{min}}^{t_o} \frac{dt}{R(t)}$$

ist, wobei t_{min} der Zeitpunkt ist, zu dem die Welt entstand, t_0 die heutige Zeit und $R(t)$ der kosmische Skalenfaktor.

28. Die Entfernung eines Objekts, dessen Maße bekannt sind, wird im Rahmen der euklidischen Geometrie aufgrund einer Messung des von ihm ausgefüllten Winkels berechnet; das Ergebnis sei d. Nehmen Sie ein homogenes Weltmo-dell an und leiten Sie eine Formel für den heutigen Eigenabstand D des Objekts als Funktion von d ab.

29. Beweisen Sie das Ergebnis (6.3.8).

30. Die kosmologische Konstante Λ läßt sich in die Newtonsche Mechanik einbauen, wenn der Schwerkraft auf einen Körper der Masse m, dessen Entfernung vom Ursprung r ist, eine nach außen gerichtete Kraft vom Betrag $F = +m\Lambda r/3$ hinzugefügt wird. Schätzen Sie unter der Annahme, daß $\Lambda = -10^{-20}$ Jahre^{-2} gilt, die Maximalgeschwindigkeit, die ein Körper erreicht, wenn die Größe seiner Bahn vergleichbar ist mit der des Sonnensystems (etwa ein halber Lichttag). (Nehmen Sie an, außer F wirke keine andere Kraft.)

31. Berechnen Sie im Rahmen des Steady-State-Modells den jetzigen Eigen-abstand für (*a*) den Teilchenhorizont, (*b*) den Ereignishorizont.

32. Zeigen Sie, daß das Steady-State-Modell keinen strahlend hellen Nacht-himmel vorhersagt.

33. Zeigen Sie, daß sich bei langsamer Änderung von G die Entfernung eines Planeten, der die Sonne auf einer nahezu kreisförmigen Bahn umläuft, wie G^{-1} verändert. (Hinweis: Was bleibt erhalten, wenn G sich ändert?)

34. Wie ändert sich die Materietemperatur T_m mit dem Skalenfaktor $R(t)$ in der von Materie beherrschten Ära eines homogenen Weltmodells?

Lösungen der ungradzahligen Aufgaben

1. Wir bezeichnen die Massen von Erde, Mars und Sonne als $m_\oplus$, m_δ und $m_\odot$ und die Entfernung des Mars von der Sonne mit r_δ. Dann ist

$$r_\delta = r_\oplus + R.$$

Für Kreisbahnen ergibt Newtons zweites Gesetz für die Erde

Kraft $= Gm_\odot m_\oplus/r_\oplus^2 = m_\oplus \cdot$ nach innen gerichtete Beschleunigung
$\qquad\qquad = m_\oplus \cdot (\text{Geschwindigkeit})^2/r_\oplus \equiv (m_\oplus/r_\oplus)\,(2\pi r_\oplus/T_\oplus)^2,$

also

$$Gm_\odot/r_\oplus^3 = 4\pi^2/T_\oplus^2.$$

Für den Mars gilt

$$Gm_\odot/r_\delta^3 = 4\pi^2/T_\delta^2.$$

Deshalb ist
$$r_\delta = r_\oplus(T_\delta/T_\oplus)^{\frac{2}{3}}$$
und $r_\oplus = R/[(T_\delta/T_\oplus)^{\frac{2}{3}} - 1].$

3. M ist die *scheinbare* Helligkeit, die der Stern hätte, wenn er 10 pc entfernt wäre. Die Flußdichte l wäre in dieser Entfernung durch

$$l/l_{ref} = 100^{(m_{ref}-M)/5} \qquad\qquad\qquad\qquad \text{(Gleichung (2.2.6))}$$

gegeben, wobei l_{ref} die Flußdichte ist, die einer scheinbaren Helligkeit m_{ref} einer Standardquelle entspricht. Dazu eignet sich jedes m_{ref}, wir setzen deshalb $m_{ref} = 0$. Dann ist, wie wir wissen, l_{ref} als

$$l_{ref} = 2{,}52 \cdot 10^{-8}\ \text{W m}^{-2} \qquad\qquad\qquad \text{(Gleichung (2.2.7))}$$

definiert. Damit gilt $l = 2{,}52 \cdot 10^{-8} \cdot 100^{-M/5}\ \text{W m}^{-2}$.
Um L zu errechnen, wenden wir (2.2.5) an; das ergibt

$$L = l \cdot 4\pi \cdot (10\text{pc in Metern})^2$$

$$= 2{,}52 \cdot 10^{-8} \cdot 100^{-M/5} \cdot \pi \cdot (10 \cdot 3{,}26 \cdot 9{,}46 \cdot 10^{15})^2\ \text{W}.$$

Deshalb ist $L = 3{,}06 \cdot 10^{28} \cdot 100^{-M/5}$ W.

5. *Außerhalb* des Kerns bewegen sich die Sterne unter dem
Einfluß der ganzen galaktischen Masse M , deshalb folgt aus dem zweiten
Newtonschen Gesetz
$$v^2/r = GM/r^2,$$
also ist v proportional zu $r^{-1/2}$.
Im *Innern* "fühlen" Sterne nur die Schwerkraft der Masse, die näher am
Mittelpunkt ist als sie. Diese Masse M ist proportional zu r^3, deshalb gilt
$$v^2/r \propto Gr^3/r^2,$$
also ist v proportional zu r.

7. Ein Würfel habe die Seitenlänge L. Im Zeitintervall Δt dehnt sich jede Seite
um $LH\Delta t$ aus; das folgt aus dem Hubble-Gesetz, mit H als Hubble-Konstante. Deshalb ist das neue Volumen
$$(L + LH\Delta t)^3 \approx L^3 + 3L^3 H \Delta t.$$
Der Volumenzuwachs ist damit
$$\frac{dV}{dt} = 3HV.$$
Wenn keine Materie entstünde, wäre die Dichteabnahme
$$-\frac{d\rho}{dt} = 3H\rho,$$
da $\rho \propto 1/V$. Damit ρ konstant bleibt, muß Materie entsprechend dem Betrag
$3H\rho$ kg m^{-3} s^{-1} gebildet werden. Wenn die Masse eines Wasserstoffatoms M_H
ist, ist das äquivalent zu
$$(3H\rho/MH) \text{ Atome m}^{-3}\text{ s}^{-1} \approx 5 \cdot 10^{-19} \text{ Atome m}^{-3}\text{ s}^{-1}$$
In jedem Kubikmeter sollte deshalb alle
$$1/5 \cdot 10^{19} \text{ s} = 2 \cdot 10^{18} \text{ s} = 10^{11} \text{ Jahre}$$
ein Atom entstehen.

9. Aus der Newtonschen Mechanik ergibt sich die Periode T als
$$T = 2\pi \sqrt{(l/g)},$$
wobei g die Beschleunigung der Masse ist, die von der Schwerkraft an dem Ort
herrührt, wo das Pendel ist. Nach dem zweiten Gesetz ergibt sich dies als
$$m_I g = Gm_s M_s/r^2.$$
Deshalb ist
$$T = 2\pi r \sqrt{(lm_I/m_s M_s G)}.$$

11. Nach Voraussetzung ist $F \propto ma$. Die wirkende Masse M muß aber auch vorkommen, und vermutlich auch r und die Naturkonstanten G und c. Die einfachste Formel enthält diese Größen als einfache Potenzen, und wir schreiben

$$F = KmaM^h r^i G^j c^k,$$

wobei K eine dimensionslose Konstante ist. Wenn μ, l, t die Dimensionen von Masse, Länge und Zeit bezeichnen, lautet die Dimensionsgleichung in diesem Fall

$$\mu L t^{-2} = \mu L t^{-2} \mu^h L^i (L^3 t^{-2} \mu^{-1})^j (L t^{-1})^k$$

i.e. $h - j = 0, \quad i + 3j + k = 0, \quad -2j - k = 0.$

Diese drei Gleichungen können die vier unbekannten h, i, j, k nicht bestimmen, weil aber m und M in F symmetrisch sein müssen, um dem dritten Gesetz zu genügen, ergibt sich $h = 1$. Dann folgt aus den Gleichungen

$$j = 1, \quad k = -2, \quad i = -1.$$

Die einfachste Wahl für K ist $+1$, also ist die "einfachste mögliche" Formel

$$F = GMma/c^2 r.$$

13. Wie die Zahl vermuten läßt, ist dies eine Fangfrage. Tatsächlich ist das Licht *weiter* von der Erde entfernt, wenn es 1 km gelaufen ist. Nehmen wir zunächst an, daß das Licht eine Strecke l auf einer Geraden zurücklegt. Die Höhe h, durch die es gehoben wird, ist, wie eine einfache geometrische Betrachtung zeigt,

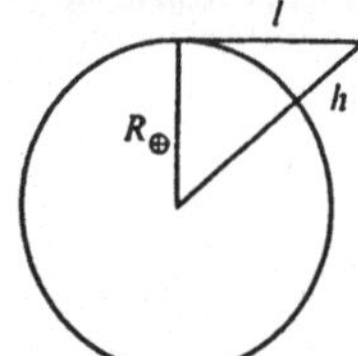

$$h \approx l^2/2R_\oplus \approx l^2/(2 \cdot 6000) \text{ km} = \tfrac{1}{12} \text{ m}.$$

Jetzt müssen wir die Abänderung dieses Wertes abschätzen, die daher rührt, daß sich die Bahn unter dem Einfluß der Schwerkraft krümmt. Wenn wir Newtonsche Mechanik voraussetzen, beträgt die Fallhöhe

$$1/2 g(\text{Zeit})^2 = 1/2 g l^2/c^2 \approx 5 \cdot 10^{-11} \text{ m}!$$

Das ist gegenüber 1/12 m genau so vernachlässigbar wie der entsprechende Wert der allgemeinen Relativitätstheorie.

15. Da die Ereignisse "benachbart" sind, können wir sie in einem einzigen lokalen Inertialsystem betrachten und die spezielle Relativitätstheorie anwenden. Da die Ereignisse raumartig zueinander liegen, ist es immer möglich, ein Bezugssystem zu wählen, in dem die Ereignisse gleichzeitig sind. Wir können also annehmen, daß die Koordinaten der beiden Ereignisse, die wir O und P nennen, durch

$$O: x_O^i = (0, 0, 0, 0)$$
$$P: x_P^i = (0, D, 0, 0).$$

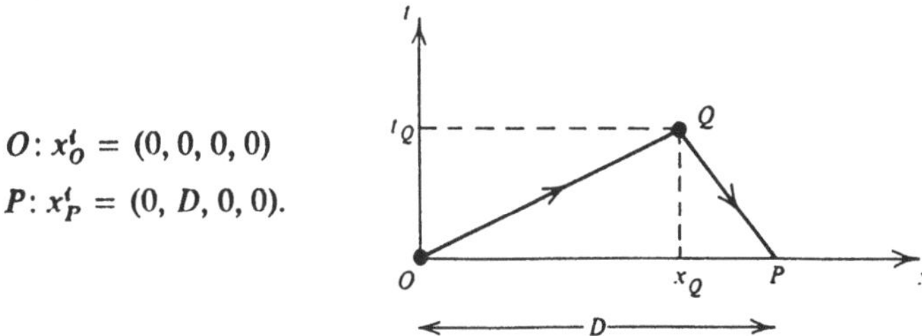

gegeben sind. Entlang der geraden Weltlinie ist der Eigenabstand ganz offensichtlich

$$D_{OP} = \sqrt{(-c^2\Delta\tau^2)} = \sqrt{\{-c^2[\Delta t^2 - (\Delta x^2 + \Delta y^2 + \Delta z^2)/c^2]\}}$$
$$= \sqrt{[-c^2(0 - D^2/c^2)]} = D.$$

Wir betrachten jetzt die Weltlinie OQP, auf der für Q

$$x_Q^i = (t_Q, x_Q, 0, 0)$$

gilt; damit ist

$$D_{OQP} = D_{OQ} + D_{QP} = \sqrt{[-c^2(t_Q^2 - x_Q^2/c^2)]} + \sqrt{\{-c^2[t_Q^2 - (D - x_Q)^2/c^2]\}}$$
$$= \sqrt{(x_Q^2 - c^2 t_Q^2)} + \sqrt{[(D - x_Q)^2 - c^2 t_Q^2]}.$$

Aber

$$D_{OP} = D = x_Q + D - x_Q > D_{OQP}.$$

Nun läßt sich jede Verbindung von O nach P aus Abschnitten wie OQ und QP zusammensetzen, deshalb hat OP den längsten Eigenabstand. Q.E.D.

17. Zu jedem Dreieck auf einer Kugel mit den Winkeln α, β, γ gibt es immer das komplementäre Dreieck mit den Winkeln

$$\alpha' = 360° - \alpha, \quad \beta' = 360° - \beta, \quad \gamma' = 360° - \gamma,$$

dessen Fläche aus dem Teil der Kugel besteht, der nicht durch das erste Dreieck eingenommen wird. Deshalb ist die Winkelsumme beider Dreiecke

Weil die Krümmung positiv ist, muß die Winkelsumme eines einzelnen Dreiecks 180° übersteigen. (Dieser Wert ist der Grenzwert für unendlich kleine Dreiecke.) Deshalb ist $\alpha+\beta+\gamma > 180°$

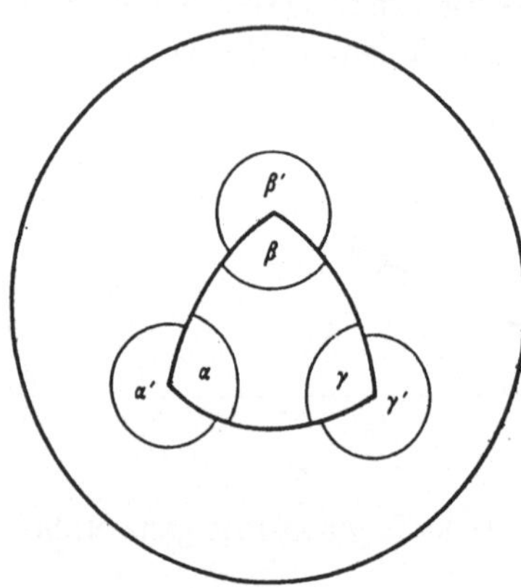

und

$\alpha'+\beta'+\gamma' < 1080° - 180° = 900°.$

Deshalb gilt für jedes Dreieck auf einer Kugel

$180° < \alpha+\beta+\gamma < 900°.$

(Dieses Ergebnis gilt sogar auf jeder positiv gekrümmten Fläche.)

19. Die Formel ist

$$K = -\frac{1}{2g_{11}g_{22}}\left(\frac{\partial^2 g_{11}}{(\partial x^2)^2} + \frac{\partial^2 g_{22}}{(dx^1)^2}\right) + \frac{1}{4g_{11}^2 g_{22}}\left(\frac{\partial g_{11}}{\partial x^1}\frac{\partial g_{22}}{\partial x^1} + \left(\frac{\partial g_{11}}{\partial x^2}\right)^2\right)$$

[Term Nr.]   1   2   3   4

$$+ \frac{1}{4g_{11}g_{22}^2}\left(\frac{\partial g_{22}}{\partial x^2}\frac{\partial g_{11}}{\partial x^2} + \left(\frac{\partial g_{22}}{\partial x^1}\right)^2\right).$$

                     5   6

In einer Ebene ist die Abstandsformel in Polarkoordinaten

$\Delta s^2 = \Delta r^2 + r^2\Delta\phi^2$, i.e. $g_{11} = 1, g_{22} = r^2 = (x^1)^2$

(Wir benutzen dabei die Koordinaten $x^1 = r, x^2 = \phi$). Dann sind außer dem 2. und 6. Term alle Terme von K null. Es gilt

$\Delta s^2 = \Delta r^2 + r^2\Delta\phi^2$, i.e. $g_{11} = 1, g_{22} = r^2 = (x^1)^2$

Term 2: $-\dfrac{1}{2g_{11}g_{22}}\dfrac{\partial^2 g_{22}}{\partial(x^1)^2} = -\dfrac{1}{2(x^1)^2}2 = -\dfrac{1}{(x^1)^2}$

Term 6: $\dfrac{1}{4g_{11}g_{22}^2}\left(\dfrac{\partial g_{22}}{\partial x^1}\right)^2 = \dfrac{1}{4(x^1)^4}(2x^1)^2 = \dfrac{1}{(x^1)^2}.$

Deshalb ist $K = 0$, Q.E.D.

Auf einer Kugelfläche ist die Abstandsformel

$\Delta s^2 = R^2 \Delta\theta^2 + R^2 \sin^2\theta \, \Delta\phi^2$, i.e. $g_{11} = R^2, g_{22} = R^2 \sin^2\theta \equiv R^2 \sin^2 x^1$.

(Wir benutzen dabei die Koordinaten $x^1 = \theta$, $x^2 = \phi$). Dann sind außer dem 2. und 6. Term alle Terme von K null und es gilt,

$$\text{Term 2:} \quad -\frac{1}{2g_{11}g_{22}}\frac{\partial^2 g_{22}}{(\partial x^1)^2} = -\frac{R^2 2\cos 2x^1}{2R^4 \sin^2 x^1} = -\frac{\cot^2 x^1}{R^2} + \frac{1}{R^2}$$

$$\text{Term 6:} \quad \frac{1}{4g_{11}g_{22}^2}\left(\frac{\partial g_{22}}{\partial x^1}\right)^2 = \frac{R^4 4 \sin^2 x^1 \cos^2 x^1}{4R^6 \sin^4 x^1} = \frac{\cot^2 x^1}{R^2}.$$

Deshalb ist $K = 1/R^2$. Q.E.D.

21. Die Metrik eines Raumes konstanter Krümmung K ist in Polarkoordinaten r, θ, ϕ

$$\Delta s^2 = \Delta r^2/(1 - Kr^2) + r^2\Delta\theta^2 + r^2\sin^2\theta\,\Delta\phi^2.$$

Für die r-Kugel ist der Umfang längs des "Äquators" $\theta = \pi/2$ gleich

$$C = \int_{\substack{\Delta r = \Delta\theta = 0 \\ \theta = \pi/2}} ds = \int_0^{2\pi} r\,d\phi = 2\pi r.$$

Der Eigenradius ist

$$a = \int_{\Delta\theta = \Delta\phi = 0} ds = \int_0^r \frac{dr'}{\sqrt{(1 - K(r')^2)}} = \frac{1}{\sqrt{K}}\arcsin r\sqrt{K},$$

und damit $r = (1/\sqrt{K})\sin a\sqrt{K}$.

Deshalb ist $C = (2\pi/\sqrt{K})\sin a\sqrt{K}$.

(Wenn K oder a gegen null gehen, gilt wie erwartet $C \to 2\pi a$). Die Oberfläche der r-Kugel ist nach Definition $A = 4\pi r^2$, also gilt

$$A = 4\pi \sin^2 a\sqrt{K}/K.$$

Das Volumen V ist die Summe der Volumen sukzessiver Schalen, also gilt

$$V = \int_0^a A(a')\,da' = \frac{4\pi}{K}\int_0^a da' \sin^2 a'\sqrt{K}$$
$$= \frac{2\pi}{K}\int_0^a da'\,(1 - \cos 2a'\sqrt{K})$$

i.e. $V = \dfrac{2\pi a}{K}\left(1 - \dfrac{\sin 2a\sqrt{K}}{2a\sqrt{K}}\right).$

(Wenn K oder a gegen null streben, gilt erwartungsgemäß $V \to 4/3\pi a^3$.

23. Der Schwarzschildradius r_S ist definiert als

$$r_s = 2GM/c^2.$$

Für eine Galaxie gilt
$M \sim 10^{11} M_\odot,$
also
$r_s \sim 10^{11} r_{s\odot} \sim 3 \cdot 10^{14}$ m $\sim 10^{-2}$ pc.
Für ein Proton ist
$M = 1{,}7 \cdot 10^{-27}$ kg,
also
$r_s = 2{,}6 \cdot 10^{-54}$ m.

25. *Fall (a)* Wenn sich im Rahmen der Newtonschen Mechanik ein Körper (Licht) mit Geschwindigkeit c in einer Kreisbahn um eine Masse M bewegen soll, muß der Radius r die Bedingung
Nach innen gerichtete Beschleunigung = Masse$\cdot c^2/r$ = Kraft = Masse$\cdot MG/r^2$
erfüllen, also $r = GM/c^2 = r_s/2$.

Fall (b). in der allgemeinen Relativitätstheorie benutzen wir die Bahngleichung (5.4.2) für Nullgeodätische, also

$$D = \frac{(dr/d\phi)^2}{r^4(\phi)} + \frac{1}{r^2(\phi)} - \frac{2GM}{c^2 r^3(\phi)}.$$

Differentiation nach ϕ gibt, weil sich ein gemeinsamer Faktor $dr/d\phi$ heraushebt,

$$0 = \frac{2 d^2 r/d\phi^2}{r^4} - \frac{4(dr/d\phi)^2}{r^5} - \frac{2}{r^3} + \frac{6GM}{c^2 r^4}.$$

Auf einer Kreisbahn ist r konstant, deshalb ist

$$2/r^3 = 6GM/c^2 r^4,$$
$$\text{i.e.} \quad r = 3GM/c^2 = 3r_s/2.$$

27. Die entfernteste Galaxie, die wir jetzt sehen können, hat die mitbewegte Radialkoordinate σ_{oh}, die zum *Teilchenhorizont* gehört. Aus (6.2.6) ergibt sie sich als

$$\int_{t_{min}}^{t_o} \frac{dt}{R(t)} = \frac{1}{c} \int_0^{\sigma_{oh}} \frac{d\sigma}{\sqrt{(1 - k\sigma^2)}}.$$

Nach (6.1.4) jedoch ist der jetzige Eigenabstand zu σ_{oh}

$$D = R(t_o) \int_0^{\sigma_{oh}} \frac{d\sigma}{\sqrt{(1 - k\sigma^2)}}.$$

Deshalb gilt

$$D = cR(t_0) \int_{t_{min}}^{t_0} \frac{dt}{R(t)}. \quad \text{Q.E.D.}$$

29. Wir beginnen mit (6.3.7), also

$$\frac{l}{L} = \frac{H_0^2}{4\pi c^2 z^2}[1 + (q_0^2 - 1)z + \ldots].$$

L ist die Leuchtkraft; die Galaxie hätte bei 10 pc die Flußdichte

$$l_{10} = L/4\pi(10\ \text{pc})^2.$$

Deshalb ist $\quad \dfrac{l}{l_{10}} = \dfrac{H_0^2(10\ \text{pc})^2}{c^2 z^2}[1 + (q_0 - 1)z + \ldots] = 100^{(M-m)/5},$

wobei die letzte Gleichung aus (2.2.6) folgt. Durch Übergang zu Logarithmen erhalten wir

$$M - m = \tfrac{5}{2}\log_{10}\left\{\frac{H_0^2(10\ \text{pc})^2}{c^2 z^2}[1 + (q_0 - 1)z + \ldots]\right\}$$

$$= 5\log_{10} H_0 - 5\log_{10} cz + 5\log_{10}(10\ \text{pc})$$

$$+ \frac{5\log_e[1 + (q_0 - 1)z]}{2\log_e 10}\ \ldots.$$

Nun ist

$$\log_{10}(10\ \text{pc}\cdot H_0) = \log_{10}(H_0(\text{km s}^{-1}\ \text{Mpc}^{-1})\ 10^{-6}\cdot 10\ \text{pc})$$

$$= -5 + \log_{10}(H_0(\text{km s}^{-1}\ \text{Mpc}^{-1})).$$

Deshalb gilt

$$M - m = 5\log_{10}(H_0\ (\text{km s}^{-1}\ \text{Mpc}^{-1})) - 25 - 5\log_{10} cz + 1{,}086(q_0 - 1)z.$$

$$\text{Q.E.D.}$$

31. Für das stationäre Weltmodell beträgt der kosmische Skalenfaktor

$$R(t) = A\exp(H_0 t). \quad \text{(Gleichung (7.3.1))}$$

Der Raum ist eben, so daß der einer mitbewegten Koordinate σ entsprechende Eigenabstand D zur heutigen Zeit t_0

$$D = R(t_0)\sigma$$

ist. Das Weltall explodiert nicht und implodiert nicht, es hat also eine unendliche Vergangenheit und Zukunft. Nach (6.2.6) ist die Koordinate σ_{oh} des *Teilchenhorizonts*

$$\sigma_{oh} = c \int_{-\infty}^{t_o} \frac{dt}{R(t)} = \frac{c}{A} \int_{-\infty}^{t_o} dt \exp(-H_o t) = \infty.$$

Daraus folgt $D = \infty$.
Es gibt keinen Teilchenhorizont: alle Objekte sind im Prinzip für uns sichtbar. Nach (6.2.7) ist die Koordinate σ_{eh} des *Ereignishorizonts*

$$\sigma_{eh} = c \int_{t_o}^{\infty} \frac{dt}{R(t)} = \frac{c}{A} \int_{t_o}^{\infty} dt \exp(-H_o t) = \frac{c \exp(-H_o t_o)}{H_o A} = \frac{c}{H_o R(t_o)}.$$

Deshalb ist $D = c/H_0$.
Wir können niemals Ereignisse sehen, die jenseits dieses Eigenabstands zur heutigen kosmischen Zeit ablaufen.

33. Der Planet bewege sich auf einer Kreisbahn mit dem Radius $r(t)$ und der Geschwindigkeit $v(_t)$ zur Zeit t, zu der die Gravitations"konstante" $G(t)$ ist. Dann ergibt Newtons zweites Gesetz

$$v^2(t)/r(t) = G(t) M_\odot/r^2(t).$$

Der Drehimpuls bleibt bei der ganzen Bewegung erhalten, da auf den Planeten kein Drehmoment (L) wirkt. Deshalb ist

$$L = v(t) r(t) = \text{const.},$$

und
$$L^2/r^3(t) = G(t) M_\odot/r^2(t),$$
oder

$$r(t) = L^2/M_\odot G(t) \propto G^{-1}. \quad \text{Q.E.D.}$$

Nützliche Zahlen

Lichtgeschwindigkeit c: $2{,}998 \cdot 10^8$ m s^{-1}

Gravitationskonstante G: $6{,}67 \cdot 10^{-11}$ m^3 kg^{-1} s^{-2}

Ein Lichtjahr: $9{,}46 \cdot 10^{15}$ m $= 0{,}307$ pc

Ein Parsec: $3{,}09 \cdot 10^{16}$ m $= 3{,}26$ Lichtjahre

Ein Jahr: $3{,}156 \cdot 10^7$ s

Masse der Sonne $M_\odot$: $1{,}99 \cdot 10^{30}$ kg

Radius der Sonne $R_\odot$: $6{,}96 \cdot 10^8$ m

Masse der Erde $M_\oplus$: $5{,}98 \cdot 10^{24}$ kg

Radius der Erde $R_\oplus$ (im Mittel): $6{,}37 \cdot 10^6$ m

Hubble-Konstante H_0: (55 ± 7) km s^{-1} Mpc^{-1} $= (1{,}8 \cdot 10^{10}$ Jahre$)^{-1}$

Verzögerungsparameter q_0 (geschätzt): 1 ± 1

Heutige Massendichte des Weltalls ρ_0 (geschätzt): $3 \cdot 10^{-28}$ kg m^3

Literaturhinweise

Wunderschöne Photographien zeigen die Vielfalt der Galaxien:

FERRIS, T.: *Galaxien.*
Basel: Birkhäuser, 1981.

SANDAGE, A. (ed.): *The Hubble Atlas of Galaxies.*
Washington: Carnegie Institution, 1961.

Für Studenten mittlerer Semester

FRENCH, A. P.: *Newtonian Mechanics.*
New York: Norton, 1971.
Eine klare Darstellung voller historischer Einblicke

RINDLER, W.: *Essential Relativity.*
New York: Van Nostrand Reinhold, 1969.
Eine sehr klare Darstellung der speziellen Relativitätstheorie und die einfachste
Darbietung der allgemeinen Relativitätstheorie, die Tensoren verwendet

SCIAMA, D. W.: *Modern Cosmology.*
Cambridge: Cambridge University Press, 1971.
Eine eher beschreibende Darstellung durch einen bekannten Fachmann. Die astro-
physikalischen und radio-astronomischen Aspekte werden ausführlich behandelt.

Für fortgeschrittenere Leser

MISNER, C.W., THORNE, K.S. und WHEELER, J.A.: *Gravitation.*
San Francisco: Freeman, 1974.
Ein schon klassisches Buch, das faszinierende historische und philosophische Einblicke erlaubt und zu Spekulationen über die tiefsten ungelösten Probleme der Physik anregt

SEXL, R.U., und H.K. URBANTKE: *Gravitation und Kosmologie.*
Mannheim/Zürich: BI 1983[7].

SYNGE, J.L. und A. SCHILD: *Tensor Calculus.*
Toronto: University of Toronto Press, 1959.
Die beste Darstellung dieses schwierigen Zweigs der Mathematik

WEINBERG, S.: *Gravitation and Cosmology: Principles and Applications of the General Theory of Relativity.*
New York: Wiley, 1971.
Der für seine Arbeit in der Teilchenphysik berühmte Physiker behandelt das Thema auf seine Art und ermöglicht dem Leser viele interessante Einsichten.

Stichwortverzeichnis